U0170808

国家科学技术学术著作出版基金资助出版

比例边界有限元在岩土工程中的应用

Application of Scaled Boundary Finite Element Method in Geotechnical Engineering

孔宪京　邹德高　陈　楷　著

科 学 出 版 社

北 京

内 容 简 介

本书系比例边界有限元(Scaled Boundary Finite Element Method, SBFEM)方面的专著,主要介绍作者团队在比例边界有限元理论、实用化、软件研发、工程应用等方面的研究成果。

本书共分9章,内容包括:绪论;基于四分树/八分树的高效精细建模方法;比例边界有限元方法介绍;复杂多面体比例边界有限单元构造方法;非线性比例边界有限元方法;饱和多孔介质比例边界有限元方法;坝-库动力流固耦合的比例边界有限元方法;比例边界有限元和多数值耦合的集成;基于SBFEM多数值耦合方法的工程应用。

本书可作为岩土工程、水工结构工程、防灾减灾工程等专业的研究生教材和教学参考书,也可以作为相关专业设计、施工和科研的参考用书。

图书在版编目(CIP)数据

比例边界有限元在岩土工程中的应用=Application of Scaled Boundary Finite Element Method in Geotechnical Engineering / 孔宪京,邹德高,陈楷著. —北京:科学出版社,2022.1

ISBN 978-7-03-068770-8

Ⅰ. ①比… Ⅱ. ①孔… ②邹… ③陈… Ⅲ. ①有限元法-应用-岩土工程 Ⅳ. ①TU4

中国版本图书馆CIP数据核字(2021)第089403号

责任编辑:吴凡洁 乔丽维 / 责任校对:王萌萌
责任印制:吴兆东 / 封面设计:蓝正设计

科学出版社 出版
北京东黄城根北街16号
邮政编码:100717
http://www.sciencep.com

北京捷迅佳彩印刷有限公司 印刷

科学出版社发行 各地新华书店经销

*

2022年1月第 一 版 开本:787×1092 1/16
2022年9月第二次印刷 印张:12
字数:256 000

定价:178.00元

(如有印装质量问题,我社负责调换)

序

1997 年，我与导师 John P. Wolf 教授采用“伽辽金加权余量法”推导了一致无限域有限单元法，并将其正式命名为“比例边界有限单元法(scaled boundary finite element method)”，简称 SBFEM。该方法只需离散环向边界，而在径向严格解析，集成了有限单元法和边界元法的优点，可克服标准有限元法的一些局限和不足(如复杂问题网格离散代价高，无限域、应变/应力奇异问题求解困难等)，具有其自身独特的优势，非常有助于将计算力学拓展到新的领域。

二十多年来，SBFEM 得到了不断的改进、优化和推广。近年来，SBFEM 的理论被进一步扩展，通过构造新型的多面体单元并和相应的自动网格划分方法相结合，SBFEM 已经发展成为一种求解偏微分方程的通用算法。目前，该方法已在无限域分析、断裂力学、材料科学等诸多领域展现出显著的优势，成为国际数值模拟的研究热点之一，但相较于标准有限单元法、边界元法等，SBFEM 发展历程较短，计算机程序主要是以基础研究为目的，基于 MATLAB、MATHEMATICA 等环境编写，缺少商用软件的支持，不宜应用于实际工程。

多年来，我通过访问交流、学术会议等，与国际多所研究机构保持长期合作，一直致力于推广 SBFEM 用于解决相关领域的问题。2015 年 10 月，我在大连理工大学的访问交流期间结识了孔宪京院士团队，他们对 SBFEM 表现出了强烈的兴趣，尤其关心 SBFEM 的实际工程应用问题，令我印象深刻。那次访问交流一结束，他们就分别对 SBFEM 的有限域和无限域问题开展了基础及实用化研究。短短六年，我看到他们取得了可喜的成绩，在 SBFEM 的研究和应用方面取得了突破性进展，我也在多个学术报告中介绍了他们的成果。

该书作者聚焦以高土石坝为代表的岩土工程问题，对 SBFEM 建模、单元构造、非线性算法、软件集成、计算效率、工程应用开展了系统研究，并详细介绍了相关成果。我认为每项成果都非常有新意，为 SBFEM 能真正解决实际工程问题提供了思路。尤其是自主研发的大型岩土工程高性能、大规模分析软件 GEODYNA7.0，无缝耦合了 SBFEM 和多数值方法，发挥了多种方法各自的优势，为复杂岩土工程跨尺度、精细化分析提供了新的研究途径。以此软件为载体，将 SBFEM 应用于多个世界级的高土石坝抗震数值模拟，再现了高土石坝地震变形和防渗结构损伤演化过程、精准定位了薄弱区位置，并量化了抗震措施效果，为复杂岩土工程抗震安全评价体系的建立提供了强有力的技术支撑。

该书是一本特色鲜明的学术专著。我祝愿孔宪京院士团队在 SBFEM 研究方面能取得更大的成就，也希望更多的人从事 SBFEM 的研究。我相信在不久的将来，SBFEM 能解决更多的科学问题和工程难题！

宋崇民

新南威尔士大学教授、比例边界有限单元法创始人

2021 年 5 月

前言

随着我国经济的高质量发展和建筑施工技术的不断创新，我国重大基础设施建设举世瞩目，已建、在建以及规划了一大批核电、特高坝、超高层建筑、超大跨度桥梁及大型地下结构等世界级工程。这些工程规模巨大、投资巨量，若失事，其后果及次生灾害将极度严重。此外，我国地处环太平洋地震带和欧亚地震带两大地震带的交汇处，地震频发、分布广、强度大，是世界上受地震灾害影响最大的国家之一。深入开展这类超级工程的精细化数值分析研究，精准模拟结构局部损伤演化、定位薄弱区位置、量化抗震措施效果，重演结构破坏过程、揭示破坏规律和机理，进而准确地评价工程建设期和运行期的安全状态，具有重要的理论价值和工程意义。

SBFEM是一种新发展起来的数值分析方法，该方法具有半解析高精度、降维求解、网格灵活等优势，已在断裂力学、无限域问题、电磁学、流体-结构-地基相互作用等方面取得了重要进展。但由于SBFEM在实用化、非线性、软件集成方面还存在一些难题，制约了其在实际工程中的应用。本书介绍了作者对SBFEM进行的一些通用化和实用化的改进，发展了简洁高效、工程实用的SBFEM非线性分析方法，增强了其普适性；通过构造复杂多面体单元，增加了单元的灵活性，减轻了网格离散难度，大幅度降低了人力成本。此外，采用面向对象设计方法和C++编程语言，抽象统一了SBFEM和有限元方法(finite element method，FEM)的单元类，集成了SBFEM-FEM无缝耦合的高性能精细化分析软件系统，从而拓展了SBFEM在大型岩土工程精细化分析和工程的应用领域。

本书作者在国家重点研发计划课题(2017YFC0404904)、国家自然科学基金重大项目(52192674，51890915)、国家自然科学基金雅砻江联合基金重点项目(U1965206)、国家自然科学基金面上项目和青年项目(51779034，52009018)、华能集团科技项目(HNKJ18-H25)、中央高校基本科研业务费项目[DUT21TD106，DUT21RC(3)099]、博士后创新人才支持计划(BX20190056，BX20200074)、中国博士后科学基金资助项目(2020M670752)、中国水电工程顾问集团有限公司重大科技项目的资助下，依托我国如美(在建世界最高心墙坝，315m)、大石峡(在建世界最高面板坝，247m)、阿尔塔什(已建深厚覆盖层上世界最高面板坝，164.8m)、猴子岩(已建世界第二高面板坝，223.5m)、去学(已建世界最高沥青心墙坝，164m)等一批世界级高土石坝工程，开展了比例边界有限元理论、方法、软件及其在岩土工程中的应用研究。本书介绍这些研究成果，希望能够抛砖引玉，对国内同行的教学、科研和土工构筑物抗震设计起到借鉴和帮助作用。

在本书撰写过程中，大连理工大学水利工程学院刘京茂副教授、张运良副教授、刘俊副教授、胡志强副教授、周晨光工程师、余翔博士后、屈永倩博士后、隋翊博士后以及研究生许贺、滕晓威、龚瑾、禚越、王亚龙、刘锁、张仁饴等在多方面给予了大力支持和帮助。在此，作者对他们的贡献深表感谢！

受作者水平和经验所限，书中难免存在不足之处，敬请同行和读者批评指正。

作 者

2021 年 3 月

目录

序

前言

第1章

绪　　论

1.1 研究背景

岩土工程是由土力学、岩石力学和工程地质以及相关的工程技术、计算技术和试验技术综合而成的学科。它服务于不同的工程门类，如建筑、水利、电力、公路、铁路、水运、海洋、石油、采矿、环境、军事等工程领域。随着国家经济和社会的持续发展，重大工程建设中出现了越来越多的复杂岩土工程问题。

以中国水利水电建设中的土石坝工程为例，因其具有适应复杂地形地质条件、充分利用当地材料、建设周期短等优点，高土石坝已成为富集水能资源的西部地区主要的坝型之一。表1.1统计了一批世界级的超高土石坝。其中，最大坝高达315m，最大地基覆盖层厚度为400m，最大水平设计地震加速度达0.44g。这些坝的几何尺寸及工程参数在世界上绝无仅有，由此带来了独特、复杂且极具挑战性的岩土工程问题，即在施工、运行及突发强震情况时高土石坝的变形和稳定、防渗体损伤和破坏、深厚覆盖层地震液化等问题。

表1.1　国内典型高土石坝工程

序号	工程名称	最大坝高/m	主坝坝型	覆盖层厚度/m	水平设计地震加速度/g	备注
1	如美	315	心墙堆石坝	—	0.44	在建
2	双江口	314		67.8	0.21	在建
3	两河口	295		—	0.288	在建
4	糯扎渡	261.5		—	0.283	已建
5	长河坝	241		76.5	0.359	在建
6	冶勒	124.5		400	0.45	已建
7	茨哈峡	253	面板堆石坝	—	0.266	拟建
8	大石峡	247		—	0.286	在建
9	拉哇	244		—	0.37	在建
10	古水	242		—	0.286	在建
11	猴子岩	223.5		—	0.297	已建
12	玛尔挡	211		—	0.299	拟建
13	阿尔塔什	164.8		100	0.32	已建

上述这些问题若不能很好地研究和解决，高土石坝长期运行安全将可能存在隐患。在极端情况下，如因地震造成大坝破坏乃至溃决，不但造成重大的直接经济损失，而且次生灾害造成下游人民的生命和财产损失也难以估量。

目前，针对高土石坝等大型岩土工程的安全性态评价，主要采用振动台模型试验和计算机数值模拟两大手段。

常规振动台模型试验可以通过缩尺模型模拟地震条件下得到的反应特征和性能推测原型的性态。然而，振动台模型试验存在边界效应、相似性难以满足、应力水平低等诸多问题，无法模拟无限地基及河谷。离心机振动台模型试验与常规振动台模型试验相比，可大幅提升模型的应力水平，但目前世界上投入使用的离心机振动台工作加速度一般在 $50g$～$100g$。对于体型庞大、高度 300m 的巨型土石坝工程，即使按照 1/100 的缩尺，模型尺寸、体积、质量仍然远远超出现有离心机振动台工作能力的限制，而且这些振动台试验能力很难进一步得到提高，故完全依赖物理试验手段评价高土石坝的安全性能难度极大，也无法精细模拟局部构造及复杂多变的运行条件，更难以进行参数化分析和研究。

计算机数值模拟作为一种越来越重要的科学研究手段，具有通用性强、分析成本低、可再现原型结构响应、能快速获取不同构造、不同参数及不同输入条件下的结构响应等优势，在岩土及其他工程领域的抗震防灾方面得到日益广泛的应用。

随着计算机技术和数值模拟技术的发展，数值仿真正朝精细化分析方向发展。因其可综合考虑高保真的原型构造、各种非线性及施工顺序等诸多复杂因素，能更精准模拟结构局部损伤演化并再现整体破坏过程、揭示破坏规律和机理、定位薄弱区位置及其渐进发展特性、量化抗震措施效果。可以认为，精细化分析是合理再现高坝等重要结构力学响应的有效途径，亦是我国高坝工程数值仿真的发展趋势(朱伯芳, 2012; 孔宪京等, 2016)。大力发展高效的精细化模拟技术，也是土木工程领域如火如荼开展的工作(陆新征, 2015; 聂建国, 2016; 张沛洲等, 2017)。

由于高土石坝多处于高山峡谷地区，河谷复杂不规则、地质多变非均匀等问题非常突出，同时还存在坝料分区、接缝及接触界面空间交错等几何限制，对精细化的建模和分析方法提出了很高的要求。目前广泛应用的分析方法以等参单元有限元方法为主，其单元形状局限于六面体及其退化形式，用于精细化分析主要存在两个困难：

(1) 难以适应复杂河谷地形的高土石坝-地基全体系建模，需进行大量的几何简化，造成模型失真。

(2) 难以跨尺度精细剖分防渗体等关键结构(高土石坝防渗结构尺度与坝体及地基相差悬殊，坝高及坝底长宽均达数百米，而承担大坝防渗功能的混凝土面板厚度最小不足 1m)，导致单元数量巨大，难以实现强非线性分析。

针对以上困难，作者团队在多项国家和企业重大科技课题的资助下，依托我国如美、大石峡、阿尔塔什、古水、拉哇、猴子岩、去学等一批世界级高土石坝工程，开展了比例边界有限元理论、方法、软件及其在岩土工程精细化分析中的应用研究。

1.2 本书的主要内容

网格离散化是有限元等数值仿真的关键基础，网格的效率和质量对快速准确地进行工程安全分析至关重要。本书第 2 章介绍计算机图形学领域中的四分树和八分树技术，讨论其对高土石坝高质量网格离散的通用性、鲁棒性和高效性，为实现高土石坝-地基全体系跨尺度精细数值仿真分析提供依据。

SBFEM 是 Song 和 Wolf (1997, 1998, 1999) 提出的一种新兴数值方法，经过研究者持续的改进和发展，在无限域、裂纹扩展、相互作用等领域取得了广泛的应用(Wolf, 2003; Song, 2018)。总体来说，该方法的半解析特性使其精度更高，且仅需离散边界，使其构造多边形/多面体单元更加容易，克服了一般有限元网格形状的局限性，可以认为是求解用四分树/八分树离散单元(含大量的多边形/多面体单元)的有效途径。为增强读者对 SBFEM 的认识和理解，本书第 3 章介绍 SBFEM 的研究进展、理论推导和数值精度验证。

最初的三维 SBFEM 基于平面四边形等参形函数插值环向边界面，数据结构简单，易于程序开发，但该算法难以直接求解复杂多面体单元(存在边数大于 4 的环向边界面)，需将不符合要求的边界面拆分为三角形或四边形，导致前处理烦琐，且额外增加了计算量。本书第 4 章引入多边形平均值形函数，直接插值复杂多面体单元的环向边界面，并基于 SBFEM 弹性理论推导获得半解析的多面体单元形函数、刚度矩阵和应变矩阵等，构造一种灵活实用的复杂多面体 SBFEM，并通过数值算例进行精度验证。

SBFEM 在环向边界进行数值积分，径向通过弹性理论推导直接获得解析解，不能描述单元内部应力屈服状态，故难以求解非线性问题，使其应用长期局限于弹性力学问题。然而，材料非线性是高土石坝等岩土工程数值模拟无法回避的问题。本书第 5 章引入常刚度矩阵的弹性解计算多边形/多面体形函数，采用多边形/多面体域内分块积分计算弹塑性矩阵和应力，构造高效和实用的 SBFEM 非线性计算方法。

近年来，我国水利水电工程场址地质条件趋于复杂，深厚覆盖层上建坝已难以避让，强震作用可能诱发覆盖土层地基液化，危及大坝安全。本书第 6 章基于 SBFEM 理论和 Boit 动力固结理论，联合弹性问题和渗流问题的半解析特征值求解，构造流-固两相介质位移和孔压相互独立的插值模式，发展 SBFEM 的多孔介质动力分析方法，提高分析精度，为高土石坝等工程地基液化变形分析提供新途径。

地震引起的大坝-库水相互作用在高坝抗震计算中不可忽视。本书第 7 章基于 SBFEM 理论，分别实现有限域和无限域的面板坝-库水动力耦合作用的高效分析方法，并通过数值算例验证方法的合理性。在此基础上，分析河流拐弯库区动水压力分布规律及其对面板坝面板动力响应的影响。

高土石坝等大型土工构筑物数值模拟涉及多场耦合、非连续变形、强非线性、跨尺度等复杂问题，仅采用单一数值方法较难满足分析需求。联合不同计算方法更能充分发挥优势互补的作用，是解决高土石坝精细化分析的有效途径。由于基于 FEM 框架的商业软件(如 ANSYS、ABAQUS 等)存在开发接口有限、调试难度大等问题，很难耦合 FEM、SBFEM、无网格法(mesh-free method，MFM)等多种数值方法。本书第 8 章基于作者团队持续 20 多年自主开发的高性能软件系统 GEODYNA，采用面向对象的 C++语言，设计构造超单元类数据结构，实现 SBFEM-FEM-MFM 的无缝耦合，充分发挥各数值方法优势互补的作用。

本书第 9 章采用 SBFEM 和多数值耦合的高性能软件系统 GEODYNA，开展高面板坝的静、动力全过程精细化分析，为强震时高面板坝安全评估和抗震设计提供依据。

参 考 文 献

孔宪京, 邹德高, 刘京茂. 2016. 高土石坝抗震安全评价与抗震措施研究进展[J]. 水力发电学报, 35(7): 1-14.

陆新征. 2015. 工程地震灾变模拟——从高层建筑到城市区域[M]. 北京: 科学出版社.

聂建国. 2016. 我国结构工程的未来——高性能结构工程[J]. 土木工程学报, 49(9): 1-8.

张沛洲, 孙宝印, 古泉, 等. 2017. 基于数值子结构方法的低延性 RC 框架结构抗震性能精细化分析[J]. 工程力学, 34(S1): 38-48.

朱伯芳. 2012. 大体积混凝土温度应力与温度控制[M]. 2 版. 北京: 水利水电出版社.

Song C M. 2018. The Scaled Boundary Finite Element Method[M]. Hoboken: John Wiley & Sons Ltd.

Song C M, Wolf J P. 1997. The scaled boundary finite-element method—alias consistent infinitesimal finite-element cell method—for elastodynamics[J]. Computer Methods in Applied Mechanics and Engineering, 147(3-4): 329-355.

Song C M, Wolf J P. 1998. The scaled boundary finite-element method: Analytical solution in frequency domain[J]. Computer Methods in Applied Mechanics and Engineering, 164(1-2): 249-264.

Song C M, Wolf J P. 1999. Body loads in scaled boundary finite-element method[J]. Computer Methods in Applied Mechanics and Engineering, 180(1-2): 117-135.

Wolf J P. 2003. The Scaled Boundary Finite Element Method[M]. Hoboken: John Wiley & Sons Ltd.

第 2 章

基于四分树/八分树的高效精细建模方法

2.1 引　　言

网格离散化是有限元数值仿真的关键基础，网格离散的效率和质量对快速准确地进行工程安全分析至关重要。目前应用较多的三维网格主要是四面体和六面体，四面体网格离散算法成熟，复杂几何适应能力强，但其计算精度较低，常需要巨大的网格量才能满足分析要求，计算耗时严重；六面体网格求解精度高，但其复杂几何适应能力较弱。

对于高土石坝等大型土工构筑物，由于其自身尺度跨越大，且需同时考虑不同材料分区边界、水平分层填筑边界、复杂河谷地形边界和空间接缝边界等多重约束条件，通常的六面体网格剖分方法难以建立高保真的分析模型。因此，在高土石坝的实际分析过程中，需要对模型进行大量的简化，其结果的准确性无法保证，难以指导实际工程。高土石坝精细建模问题长期未能得到有效解决，已成为制约数值仿真分析精度的瓶颈。

因此，本章主要介绍计算机图形学领域的四分树和八分树技术，讨论其对高土石坝高质量网格离散的适用性，为实现高土石坝-地基全体系跨尺度精细数值仿真分析提供依据。

2.2 常规网格离散方法

对计算域进行网格划分是有限元分析的基础，采用生成的网格，可将计算域用有限的单元和节点信息表示，然后经过数学推导，将体系控制方程转化为各个节点上的代数方程组，最后通过数学方法求解，即可获得计算域的数值解。

对于网格形状，二维问题通常采用三角形和四边形及其混合单元构造网格；三维问题一般使用四面体、五面锥(金字塔形)、六面体和棱柱形单元构造网格。这些网格从大类上可分为结构化网格和非结构化网格，下面简述这两类网格的主要特点。

2.2.1 结构化网格

严格意义上来讲，结构化网格是指网格区域内所有节点都具有相同的毗邻单元，它是正交的处理点的连线，也就意味着每个内部节点都具有相同数目的邻点(李鹏飞等，2011)，下面介绍两种常用的结构化网格生成方法。

1. 映射法

映射法(Cook and Oakes, 1982)的原理是通过选定适当的映射函数进行几何坐标变换，把计算域映射成形状规则的几何模型，如图 2.1 所示，然后对规则几何进行网格划分，最后将划分结果转换到原坐标系，即可实现计算域的网格划分。该方法已成为 ANSYS、ABAQUS 等诸多大型商用计算机辅助工程(computer aided engineering, CAE)软件常用的网格离散方法之一。映射法要求较为严格，要满足划分计算域的每个面都具有一样的表面网格，在处理复杂和不规则几何体时，需通过基本块(2D：四边形，3D：六面体)将计算域分割成一系列可映射的子区域。图 2.2 给出了映射法离散过程示意图。

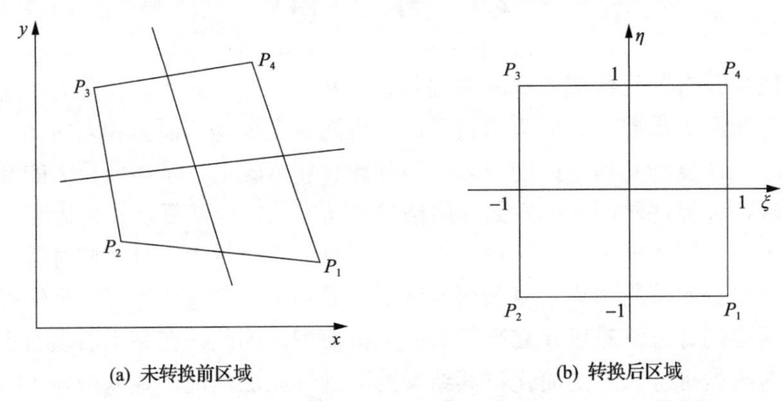

图 2.1 映射法原理示意图

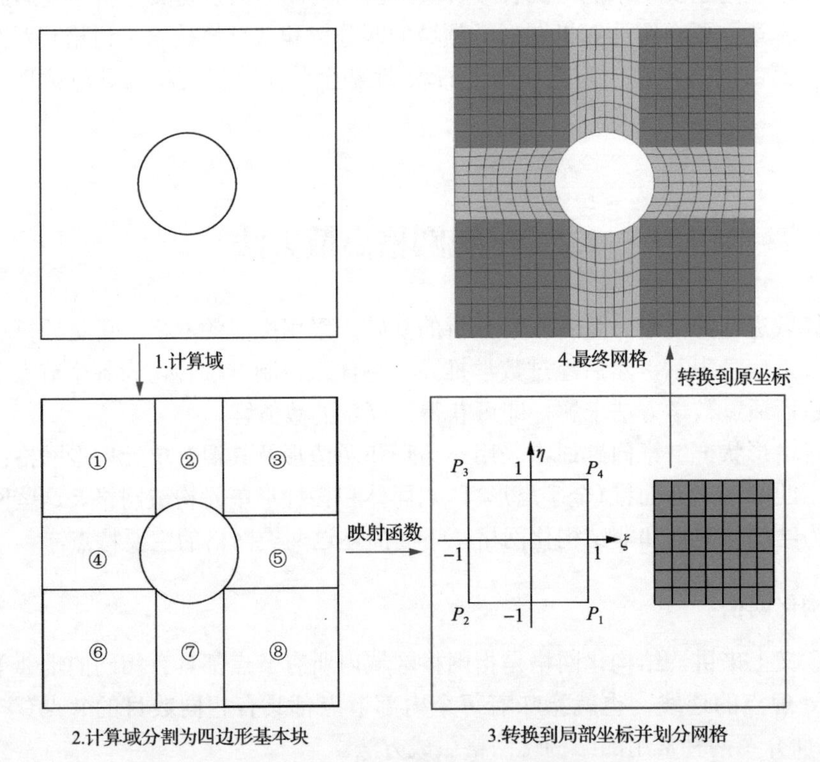

图 2.2 映射法离散过程示意图

2. 扫掠法

扫掠法(Li et al., 1995)被认为是二维半网格生成方法，该方法是将平面网格进行旋转、扫掠、平移、拉伸等几何变换后，通过连接生成三维实体网格。扫掠法要求源曲面和目标曲面具有相同的拓扑结构，然后将已划分好的源曲面网格(可通过常用的四边形网格划分)沿扫掠方向投影到目标曲面，再由源曲面和目标曲面之间生成的节点，按照连接曲面划分的层次，生成几何体的内节点，最后形成体单元。图 2.3 给出了扫掠法离散原理示意图，应用示例如图 2.4 所示。

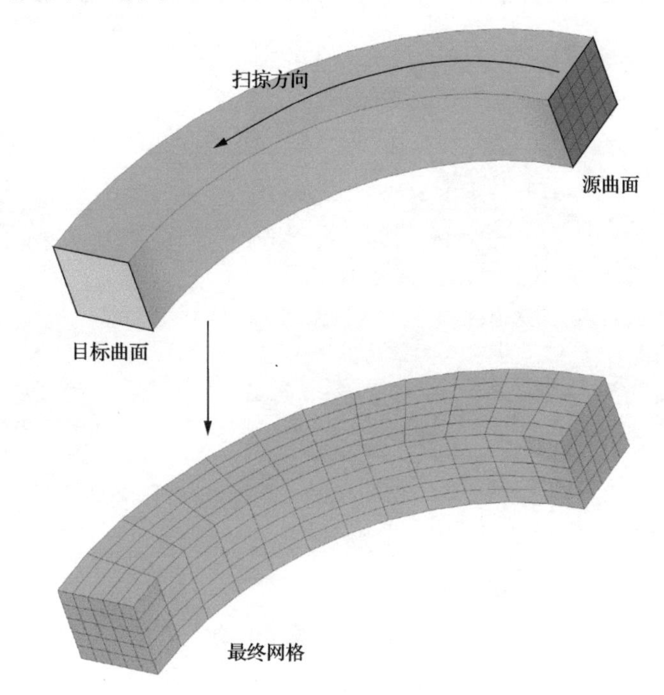

图 2.3　扫掠法离散原理示意图

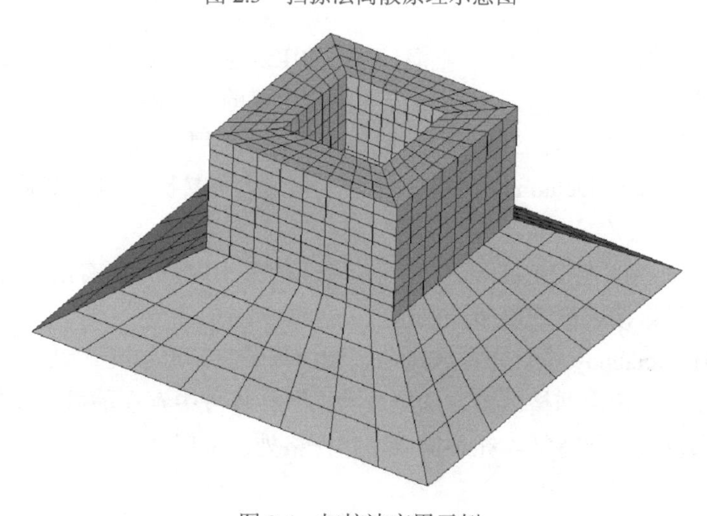

图 2.4　扫掠法应用示例

综上所述，结构化网格包括四边形和六面体，单元形状规则、计算精度高、容易收敛，但其只适用于几何形状比较规整的简单结构，对于复杂几何体，常需做较多的简化、分块处理和过渡拼接等，人机交互烦琐，离散过程极其耗时(Lian et al., 2017)。

2.2.2 非结构化网格

非结构化网格是指网格区域内的节点不具有相同的毗邻单元(李鹏飞等，2011)。图2.5给出了非结构化网格示例说明。由于非结构化网格取消了网格节点的结构性限制，它比结构化网格具有更大的灵活性，下面介绍两种常用的非结构化网格离散方法。

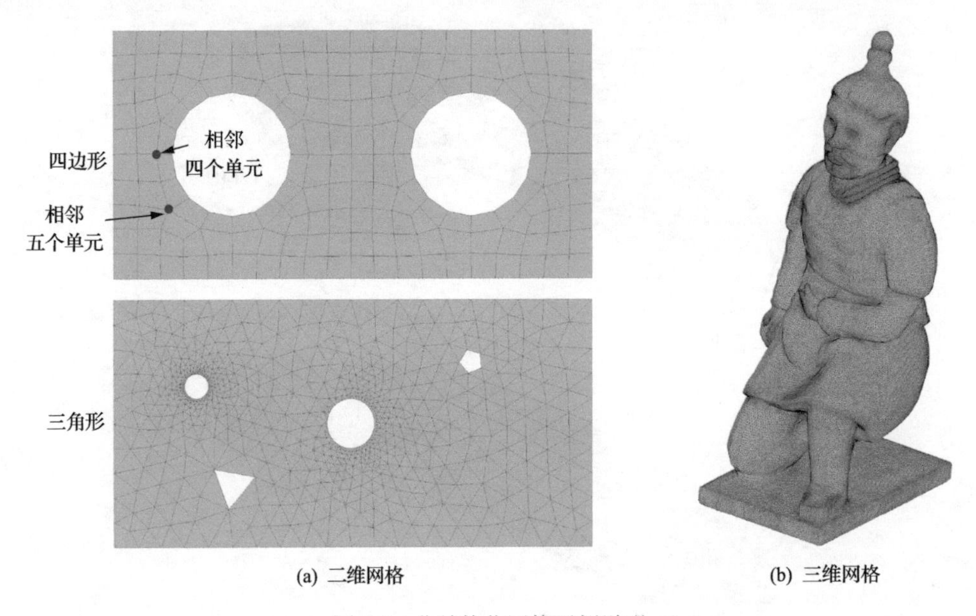

图 2.5 非结构化网格示例说明

1. Delaunay 法

Delaunay 法(关振群等，2003；李海峰等，2012)是一种拥有完整数学理论背景的网格划分方法，其满足 Delaunay 三角形剖分的两个重要的基本准则。

(1)空圆特性。在所有的三角形单元划分方法中，采用 Delaunay 方法所得到的三角形单元是确定的，即在 Delaunay 网格中任意三角形的外接圆不包含其他三角形单元的节点。

(2)最大化最小角特性。Delaunay 三角形单元的最小内角是所有剖分方法中最大的，生成的三角形单元最接近正三角形。

网格离散时，Delaunay 法首先生成覆盖区域的稀疏三角形单元，然后进行局部加密，再生成所需密度的三角形网格。该方法充分考虑了计算域中存在的微小几何特征，并采用较细的单元来反映几何特征。在不需要密集网格处，采用稀疏单元，故其疏密网格的过渡较为平滑(李海峰等，2012)。

2. 单元转换法

单元转换法(Staten et al., 1999)首先通过现有的多种成熟网格离散算法，生成三角形/四面体网格，然后采用转换程序处理，将生成的网格转换为四边形/六面体单元。以生成六面体为例，如图 2.6 所示，选取四面体中每个三角形表面的形心，将其分别与棱边的中点相连，然后与四面体的形心相连，最后可获得四个六面体单元。

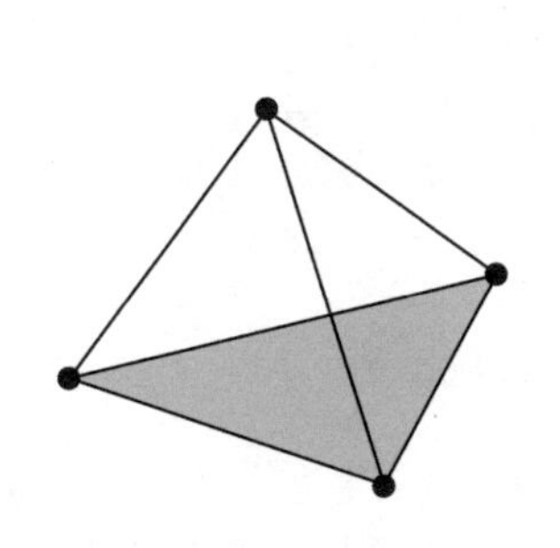
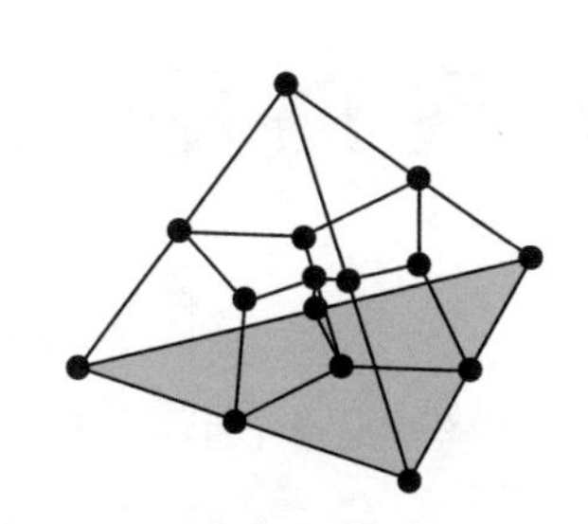
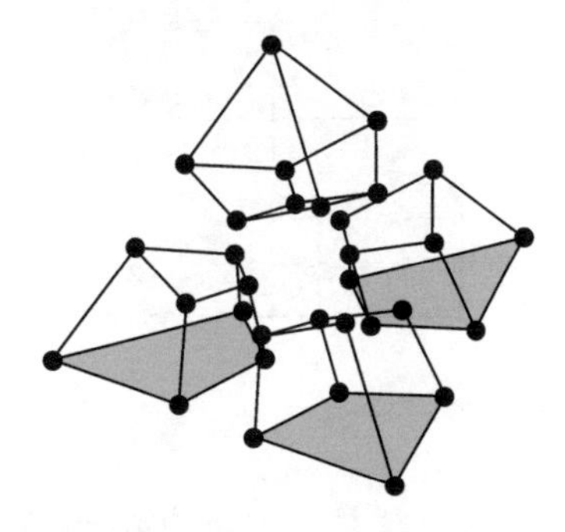

图 2.6　单元转换法原理示意图(房芳, 2007)

由于需先离散四面体等基础网格，再通过程序转换生成六面体单元，单元转换法所得的单元中存在较多参差不齐的六面体。此外，为了准确地逼近复杂求解域的不规则边界，需在边界处布置大量的直边四面体网格，导致网格量较大(房芳, 2007)。

总体来说，非结构化网格的主要特点(王福军, 2004)概述如下。

(1)优势:①生成过程中采用一定的准则进行优化判断,因而能生成较高质量的网格;②较容易控制单元的大小和节点的密度;③采用随机的数据结构有利于进行网格自适应;④在边界指定网格分布，即可自动生成网格，无需分块处理或人工干预。

(2)不足：①低阶三角形和四面体网格精度较低；②网格填充效率不高，导致离散单元数量较多。

近年来，许多学者不断推陈出新，相继研发了多种改进的网格离散算法，解决了实际分析中的诸多问题，为推动有限元数值方法的发展做出了重要贡献。但对于高土石坝等大型土工构筑物，由于其几何及施工模拟的复杂性，目前的网格离散方法还不能满足精细化分析的要求，已成为制约数值仿真分析精度的瓶颈，故迫切需要引入新的网格离散技术。

2.3　四分树建模方法

2.3.1　基本原理

四分树(张弢，2001)俗称象限四分树，是计算机图形学科的一种高效数据结构，其核心原理是将一个正方形区域规则地划分为 4 个象限，每一个象限再分为 4 个子象限，如此逐次划分，直至所有子象限对于所表示的对象是均一的。如图 2.7 所示，可将一个区域用树状多级层次结构来表示，设 0 级的一个结点代表一个像元，第 n 级为树根，代表整幅图像，则其间第 m 级结点代表一个大小为 $2m \times 2m$ 个像元的图像。

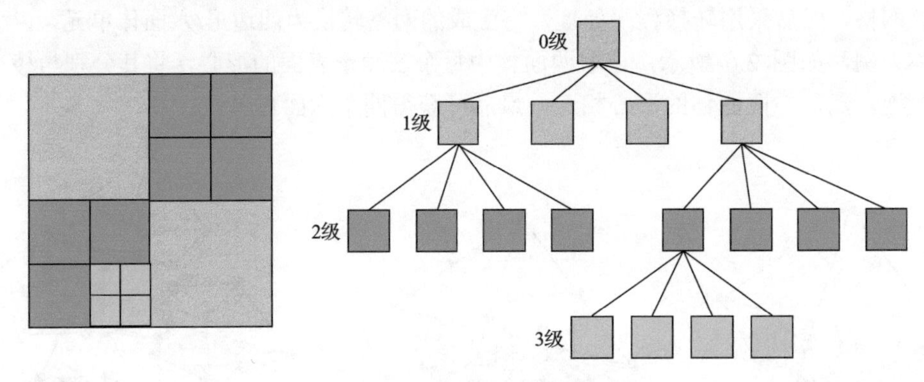

图 2.7　四分树原理说明示例

四分树是一种新的数据结构概念，研究者据此提出了各种形式的四分树数据结构，如有指针四分树、无指针(或线性)四分树、二维游程编码等。除传统矢量结构和网格结构外，在地理信息系统中，四分树结构亦被用来表示地图的点、线和面特征，并可实现量算、搜索、图形编辑和叠合等基本操作。

四分树的优点是空间关系隐含在数据模型之中，检索和处理速度较快。常见的应用主要有图像处理、空间数据索引、2D 中的快速碰撞检测、稀疏数据等。

由四分树数据结构和原理可知，图 2.7 中的每个格子均是正方形，仅有部分正方形单元存在边节点。如果将其转换为数值分析中的网格信息，可使计算精度得到保证(正方形单元精度最高)，引入四分树技术用于网格离散具有下述优势：

(1) 离散单元质量高，算法简单，自动化程度和效率高。

(2) 网格的尺寸以 2^n 倍递减，可实现较快的尺度跨越，从 1000m 到 1m 仅需 10 次递归划分即可(2^{10}=1024)，能够在不同尺寸的网格之间快速平稳过渡。

(3) 易对关键区域(如应力敏感区、重要部件区、不同材料交界附近等)进行局部加密，准确捕捉局部区域的应力梯度变化，保证高精度的工程分析。

因此，四分树技术可以同时克服四边形和三角形网格适应性差及精度较低的缺点，用于网格离散具有较强的应用前景。但四分树常用算法主要对正方形单元的递归四分获得，不对边界及交界面进行处理，仅通过细化正方形来近似几何边界，如图 2.8(a)所示。可以看出，边界处网格离散精度较差，锯齿状明显，不能精确反映边界的几何特征，且对边界处的网格细分将会增加网格数量，形成不必要的浪费。

针对上述问题，可以通过多边形剪裁技术处理边界(Liu et al., 2017)，即通过搜索，快速定位与边界相交的四分树网格；然后通过鉴别该部分网格节点的位置(边界域内点、边界交点和边界域外点)，据此赋予不同的属性(–、0、+)，并执行分割线算法(图 2.9)，切割这类网格。可以看出，该方法保证了模型边界的离散精度，并显著减少了单元数量[图 2.8(b)]。

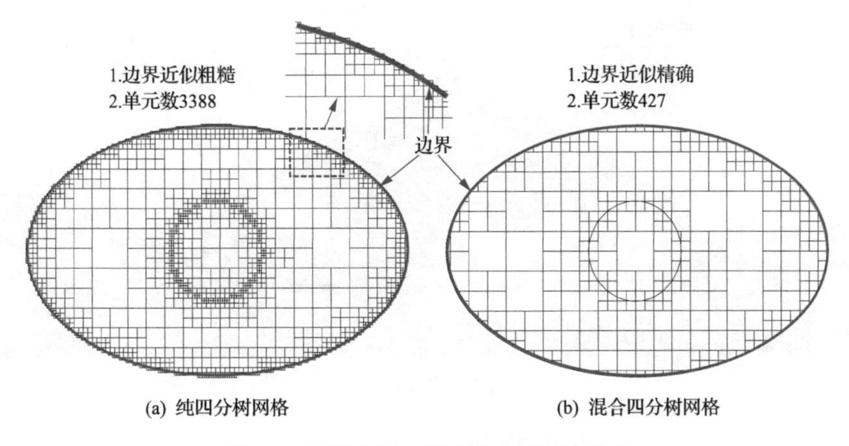

图 2.8　纯四分树、混合四分树网格特点

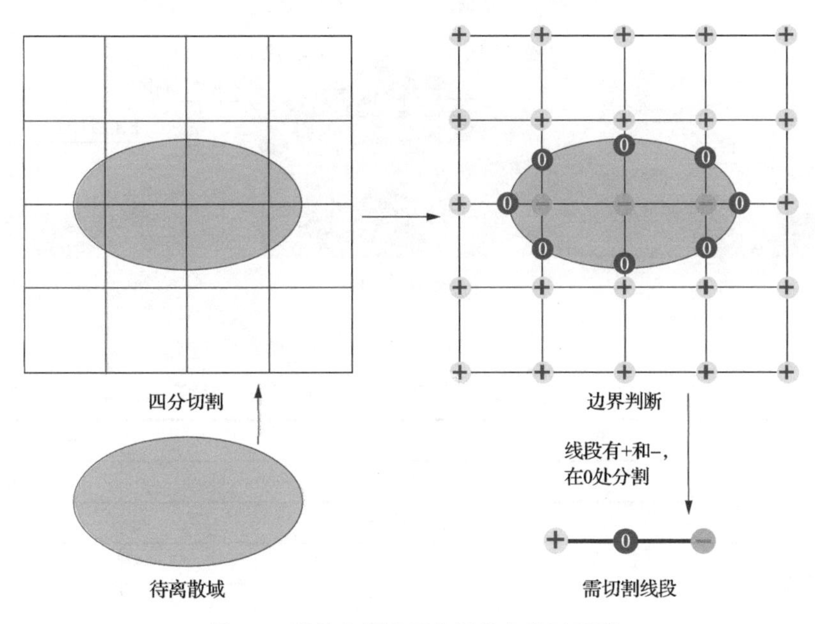

图 2.9　离散点属性及分割线定义示意图

2.3.2　土石坝模型的四分树离散

图 2.10 给出了四分树用于土石坝模型的网格离散示意图，可以看出：

(1) 可处理多个材料分区边界交错的问题。

(2) 复杂河谷边界高保真，几何适应能力强。

(3) 可精细离散关键部件(如防渗面板等)，提高了计算的可靠性。

(4) 网格自动满足土石坝分层碾压施工模拟的要求。

(5) 网格质量高，高精度的正方形单元占比分别为 67%(面板坝) 和 72%(心墙坝)。

此外，四分树用于土石坝网格离散的自动化程度高，只需给定结构几何信息和设定离散尺寸方案(表 2.1)，即可实现快速网格自动剖分。该方法可为土石坝快速精细分析提供高效的建模途径。

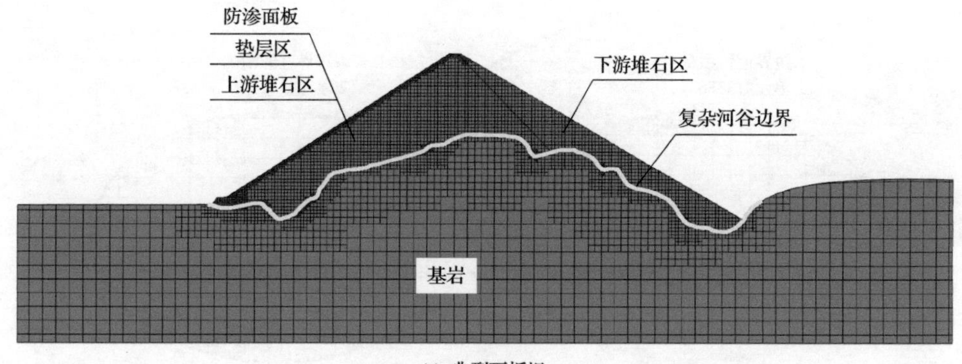

(a) 典型面板坝

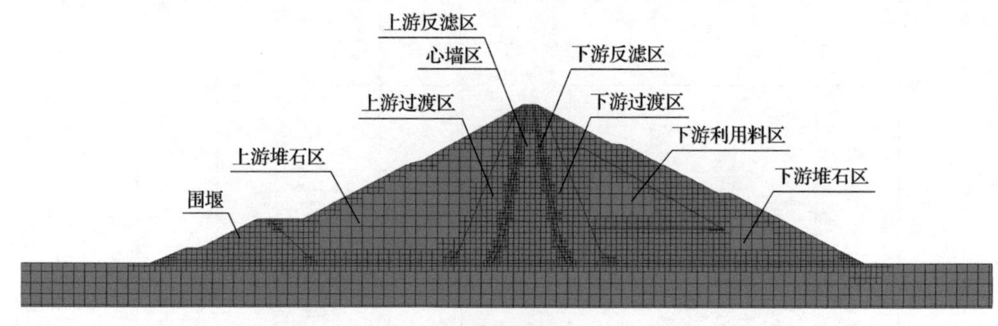

(b) 典型心墙坝

图 2.10　土石坝工程四分树网格离散示意图

表 2.1　高土石坝各分区网格尺寸设置(四分树)

大坝	材料分区	设定网格尺寸/m
大石峡面板坝	基岩	32
	砂砾石堆石料区	16
	下游堆石区	8
	高趾墙、胶凝砂砾料区	4
	垫层区	1
	面板、趾板	0.5
如美心墙坝	基岩	64
	围堰、上游堆石区、下游堆石区、下游利用料区	16
	心墙、上游过渡区、下游过渡区	4
	上游反滤区、下游反滤区、混凝土挡墙	2

2.4　八分树建模方法

2.4.1　基本原理

与平面四分树网格类似，八分树可以高效地处理三维网格离散问题。该方法首先根据设定的最大和最小尺寸进行八分递归切割，快速生成跨尺度正方体单元格。所得网格在不规则边界处存在锯齿状网格，导致几何边界失真，可进一步采用多面体裁剪，提高边界离散精度。具体步骤如下：

(1) 根据需求设定递归精度，确定模型的最大尺寸，以此建立父-立方体(0 级)。采用 2 : 1 的平衡分割原则递归循环的八分剖切方法，将父-立方体划分成多级子-立方体(1 级、2 级、3 级、……)，直至满足设定的离散精度，数据结构原理参见图 2.11。

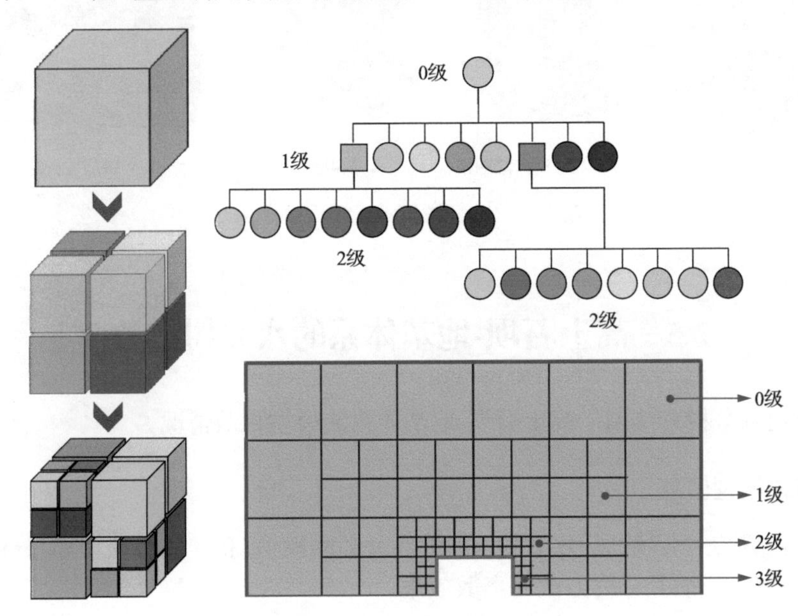

图 2.11 八分树数据结构示意图

(2) 遵循判断点—分割线—切割面—划割体—生成单元的自底向上原则，通过宽度优先搜索算法，鉴别边界域内点、边界交点、边界域外点，标记不同的属性(–、0、+)，并执行切割线(同四分树处理方案，见图 2.9)，然后连接切割点实现分割面操作。

(3) 对每个与边界相交的单元格执行分割面运算，即可实现切割体操作，然后重构面和体信息生成多面体单元，当单元格表面 4 个节点不共面时，对该表面采用三角化网格处理。

2.4.2 复杂雕塑模型的八分树离散

为说明八分树的离散效果，开展了复杂雕塑模型的离散应用。本次用于离散的计算机配置为 Intel(R) Core(TM) i7-6700K CPU@4.00GHz，32GRAM。

如图 2.12 所示，该兵马俑为 3D 打印格式的实体模型(下载网址：http://www.3d66.com)，整体尺寸为 260mm×297mm×1200mm。设定最大离散尺寸为 32mm，最小离散尺寸为 2mm，通过 4 级尺寸跨越，即可实现模型的精细离散，共计生成 161383 个单元、215186 个节点，离散耗时仅 52.1s。根据统计，生成单元中约 64.4%的单元为正方体(计算精度最高)，说明网格质量良好。

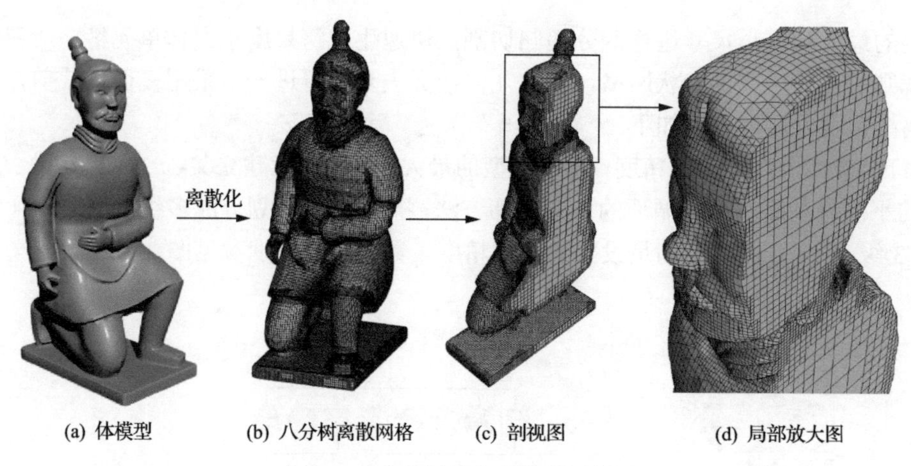

图 2.12　八分树技术离散应用实例

2.5　高土石坝-地基体系的八分树离散

下面讨论八分树方法用于高土石坝-地基体系的模型离散情况。

2.5.1　几何体模型信息

本节以在建的大石峡面板坝(247m，世界最高面板坝)和如美心墙坝(315m，世界最高心墙坝)为例，说明八分树方法的离散效果。

1. 大石峡面板坝

图 2.13 给出了大石峡面板坝几何基本信息，模型整体尺寸为长 1350m、宽 990m、高 420m，防渗面板厚度为(0.5+0.0035H)m(H 为坝高)，最小厚度仅为 0.5m，使得混凝土面板与堆石体间尺度跨越达千倍。此外，该模型还包括高趾墙、过渡区、垫层区及主堆石区等 8 个材料分区，且河谷地形复杂度较高。

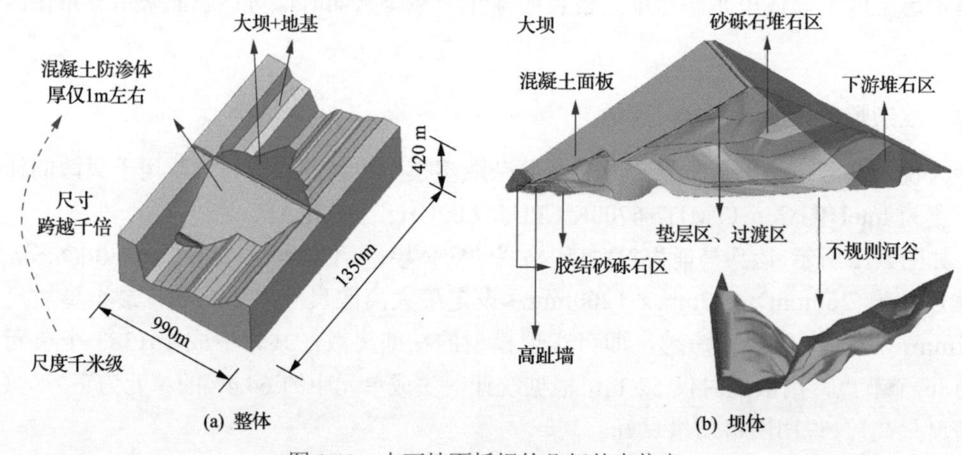

图 2.13　大石峡面板坝的几何基本信息

2. 如美心墙坝

图 2.14 给出了如美心墙坝几何基本信息，模型整体尺寸为长 2400m、宽 1440m，最大高度为 1400m。该工程在心墙内部设置有上下两条拱形观测廊道，总长度分别约为 400m 和 224m，其轴线在高程方向从河谷中央至两岸岸坡分别预设了 2.89%、3.28%、5.19%和 6.15%的坡度。在上下游方向，观测廊道轴线在河谷中央部位拱向上游 2m。廊道由高 4.5m、宽 4.0m、壁厚 0.5m 的洞型预制混凝土块体修筑。此外，模型还包括不规则地形、围堰区、堆石区、过渡区、反滤区和心墙区等 15 个材料分区。

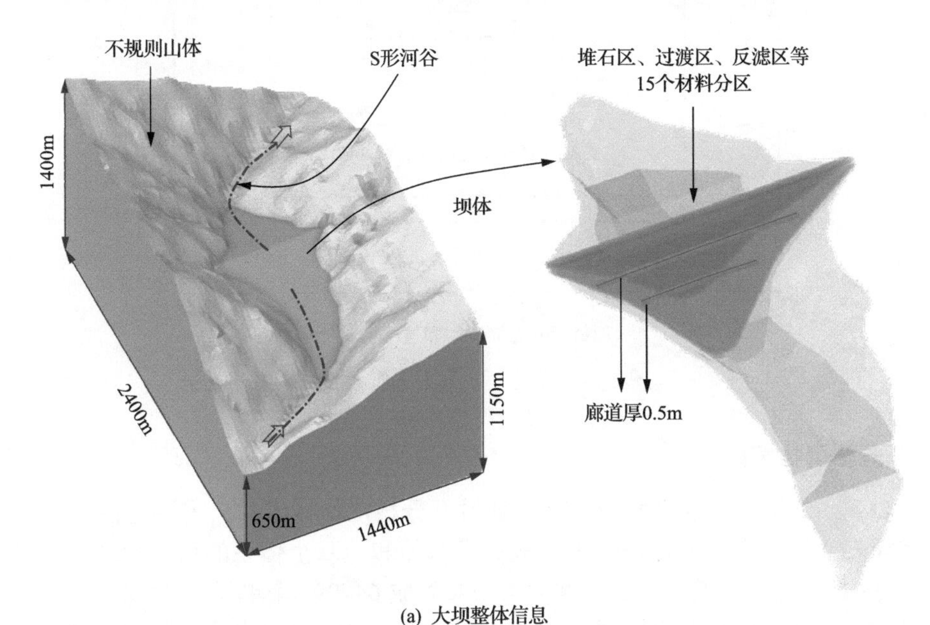

(a) 大坝整体信息

(b) 心墙截面信息

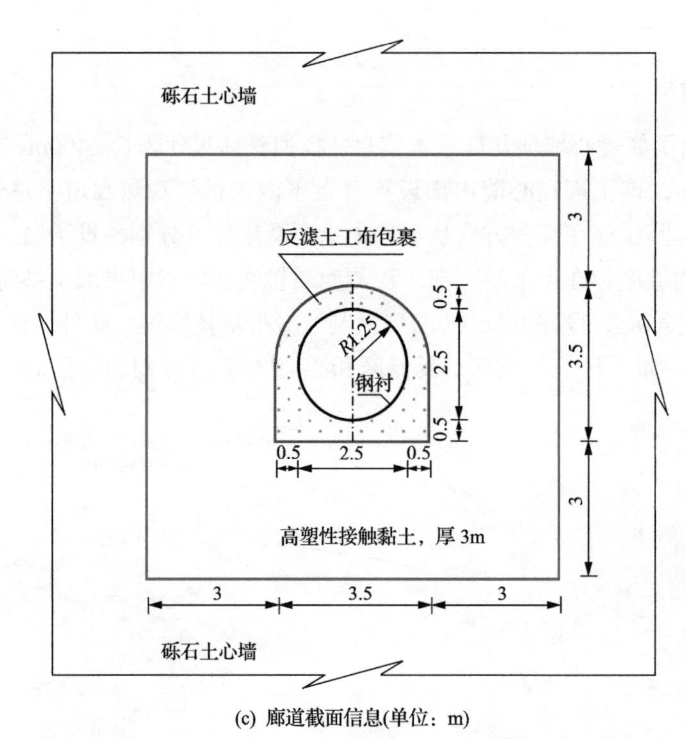

(c) 廊道截面信息(单位：m)

图 2.14　如美心墙坝几何基本信息

2.5.2　八分树网格离散

采用与 2.4.2 节相同的计算机配置，通过八分树网格技术，只需设定各部件网格尺寸(具体如表 2.2 所示)，即可高效地生成高土石坝和地基全体系的跨尺度精细网格，如图 2.15～图 2.17 所示。其中，大石峡面板坝共生成 647092 个单元、799089 个节点，离散耗时约 3min；如美心墙坝共生成 1453412 个单元、1329193 个节点，离散耗时约 5min。可以看出，八分树用于土石坝离散具有下述优势：

(1) 防渗体等关键部件可精细离散至米级尺度。

(2) 单元为水平线与垂直线分割，自动满足分层填筑和竖缝的边界要求。

(3) 精确反映不规则河谷形状，最大程度逼近几何原型。

(4) 基岩-坝体-防渗体网格跨尺度，大幅度降低了精细化分析的单元数量。

(5) 离散单元质量高，正方体占比分别为 55.3%(面板坝) 和 64.2%(心墙坝)。

因此，四分树/八分树方法是解决长期制约高土石坝等大型土工构筑物高效、高保真精细建模难题的有效途径。

表 2.2　高土石坝各分区网格尺寸设置(八分树)

大坝	材料分区	设置网格尺寸/m
大石峡面板坝	基岩	32
	上游堆石区、下游堆石区	8
	高趾墙、胶凝砂砾石区、过渡区	4
	防渗面板、垫层区	1

续表

大坝	材料分区	设置网格尺寸/m
如美心墙坝	基岩	32
	上游围堰、上游堆石区一、上游堆石区二、上游过渡区、下游堆石区一、下游堆石区二、下游过渡区	8
	心墙	4
	上游反滤区一、上游反滤区二、下游反滤区一、下游反滤区二、接触黏土	2
	高塑性黏土	1
	廊道	0.5

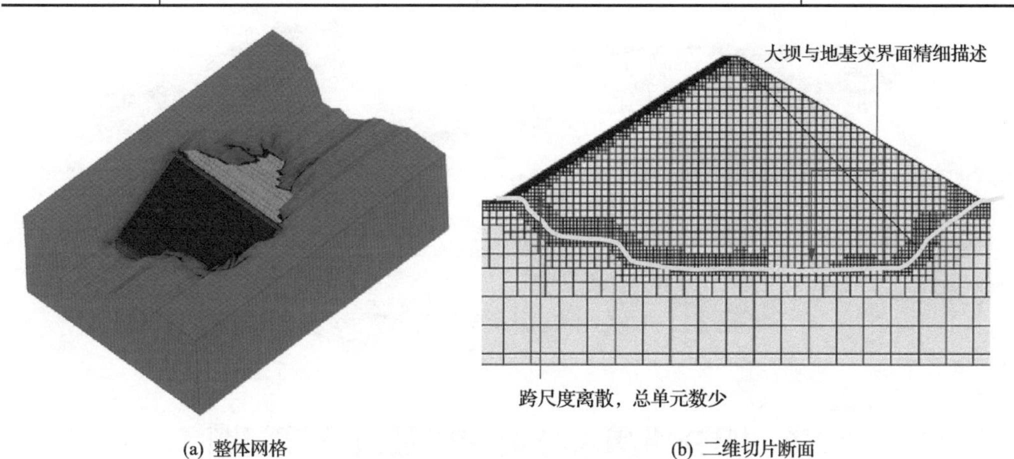

图 2.15　八分树离散网格

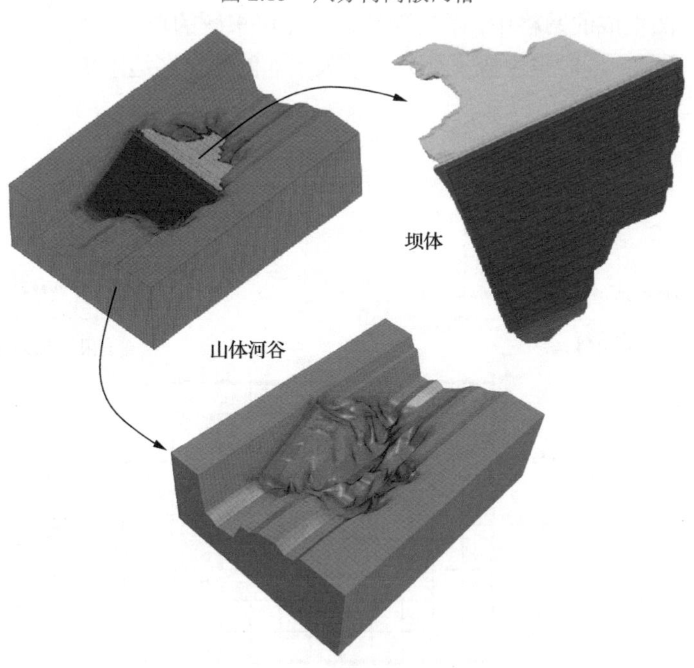

图 2.16　坝体和基岩网格示意图

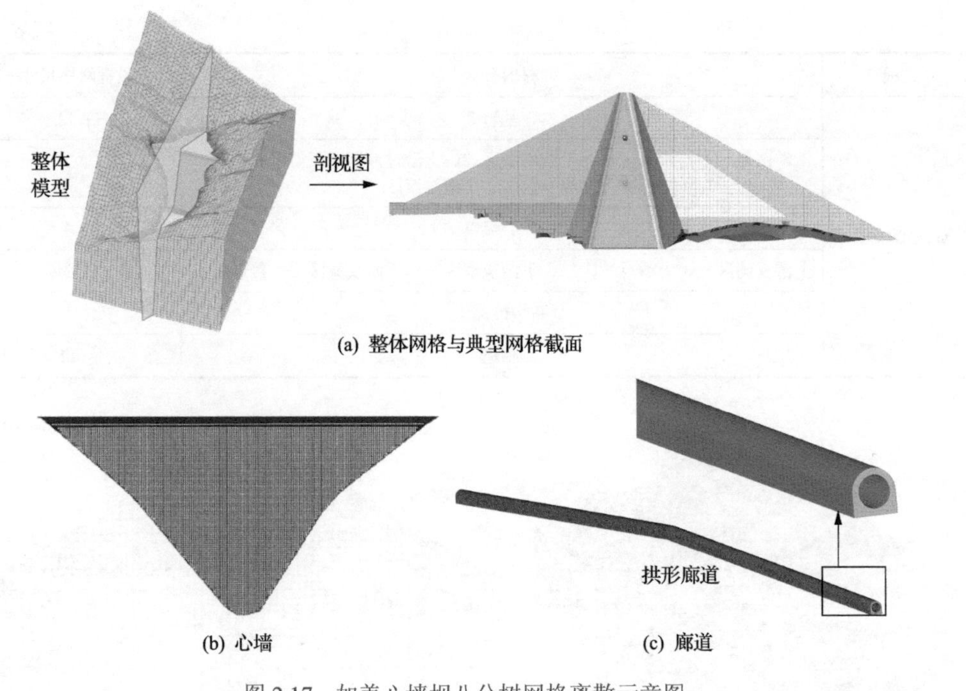

图 2.17　如美心墙坝八分树网格离散示意图

2.6　四分树和八分树网格数值计算问题

在四分树方法生成的网格中，存在等参有限元可求解的单元形状(三角形和四边形单元)，如图 2.18 所示；同时也生成了部分边数大于 4 的复杂多边形单元，包括凸多边形和

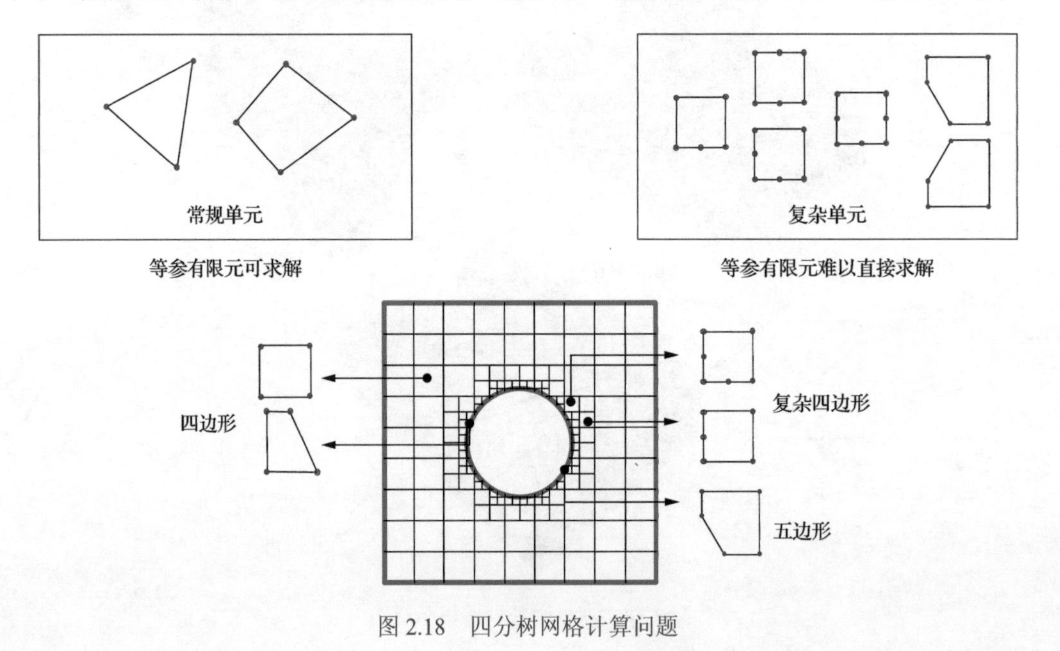

图 2.18　四分树网格计算问题

正方形中带边节点的单元，等参有限元难以直接求解这些复杂单元。同样，在三维八分树生成的网格中，存在常规的单元形状(四面体、六面体及其退化单元)和等参有限元难以求解的复杂多面体(图 2.19)，主要包括两类：①裁剪操作导致的 Voronoi 多面体(Alam et al., 2011)；②八分树切割生成的存在边节点的网格，如果将边节点作为计算节点，则该网格的部分面为多边形，也可以视为复杂多面体。

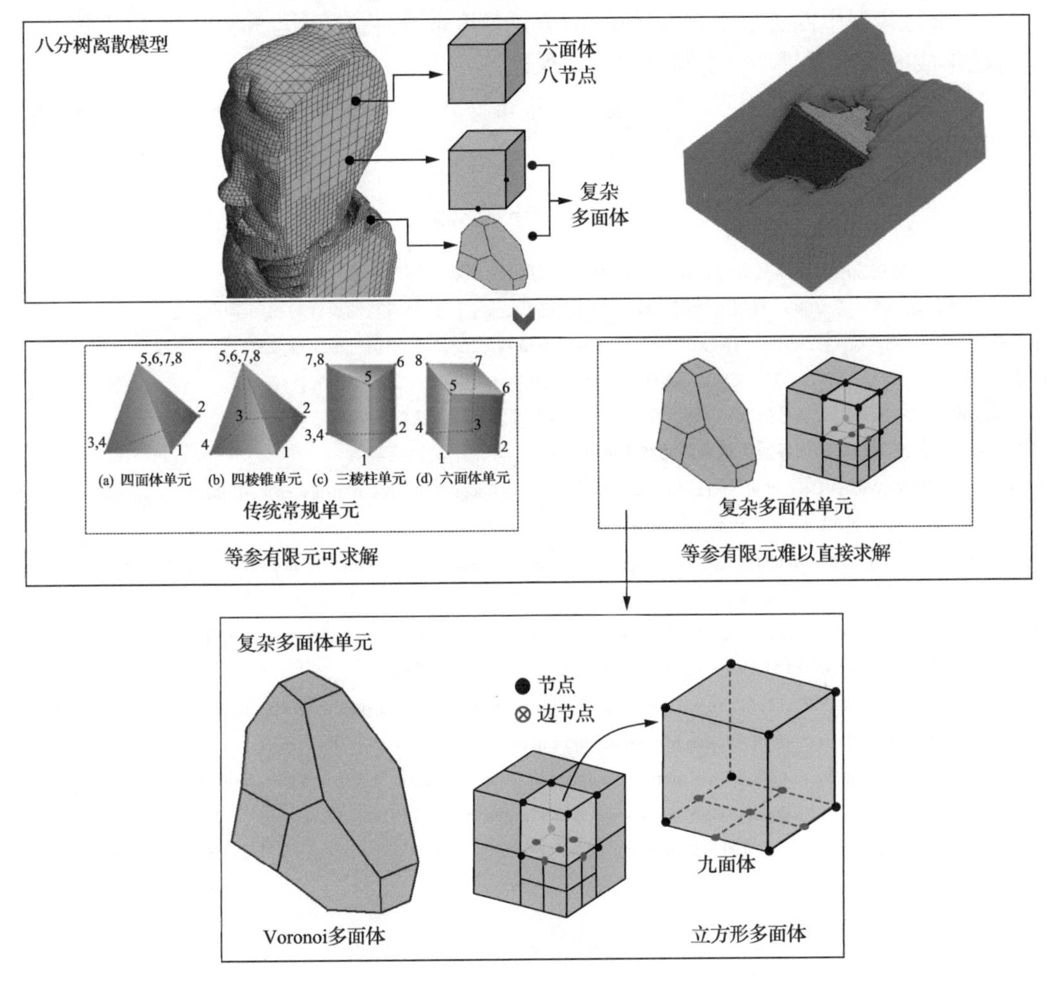

图 2.19 八分树网格计算问题

上述问题导致四分树和八分树离散技术一直难以应用于工程结构的数值计算。因此，需要开发一种灵活通用的复杂形状单元求解方法。

2.7 小　　结

本章概述了常规网格离散方法的优缺点和应用特点，介绍了四分树/八分树网格离散技术的基本原理，讨论了其对高土石坝等复杂结构的精细网格离散效果，主要结论如下：

(1) 通过对离散域不断递归四分和八分的思路实现网格离散，具有数据结构简单、算法易于实现等优势，可实现快速跨尺度精细化离散，能自动满足高土石坝模拟中水平分层填筑和垂直接缝边界等约束条件。

(2) 通过四分树/八分树网格的多边形/多面体剪裁，能精准刻画复杂河谷地形、材料分区边界等，最大程度反映几何原型，降低模型离散误差。

(3) 离散模型中四边形或正方体单元(分析精度最高)占比可达 50%以上，优于传统离散方法生成的网格质量，分析精度得到了保证。

(4) 该方法实现了高土石坝等大型土工构筑物高效、高保真精细建模，也可为同类复杂工程精细化建模提供技术支撑。

参考文献

房芳. 2007. 基于多扫掠的六面体网格划分算法的研究[D]. 南京: 南京航空航天大学.

关振群, 宋超, 顾元宪, 等. 2003. 有限元网格生成方法研究的新进展[J]. 计算机辅助设计与图形学学报, 15(1): 1-14.

李海峰, 吴冀川, 刘建波, 等. 2012. 有限元网格剖分与网格质量判定指标[J]. 中国机械工程, 23(3): 368-377.

李鹏飞, 徐敏义, 王飞飞. 2011. 精通 CFD 工程仿真与案例实战[M]. 北京: 人民邮电出版社.

王福军. 2004. 计算流体动力学分析: CFD 软件原理与应用[M]. 北京: 清华大学出版社.

张弢. 2001. 简单高效的复杂边界四叉树有限元网格生成技术[D]. 长沙: 湖南大学.

Alam A, Khan S N, Wilson B G, et al. 2011. Efficient isoparametric integration over arbitrary space-filling Voronoi polyhedra for electronic structure calculations[J]. Physical Review B, 84(4): 045105.

Cook W A, Oakes W R. 1982. Mapping methods for generating three-dimensional meshes[J]. Computers in Mechanical Engineering, 1(1): 67-72.

Li T S, McKeag R M, Armstrong C G. 1995. Hexahedral meshing using midpoint subdivision and integer programming[J]. Computer Methods in Applied Mechanics and Engineering, 124(1-2): 171-193.

Lian H, Kerfriden P, Bordas S P A. 2017. Shape optimization directly from CAD: An isogeometric boundary element approach using T-splines[J]. Computer Methods in Applied Mechanics and Engineering, 317: 1-41.

Liu Y, Saputra A A, Wang J C, et al. 2017. Automatic polyhedral mesh generation and scaled boundary finite element analysis of STL models[J]. Computer Methods in Applied Mechanics and Engineering, 313: 106-132.

Staten M L, Cabann S A, Owen S J, 1999. BMSweep: Locating interior nodes during sweeping[J]. Engineering with Computers, 15(3): 212-218.

第 3 章

比例边界有限元方法介绍

3.1 引　　言

SBFEM 是一种半解析的数值方法。该方法只需要离散边界而在径向严格解析，在环向具有有限元方法意义上的精度，兼有有限元方法和边界元方法的优点，并且具有自身独特的优势，例如，在无限域波动问题分析中，它不需要基本解即可自动满足无穷远处的辐射边界条件，这是边界元方法所不能比拟的；对于有限域问题，半解析特性使其求解精度更高，仅需离散边界的特点使其构造多边形/多面体单元更加容易，克服了一般有限元网格形状的局限性，可以认为该方法是求解四分树/八分树离散单元(含大量的多边形/多面体单元)的有效途径。

SBFEM 自提出以来，受到研究者广泛关注，并推广应用，成为数值模拟的一个研究热点。该方法是本书工作的主要研究方法和基础，为增强读者对其理论的认识和理解，本章首先介绍 SBFEM 的研究进展，然后以弹性介质有限域静力问题为例，详细阐述该方法的基本概念以及基于比例边界坐标变换和加权余量法的 SBFEM 方程的推导过程，最后通过数值算例进行精度验证。

3.2 发 展 概 述

SBFEM 是在无限域弹性动力学问题的模拟研究过程中发展起来的数值方法(Song and Wolf, 1997, 1998, 1999; Wolf, 2003)，已成功地应用于许多领域的问题求解。本书主要内容为 SBFEM 在岩土工程中的应用，下面主要概述该方法在结构分析方面的研究进展。

1. 相互作用分析方面

结构-地基、大坝-库水相互作用等均可认为是一种无限域问题。由于 SBFEM 采用环向数值、径向解析的思路，且径向可以自动满足无穷远处的边界条件，应用于无限域问题比较方便且精度高。这方面代表性的有林皋院士团队将 SBFEM 用于求解复杂地基中的土-结构相互作用，提出了多种改进优化算法，研究了复杂层状介质中的波动场特性，开展了成层场地中沉积河谷的散射分析；此外，将该方法用于重力坝动水压力分布规律研究，提出了无限库水非反射边界条件和重力坝坝基动力响应评估方法(王毅等, 2014; Wang et al., 2015; Liu et al., 2016; 李志远等, 2018)，研究成果为高拱坝地震安全评估提供了重要参考。作者团队针对 Westergaard 方法用于面板堆石坝动水压力求解的不足，发展了基于 SBFEM 的面板坝-库水动力流固耦合分析方法，探究了 Westergaard 方法求解面板坝动水压力的误差，研究了动水压力、库水压缩性等对高面板坝面板动应力的影响（孔宪京等, 2016; Xu et al., 2016, 2017, 2018）。李上明等（2013, 2016）发展了 SBFEM 动态刚度矩阵的大坝-库水耦合分析方法及 SBFEM-FEM 的流固耦合瞬态分析方法，研究了大坝-库水的流固耦合效应，改善了分析效率。此外，一些学者基于 SBFEM，研究了不同结构-地基相互作用影响，为准确获取结构响应提供了理论支持（阎俊义等, 2003; Genes and Kocak, 2005; Syed and Maheshwari, 2014, 2017; 陈灯红等, 2014; Maheshwari and Syed, 2015; Rahnema et al., 2016）。

2. 结构开裂分析方面

裂纹扩展路径可作为 SBFEM 子单元的环向边界，规避了烦琐的网格重剖分问题，且裂尖应力强度因子可通过 SBFEM 半解析的应力解直接求出，无需模拟应力奇异函数，具有很高的计算精度。因此，SBFEM 特别适用于裂纹扩展分析，并取得了大量的研究成果。例如，新南威尔士大学 Song 教授团队（Natarajan and Song, 2013; Ooi et al., 2013, 2016; Song, 2018）提出了扩展 SBFEM，并发展了局部自适应网格加密技术、混合四分树技术等，开展了典型构件的静动力裂纹扩展分析，显著提高了结构开裂演化的分析效率。林皋院士团队（Bao et al., 2015; 陈白斌等, 2015a, 2015b; 陈白斌, 2015; Li et al., 2016, 2018; 庞林等, 2016, 2017; 庞林, 2017; 庞林和林皋, 2017; 钟红等, 2017; 傅兴安等, 2017; 傅兴安, 2017）基于 SBFEM 理论，发展了多种可用于裂纹扩展分析的数值方法，包括无需裂尖增强函数的 X-SBFEM、等几何 SBFEM、耦合有限断裂法的 SBFEM 等，成功用于混凝土构件、重力坝等在静动力工况下的裂纹萌生、扩展和演化过程，并研究了裂缝水压力及裂纹面接触条件对裂纹扩展的影响，为高混凝土坝破坏分析提供了新思路。杨贞军教授团队（Yang et al., 2015; Huang et al., 2016）采用 FEM-SBFEM 耦合分析方法模拟了混凝土构件的中尺度黏性断裂扩展过程。杜成斌教授团队（Chen and Dai, 2017; 章鹏等, 2017, 2019; 江守燕等, 2019）提出了改进型扩展有限元（*i*XSBFEM）和 SBFEM 广义形函数方法，研究了裂纹面接触问题，直观再现了混凝土裂纹扩展过程。罗滔等（2017）、Luo 等（2016, 2017）引入离散元分析方法（discrete element method, DEM），提出了耦合的 DEM-SBFEM，模拟了三轴试验加载过程中颗粒破碎问题，为研究结构微观机理提供了一种有效途径。此外，一些学者将 SBFEM 扩展用于复合材料裂纹扩展特性和应力奇异性等问题的研究（Hell and Becker, 2014; Li et al., 2014; 施明光等, 2014; Dieringer and Becker, 2015），准确获取了材料裂纹扩展路径和破坏模式，取得了良好的效果。

3. 非线性分析方面

材料非线性是诸多数值模拟中难以回避的关键因素，但 SBFEM 环向数值积分、径向解析求解的弹性理论构造难以反映单元内部非线性应力应变状态，使其长期局限于弹性分析。为此，研究者近年来开展了一些研究，但相关成果较少，主要有 Ooi 等（2014）和 Liu 等（2020）基于 SBFEM 框架，采用环向数值积分、域内解析积分方案，推导和数值实现了多边形/多面体非线性算法，该方法延续了 SBFEM 的半解析特性，拓宽了该方法的应用领域。Zhang 等(2018a, 2018b)基于各向同性损伤模型和 SBFEM 理论，假定当损伤区网格划分足够小时，单元内损伤因子均匀分布，然后通过损伤因子线性折减本构矩阵、刚度矩阵等，推导和实现了 SBFEM 算法，模拟了混凝土构件的非线性损伤渐进发展过程。作者团队推导和发展了简捷实用的、易于软件集成和耦合计算的高效非线性算法，将在第 5 章进行详细介绍。

3.3 基本理论介绍

3.3.1 弹性力学问题的控制方程及其积分弱形式

1. 平衡方程

弹性力学理论中，对离散域内任意点沿三个坐标轴的平衡方程可表达为

$$\begin{aligned}
&\frac{\partial \sigma_x}{\partial x}+\frac{\partial \tau_{yx}}{\partial y}+\frac{\partial \tau_{zx}}{\partial z}+\bar{f}_x=0\\
&\frac{\partial \tau_{xy}}{\partial x}+\frac{\partial \sigma_y}{\partial y}+\frac{\partial \tau_{zy}}{\partial z}+\bar{f}_y=0\\
&\frac{\partial \tau_{xz}}{\partial x}+\frac{\partial \tau_{yz}}{\partial y}+\frac{\partial \sigma_z}{\partial z}+\bar{f}_z=0
\end{aligned} \tag{3.1}$$

式中，$\bar{f}_x$、$\bar{f}_y$、$\bar{f}_z$ 为单位体积的体积力在 x、y、z 方向的分量，且根据剪应力互等定理有：$\tau_{xy}=\tau_{yx},\tau_{yz}=\tau_{zy},\tau_{zx}=\tau_{xz}$。

通过整理合并，可获得平衡方程的矩阵表达式，即

$$\boldsymbol{L}^{\mathrm{T}}\boldsymbol{\sigma}(x,y,z)+\bar{\boldsymbol{f}}=0 \tag{3.2}$$

式中，$\bar{\boldsymbol{f}}$ 为体积力向量，且 $\bar{\boldsymbol{f}}=[\bar{f}_x \quad \bar{f}_y \quad \bar{f}_z]^{\mathrm{T}}$。

本节后续简述的理论介绍参考比例边界有限单元法经典论著展开(Song and Wolf, 1997; Wolf, 2003)，采用 x、y 表示二维平面笛卡儿坐标系单元，采用 $\hat{x}$、$\hat{y}$、$\hat{z}$ 表示三维空间笛卡儿坐标系单元有限域单元，其中符号“∧”用于表示单元域内的节点，无符号的 x、y、z 用于表示环向边界面上的节点坐标。则对于二维问题，其线性微分算子表达式为

$$\boldsymbol{L}=\begin{bmatrix}\dfrac{\partial}{\partial x} & \\ & \dfrac{\partial}{\partial y}\\ \dfrac{\partial}{\partial y} & \dfrac{\partial}{\partial x}\end{bmatrix} \tag{3.3}$$

相应地，对于三维问题，其线性微分算子表达式为

$$\boldsymbol{L}=\begin{bmatrix}\dfrac{\partial}{\partial \hat{x}} & & \\ & \dfrac{\partial}{\partial \hat{y}} & \\ & & \dfrac{\partial}{\partial \hat{z}} \\ & \dfrac{\partial}{\partial \hat{z}} & \dfrac{\partial}{\partial \hat{y}} \\ \dfrac{\partial}{\partial \hat{z}} & & \dfrac{\partial}{\partial \hat{x}} \\ \dfrac{\partial}{\partial \hat{y}} & \dfrac{\partial}{\partial \hat{x}} & \end{bmatrix} \tag{3.4}$$

2. 几何方程

在微元小变形情况下，略去位移导数的高阶项，可获得应变向量和位移向量间的几何关系，表达式为

$$\begin{aligned}&\varepsilon_x=\frac{\partial u_x}{\partial x},\quad \varepsilon_y=\frac{\partial u_y}{\partial y},\quad \varepsilon_z=\frac{\partial u_z}{\partial z}\\&\gamma_{xy}=\frac{\partial u_x}{\partial y}+\frac{\partial u_y}{\partial x}=\gamma_{yx}\\&\gamma_{yz}=\frac{\partial u_y}{\partial z}+\frac{\partial u_z}{\partial y}=\gamma_{zy}\\&\gamma_{zx}=\frac{\partial u_x}{\partial z}+\frac{\partial u_z}{\partial x}=\gamma_{xz}\end{aligned} \tag{3.5}$$

离散域内任意点的位移场可表示为 $\boldsymbol{u}(x,y)=[u_x(x,y),u_y(x,y)]^{\mathrm{T}}$，相应的应变场可写为 $\boldsymbol{\varepsilon}(x,y)=[\varepsilon_x(x,y),\varepsilon_y(x,y),\gamma_{xy}(x,y)]^{\mathrm{T}}$，应变和位移之间可通过微分算子 $\boldsymbol{L}$ 进行相互转换，如式(3.6)所示：

$$\boldsymbol{\varepsilon}(x,y)=\boldsymbol{L}\boldsymbol{u}(x,y) \tag{3.6}$$

三维问题对应的位移向量和应变向量为

$$\boldsymbol{u}(\hat{x},\hat{y},\hat{z})=\left[u_x(\hat{x},\hat{y},\hat{z}),u_y(\hat{x},\hat{y},\hat{z}),u_z(\hat{x},\hat{y},\hat{z})\right]^{\mathrm{T}} \tag{3.7}$$

$$\boldsymbol{\varepsilon}(\hat{x},\hat{y},\hat{z})=\left[\varepsilon_x(\hat{x},\hat{y},\hat{z}),\varepsilon_y(\hat{x},\hat{y},\hat{z}),\varepsilon_z(\hat{x},\hat{y},\hat{z}),\gamma_{yz}(\hat{x},\hat{y},\hat{z}),\gamma_{xz}(\hat{x},\hat{y},\hat{z}),\gamma_{xy}(\hat{x},\hat{y},\hat{z})\right]^{\mathrm{T}} \tag{3.8a}$$

$$\boldsymbol{\varepsilon}(\hat{x},\hat{y},\hat{z})=\boldsymbol{L}\boldsymbol{u}(\hat{x},\hat{y},\hat{z}) \tag{3.8b}$$

3. 物理方程

弹性力学中应力-应变遵循胡克定律的弹性关系，对于各向同性的弹性材料，可通过应变直接获得应力表达式，即

$$\boldsymbol{\sigma}(x,y)=\boldsymbol{D}\boldsymbol{\varepsilon}(x,y) \tag{3.9a}$$

$$\boldsymbol{\sigma}(\hat{x},\hat{y},\hat{z})=\boldsymbol{D}\boldsymbol{\varepsilon}(\hat{x},\hat{y},\hat{z}) \tag{3.9b}$$

式中，$\boldsymbol{\sigma}$ 为单元应力；$\boldsymbol{D}$ 为材料本构矩阵，为对称正定阵，仅与材料的弹性模量 E 和泊松比 ν 有关，对于二维问题，其表达式为

$$\boldsymbol{D}=D_0\begin{bmatrix}1 & \nu_0 & 0\\ & 1 & 0\\ & & \dfrac{1-\nu_0}{2}\end{bmatrix},\quad D_0=\frac{E_0}{1-\nu_0^2} \tag{3.10}$$

其中，E_0 按照式(3.11)取值，平面应力问题取式(3.11a)，平面应变问题取式(3.11b)。

$$E_0=E,\quad \nu_0=\nu \tag{3.11a}$$

$$E_0=\frac{E}{1-\nu_0^2},\quad \nu_0=\frac{\nu}{1-\nu} \tag{3.11b}$$

同理，对于三维问题，材料本构矩阵表达式为

$$\boldsymbol{D}=D_0\begin{bmatrix}1 & \dfrac{\nu}{1-\nu} & \dfrac{\nu}{1-\nu} & 0 & 0 & 0\\ & 1 & \dfrac{\nu}{1-\nu} & 0 & 0 & 0\\ & & 1 & 0 & 0 & 0\\ & & & \dfrac{1-2\nu}{2(1-\nu)} & 0 & 0\\ & & & & \dfrac{1-2\nu}{2(1-\nu)} & 0\\ & & & & & \dfrac{1-2\nu}{2(1-\nu)}\end{bmatrix},\quad D_0=\frac{E(1-\nu)}{(1+\nu)(1-2\nu)} \tag{3.12}$$

3.3.2　SBFEM 坐标变换

1. 单元比例中心设置要求

SBFEM 理论框架中，相似中心和比例边界坐标变换是两个最重要的基本概念，其中

比例中心 O 需满足可视性，即在边界上的任意点均能直接可视该比例中心点，如图 3.1(a) 所示。只有满足比例中心可视性，才可通过 SBFEM 求解。图 3.1(b) 显示的单元中，有部分区域无法直接可视比例中心，需做一定的拆分处理才能计算。为便于操作和求解，实际应用中通常将单元的几何中心选定为比例中心。

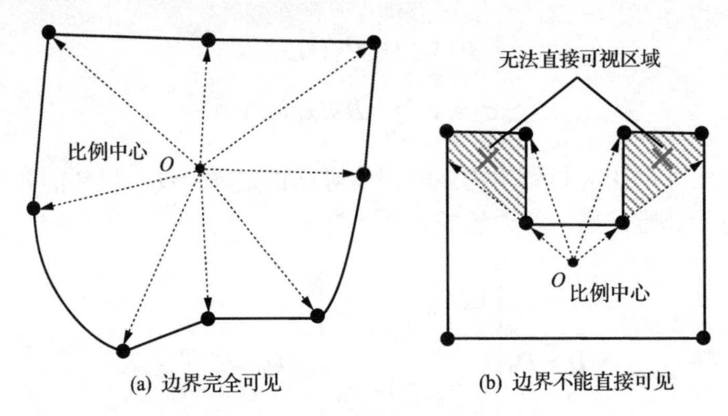

图 3.1　比例中心要求

2. 整体坐标与局部坐标转换

根据上述思路，下面详细介绍 SBFEM 理论中整体坐标与局部坐标的关系，见式(3.13)和式(3.14)。在笛卡儿坐标系下，边界节点坐标可表示为($\boldsymbol{x}_b$, $\boldsymbol{y}_b$)，则采用一维线性插值函数 $\boldsymbol{N}(s)$（s 为 SBFEM 的环向坐标，取值范围为[−1,1]的线性变化）和节点坐标可将整个线段线性表示。

$$x_b(s)=\boldsymbol{N}(s)\boldsymbol{x}_b \tag{3.13}$$

$$y_b(s)=\boldsymbol{N}(s)\boldsymbol{y}_b \tag{3.14}$$

$$\boldsymbol{N}(s)=\left[N_1(s),N_2(s)\right] \tag{3.15}$$

式中，$x_b(s)$ 和 $y_b(s)$ 为沿着环向线单元上任意点的坐标；$\boldsymbol{N}(s)$ 为一维线性插值形函数。由于只在边界进行离散，当增加单元的阶次以提高精度时，不会增加网格离散的难度，且形函数的修改也非常便利。当整个边界都通过插值函数表示后，多边形域内任意点可通过沿着连接比例中心 O 和边界节点的径向坐标 ξ 进行缩放来表示。其中，比例边界坐标系 (ξ, s) 与笛卡儿坐标系间的关系可表示为

$$x(\xi,s)=x_0+\xi\boldsymbol{N}(s)\boldsymbol{x}_b \tag{3.16}$$

$$y(\xi,s)=y_0+\xi\boldsymbol{N}(s)\boldsymbol{y}_b \tag{3.17}$$

式中，(x_0, y_0) 为比例中心点坐标；(x, y) 为单元域内任意点坐标；ξ 为无维度的径向坐标，其取值范围为 0～1 线性变化，在比例中心处取 0，在边界处取 1。在任意多边形单元中，要将节点坐标转换为比例边界坐标，需采用与 FEM 类似的步骤，即在离散边界通过雅可

比矩阵建立两者之间的关系，相应的雅可比矩阵表达式为

$$\boldsymbol{J}(s)=\begin{bmatrix} x(s) & y(s) \\ x(s)_{,s} & y(s)_{,s} \end{bmatrix} \tag{3.18}$$

其中，偏导数可表示为

$$x(s)_{,s}=\boldsymbol{N}(s)_{,s}\boldsymbol{x}_{\mathrm{b}} \tag{3.19a}$$

$$y(s)_{,s}=\boldsymbol{N}(s)_{,s}\boldsymbol{y}_{\mathrm{b}} \tag{3.19b}$$

相应的雅可比矩阵行列式为

$$\left|\boldsymbol{J}(s)\right|=x(s)y(s)_{,s}-y(s)x(s)_{,s} \tag{3.20}$$

则线性偏微分算子 $\boldsymbol{L}$ 可采用比例边界坐标表示为

$$\boldsymbol{L}=\boldsymbol{b}_1(s)\frac{\partial}{\partial\xi}+\frac{1}{\xi}\left(\boldsymbol{b}_2(s)\frac{\partial}{\partial s}\right) \tag{3.21}$$

式中，中间转换矩阵 $\boldsymbol{b}_1(s)$ 和 $\boldsymbol{b}_2(s)$ 仅与边界的几何形状有关，可直接根据坐标求出，即

$$\boldsymbol{b}_1(s)=\frac{1}{\left|\boldsymbol{J}(s)\right|}\begin{bmatrix} y(s)_{,s} & 0 \\ 0 & -x(s)_{,s} \\ -x(s)_{,s} & y(s)_{,s} \end{bmatrix} \tag{3.22a}$$

$$\boldsymbol{b}_2(s)=\frac{1}{\left|\boldsymbol{J}(s)\right|}\begin{bmatrix} -y(s) & 0 \\ 0 & x(s) \\ x(s) & -y(s) \end{bmatrix} \tag{3.22b}$$

同理，在三维问题分析中，比例边界坐标转换推导如下，首先通过插值函数和边界节点可表示离散边界面内任意点坐标，即

$$\begin{aligned} x(\eta,\zeta)&=\boldsymbol{N}(\eta,\zeta)\boldsymbol{x} \\ y(\eta,\zeta)&=\boldsymbol{N}(\eta,\zeta)\boldsymbol{y} \\ z(\eta,\zeta)&=\boldsymbol{N}(\eta,\zeta)\boldsymbol{z} \end{aligned} \tag{3.23}$$

式中，$\boldsymbol{N}(\eta,\zeta)$ 为平面等参单元插值形函数；$\boldsymbol{x}$、$\boldsymbol{y}$、$\boldsymbol{z}$ 为边界面上节点的坐标向量。

然后单元域内任意点可通过比例中心 $O(\hat{x}_0,\hat{y}_0,\hat{z}_0)$、无维度的径向坐标 ξ、边界面上插值形函数和边界节点坐标进行表示，即

$$\begin{aligned} \hat{x}(\xi,\eta,\zeta)&=\xi\boldsymbol{N}(\eta,\xi)\boldsymbol{x}+\hat{x}_0 \\ \hat{y}(\xi,\eta,\zeta)&=\xi\boldsymbol{N}(\eta,\xi)\boldsymbol{y}+\hat{y}_0 \\ \hat{z}(\xi,\eta,\zeta)&=\xi\boldsymbol{N}(\eta,\xi)\boldsymbol{z}+\hat{z}_0 \end{aligned} \tag{3.24}$$

式中，(ξ, η, ζ)称为三维 SBFEM 坐标系，将单元坐标系从笛卡儿坐标$(\hat{x}, \hat{y}, \hat{z})$转换到比例边界坐标，即为比例边界转换。离散边界面单元上的雅可比矩阵和其行列式为

$$\boldsymbol{J}(\eta,\zeta)=\begin{bmatrix} x(\eta,\zeta) & y(\eta,\zeta) & z(\eta,\zeta) \\ x(\eta,\zeta)_{,\eta} & y(\eta,\zeta)_{,\eta} & z(\eta,\zeta)_{,\eta} \\ x(\eta,\zeta)_{,\zeta} & y(\eta,\zeta)_{,\zeta} & z(\eta,\zeta)_{,\zeta} \end{bmatrix} \tag{3.25a}$$

$$|\boldsymbol{J}(\eta,\zeta)| = x(y_{,\eta}z_{,\zeta}-z_{,\eta}y_{,\zeta}) + y(z_{,\eta}x_{,\zeta}-x_{,\eta}z_{,\zeta}) + z(x_{,\eta}y_{,\zeta}-y_{,\eta}x_{,\zeta}) \tag{3.25b}$$

其中，坐标偏导数表示为

$$\begin{aligned} x(\eta,\zeta)_{,\eta} &= \boldsymbol{N}(\eta,\zeta)_{,\eta}\boldsymbol{x} \\ y(\eta,\zeta)_{,\eta} &= \boldsymbol{N}(\eta,\zeta)_{,\eta}\boldsymbol{y} \\ z(\eta,\zeta)_{,\eta} &= \boldsymbol{N}(\eta,\zeta)_{,\eta}\boldsymbol{z} \end{aligned} \tag{3.26}$$

代入相关系数，可得到三维问题中线性偏微分算子表达式为

$$\boldsymbol{L} = \boldsymbol{b}_1(\eta,\zeta)\frac{\partial}{\partial\xi} + \frac{1}{\xi}\left(\boldsymbol{b}_2(\eta,\zeta)\frac{\partial}{\partial\eta} + \boldsymbol{b}_3(\eta,\zeta)\frac{\partial}{\partial\zeta}\right) \tag{3.27}$$

式中，中间变量矩阵系数$\boldsymbol{b}_1(\eta,\zeta)$、$\boldsymbol{b}_2(\eta,\zeta)$、$\boldsymbol{b}_3(\eta,\zeta)$表达为

$$\boldsymbol{b}_1(\eta,\zeta)=\frac{1}{|\boldsymbol{J}|}\begin{bmatrix} y_{,\eta}z_{,\zeta}-z_{,\eta}y_{,\zeta} & 0 & 0 \\ 0 & z_{,\eta}x_{,\zeta}-x_{,\eta}z_{,\zeta} & 0 \\ 0 & 0 & x_{,\eta}y_{,\zeta}-y_{,\eta}x_{,\zeta} \\ 0 & x_{,\eta}y_{,\zeta}-y_{,\eta}x_{,\zeta} & z_{,\eta}x_{,\zeta}-x_{,\eta}z_{,\zeta} \\ x_{,\eta}y_{,\zeta}-y_{,\eta}x_{,\zeta} & 0 & y_{,\eta}z_{,\zeta}-z_{,\eta}y_{,\zeta} \\ z_{,\eta}x_{,\zeta}-x_{,\eta}z_{,\zeta} & y_{,\eta}z_{,\zeta}-z_{,\eta}y_{,\zeta} & 0 \end{bmatrix} \tag{3.28a}$$

$$\boldsymbol{b}_2(\eta,\zeta)=\frac{1}{|\boldsymbol{J}|}\begin{bmatrix} zy_{,\zeta}-yz_{,\zeta} & 0 & 0 \\ 0 & xz_{,\zeta}-zx_{,\zeta} & 0 \\ 0 & 0 & yx_{,\zeta}-xy_{,\zeta} \\ 0 & yx_{,\zeta}-xy_{,\zeta} & xz_{,\zeta}-zx_{,\zeta} \\ yx_{,\zeta}-xy_{,\zeta} & 0 & zy_{,\zeta}-yz_{,\zeta} \\ xz_{,\zeta}-zx_{,\zeta} & zy_{,\zeta}-yz_{,\zeta} & 0 \end{bmatrix} \tag{3.28b}$$

$$\boldsymbol{b}_3(\eta,\zeta)=\frac{1}{|\boldsymbol{J}|}\begin{bmatrix} yz_{,\eta}-zy_{,\eta} & 0 & 0 \\ 0 & zx_{,\eta}-xz_{,\eta} & 0 \\ 0 & 0 & xy_{,\eta}-yx_{,\eta} \\ 0 & xy_{,\eta}-yx_{,\eta} & zx_{,\eta}-xz_{,\eta} \\ xy_{,\eta}-yx_{,\eta} & 0 & yz_{,\eta}-zy_{,\eta} \\ zx_{,\eta}-xz_{,\eta} & yz_{,\eta}-zy_{,\eta} & 0 \end{bmatrix} \tag{3.28c}$$

3.3.3 单元求解思路

1. 环向数值离散

不同于 FEM，SBFEM 首先通过数值解将单元的环向边界离散，图 3.2 给出了典型多边形单元求解示意说明。对于二维问题，可将环向边界离散为 2 节点的线单元，然后通过端点的坐标和位移值，采用经典 FEM 中一维线单元的求解方法进行计算，即可获得边界上任意点坐标和位移的插值关系。对任意多边形来说，每个边界线单元求解完成后，便获得了整个边界的节点坐标和位移的插值关系。同理，在三维分析中，需将边界离散为平面等参单元(三角形和四边形)，重复上述步骤，即可构造出三维 SBFEM 的环向边界插值关系。

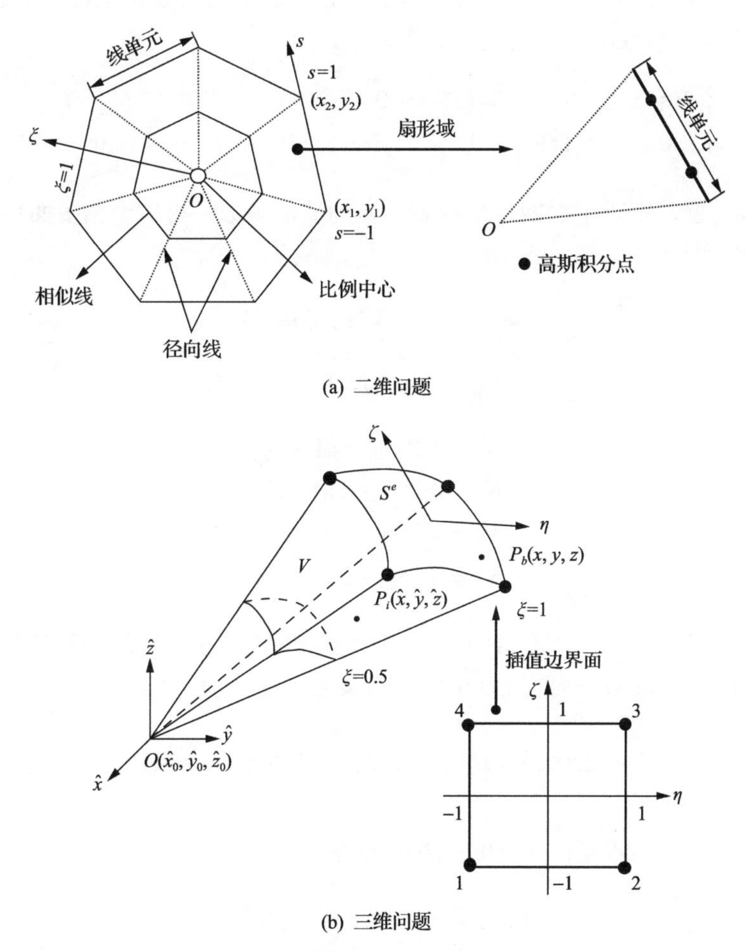

(a) 二维问题

(b) 三维问题

图 3.2 SBFEM 中边界离散单元

2. 径向解析求解

径向局部坐标用 ξ 表示，为环向边界向域内缩放的比例系数。对单元域内任意点的位移值，假定沿径向存在唯一可解的插值函数 $\boldsymbol{u}(\xi)$，将其与环向边界的位移插值函数相乘，即可获得整个单元域内的位移场。该方法的核心在于通过推导控制平衡方程，可解析地求出径向位移插值函数 $\boldsymbol{u}(\xi)$，进而获得整个单元位移场分布函数。

3.3.4 SBFEM 控制方程的推导

根据上述理论假定，对于在多边形单元中任一线单元覆盖的扇形区，已知边界线单元的插值函数，联合径向方向假定的插值函数 $\boldsymbol{u}(\xi)$，则可直接构造出求解内部任意点位移值的多边形单元插值函数，采用 SBFEM 的局部坐标表示，可写为

$$\boldsymbol{u}(\xi,s) = \boldsymbol{N}_u(s)\boldsymbol{u}(\xi) \tag{3.29}$$

式中，径向位移插值函数 $\boldsymbol{u}(\xi)$ 为仅与径向坐标 ξ 有关的、可解析求解的节点位移函数；$\boldsymbol{N}_u(s)$ 为边界形函数组成的矩阵函数，数学表达式为

$$\boldsymbol{N}_u(s)=\begin{bmatrix} N_1(s) & 0 & N_2(s) & 0 & \cdots & 0 & N_m(s) & 0 \\ 0 & N_1(s) & 0 & N_2(s) & 0 & \cdots & 0 & N_m(s) \end{bmatrix} \tag{3.30}$$

对于三维问题，基于平面四边形等参单元的插值函数，可构造出多面体单元的插值形函数表达式，即

$$\boldsymbol{u}(\xi,\eta,\zeta) = \boldsymbol{N}^u(\eta,\zeta)\boldsymbol{u}(\xi) \tag{3.31a}$$

$$\boldsymbol{N}^u(\eta,\zeta) = [N_1\boldsymbol{I}, N_2\boldsymbol{I}, N_3\boldsymbol{I}, N_4\boldsymbol{I}] \tag{3.31b}$$

$$\begin{aligned} N_1 &= 0.25(1-\xi)(1-\zeta) \\ N_2 &= 0.25(1+\xi)(1-\zeta) \\ N_3 &= 0.25(1+\xi)(1+\zeta) \\ N_4 &= 0.25(1-\xi)(1+\zeta) \end{aligned} \tag{3.31c}$$

式中，$\boldsymbol{I}$ 为 3×3 单位矩阵；N_i $(i=1, 2, 3, 4)$ 为经典 FEM 中平面四边形等参单元的插值函数。将式(3.31)代入(3.8)，可得 SBFEM 的应变场表达式为

$$\boldsymbol{\varepsilon}(\xi,\eta,\zeta) = \boldsymbol{B}_1(\eta,\zeta)\boldsymbol{u}(\xi)_{,\xi} + \frac{1}{\xi}\boldsymbol{B}_2(\eta,\zeta)\boldsymbol{u}(\xi) \tag{3.32}$$

式中，两个应变位移转换矩阵 $\boldsymbol{B}_1$ 和 $\boldsymbol{B}_2$ 表达式为

$$\boldsymbol{B}_1(\eta,\zeta) = \boldsymbol{b}_1(\eta,\zeta)\boldsymbol{N}^u(\eta,\zeta) \tag{3.33a}$$

$$\boldsymbol{B}_2(\eta,\zeta) = \boldsymbol{b}_2(\eta,\zeta)\boldsymbol{N}^u(\eta,\zeta)_{,\eta} + \boldsymbol{b}_3(\eta,\zeta)\boldsymbol{N}^u(\eta,\zeta)_{,\zeta} \tag{3.33b}$$

采用伽辽金加权余量方法，可推导得到二维和三维 SBFEM 等效偏微分方程(3.34)，且径向位移函数 $\boldsymbol{u}(\xi)$ 即为该 SBFEM 控制方程的解。

$$\boldsymbol{E}_0\xi^2\boldsymbol{u}(\xi)_{,\xi\xi}+\left[(s-1)\boldsymbol{E}_0-\boldsymbol{E}_1+\boldsymbol{E}_1^{\mathrm{T}}\right]\xi\boldsymbol{u}(\xi)_{,\xi}+(s-2)\boldsymbol{E}_1^{\mathrm{T}}-\boldsymbol{E}_2u(\xi)+\boldsymbol{F}(\xi)=0 \quad (3.34)$$

其中，s =2 或 3 表示计算域的空间维度，即二维问题和三维问题；$\boldsymbol{E}_i$ (i=0, 1, 2) 为仅与几何边界形状有关的系数矩阵，可通过集成所有边界单元的系数矩阵求得(类似 FEM 单元刚度矩阵集成总体刚度矩阵)；$\boldsymbol{F}(\xi)$ 为荷载向量。当仅考虑体力荷载时，式(3.34)可重写为

$$\boldsymbol{E}_0\xi^2\boldsymbol{u}(\xi)_{,\xi\xi}+\left[(s-1)\boldsymbol{E}_0-\boldsymbol{E}_1+\boldsymbol{E}_1^{\mathrm{T}}\right]\xi\boldsymbol{u}(\xi)_{,\xi}+(s-2)\boldsymbol{E}_1^{\mathrm{T}}-\boldsymbol{E}_2u(\xi)+\omega_2\boldsymbol{M}_0\xi^2\boldsymbol{u}(\xi)=0 \quad (3.35)$$

式中，系数矩阵 $\boldsymbol{E}_i$ 可通过应变位移转换矩阵 $\boldsymbol{B}_1$、$\boldsymbol{B}_2$ 和材料本构矩阵 $\boldsymbol{D}$ 计算得到，即

$$\boldsymbol{E}_0=\int_{-1}^{1}\boldsymbol{B}_1^{\mathrm{T}}(s)\boldsymbol{D}\boldsymbol{B}_1(s)\left|\boldsymbol{J}(s)\right|\mathrm{d}s \quad (3.36\mathrm{a})$$

$$\boldsymbol{E}_1=\int_{-1}^{1}\boldsymbol{B}_2^{\mathrm{T}}(s)\boldsymbol{D}\boldsymbol{B}_1(s)\left|\boldsymbol{J}(s)\right|\mathrm{d}s \quad (3.36\mathrm{b})$$

$$\boldsymbol{E}_2=\int_{-1}^{1}\boldsymbol{B}_2^{\mathrm{T}}(s)\boldsymbol{D}\boldsymbol{B}_2(s)\left|\boldsymbol{J}(s)\right|\mathrm{d}s \quad (3.36\mathrm{c})$$

$$\boldsymbol{M}_0=\int_{-1}^{1}\rho[\boldsymbol{N}(s)]^{\mathrm{T}}\boldsymbol{N}(s)\left|\boldsymbol{J}(s)\right|\mathrm{d}s \quad (3.36\mathrm{d})$$

对于三维问题，计算公式有所变化：

$$\boldsymbol{E}_0=\int_{-1}^{1}\int_{-1}^{1}\boldsymbol{B}_1^{\mathrm{T}}(\eta,\zeta)\boldsymbol{D}\boldsymbol{B}_1(\eta,\zeta)\left|\boldsymbol{J}(\eta,\zeta)\right|\mathrm{d}\eta\mathrm{d}\zeta \quad (3.37\mathrm{a})$$

$$\boldsymbol{E}_1=\int_{-1}^{1}\int_{-1}^{1}\boldsymbol{B}_2^{\mathrm{T}}(\eta,\zeta)\boldsymbol{D}\boldsymbol{B}_1(\eta,\zeta)\left|\boldsymbol{J}(\eta,\zeta)\right|\mathrm{d}\eta\mathrm{d}\zeta \quad (3.37\mathrm{b})$$

$$\boldsymbol{E}_2=\int_{-1}^{1}\int_{-1}^{1}\boldsymbol{B}_2^{\mathrm{T}}(\eta,\zeta)\boldsymbol{D}\boldsymbol{B}_2(\eta,\zeta)\left|\boldsymbol{J}(\eta,\zeta)\right|\mathrm{d}\eta\mathrm{d}\zeta \quad (3.37\mathrm{c})$$

$$\boldsymbol{M}_0=\int_{-1}^{1}\int_{-1}^{1}\rho[\boldsymbol{N}^u(\eta,\zeta)]^{\mathrm{T}}\boldsymbol{N}^u(\eta,\zeta)\left|\boldsymbol{J}(\eta,\zeta)\right|\mathrm{d}\eta\mathrm{d}\zeta \quad (3.37\mathrm{d})$$

3.3.5 单元径向形函数和刚度矩阵求解

定义 $\boldsymbol{u}_t$ 为无约束下的平动位移，将该位移 $\boldsymbol{u}(\xi)=\boldsymbol{u}_t$ 代入 SBFEM 的位移插值形函数，可得

$$\boldsymbol{N}^u(\eta,\zeta)_{,\eta}\boldsymbol{u}_t=0 \quad (3.38\mathrm{a})$$

$$\boldsymbol{N}^u(\eta,\zeta)_{,\zeta}\boldsymbol{u}_t=0 \quad (3.38\mathrm{b})$$

由于 $\boldsymbol{u}(\xi,\eta,\zeta)=\boldsymbol{u}_t$ 为常数，则存在下列关系式：

$$B_2(\eta,\zeta)u_t = 0 \tag{3.39}$$

对于系数矩阵 E_2，存在如下关系：

$$E_2 u_t = 0 \tag{3.40}$$

式中，E_2 为半正定矩阵，当引入平移运动的位移边界条件约束时，该矩阵将变为正定矩阵。

对于系数矩阵 E_1，亦存在如下关系：

$$E_1^{\mathrm{T}} u_t = 0 \tag{3.41}$$

将以上变量代入式(3.35)，可计算得到单元内部任意 ξ 平面上的内部节点力向量，即

$$q(\xi) = \xi^{(s-2)}(E_0 \xi u(\xi)_{,\xi} + E_1^{\mathrm{T}} u(\xi)) \tag{3.42}$$

该单元内部节点力向量与边界节点力向量 R 相关，在FEM理论中，单元刚度矩阵 K、边界节点力向量 R、边界节点位移 u 存在如下关系：

$$R = Ku \tag{3.43}$$

边界处 ξ=1，则式(3.43)可转化为

$$R = q(\xi = 1) = Ku(\xi = 1) \tag{3.44}$$

因此对于有限域问题 $(0 \leqslant \xi \leqslant 1)$，则存在

$$R = -q(\xi = 1) = Ku(\xi = 1) \tag{3.45}$$

对于无限域问题 $(1 \leqslant \xi < \infty)$，关系式为

$$R_1 = -q(\xi_1) = Ku(\xi_1) \tag{3.46a}$$

$$R_2 = q(\xi_2) = Ku(\xi_2) \tag{3.46b}$$

为了求解关于 $u(\xi)$ 的二阶齐次偏微分方程，引入矩阵变量 $X(\xi)$，将其转换为一阶常微分方程，该变量表达式为

$$X(\xi) = \begin{cases} \xi^{0.5(s-2)} u(\xi) \\ \xi^{-0.5(s-2)} q(\xi) \end{cases} \tag{3.47}$$

最终二阶微分方程可化简为一阶常微分方程，即

$$\xi X(\xi)_{,\xi} = -ZX(\xi) \tag{3.48}$$

式中，系数矩阵 Z 可表达为

$$\boldsymbol{Z}=\begin{bmatrix}\boldsymbol{E}_0^{-1}\boldsymbol{E}_1^{\mathrm{T}}-0.5(s-2)\boldsymbol{I} & -\boldsymbol{E}_0^{-1}\\ -\boldsymbol{E}_2+\boldsymbol{E}_1\boldsymbol{E}_0^{-1}\boldsymbol{E}_1^{\mathrm{T}} & -[\boldsymbol{E}_1\boldsymbol{E}_0^{-1}-0.5(s-2)\boldsymbol{I}]\end{bmatrix} \tag{3.49}$$

矩阵 $\boldsymbol{Z}$ 称为 Hamilton 矩阵，可通过前述系数矩阵组装进行求解。

采用特征值分解，上述 Hamilton 矩阵 $\boldsymbol{Z}$ 可求得特征值对 λ_i 和 $-\lambda_i$，以及相应的特征向量，相应的等式关系为

$$\boldsymbol{Z}\begin{bmatrix}\boldsymbol{\psi}_u\\ \boldsymbol{\psi}_q\end{bmatrix}=\begin{bmatrix}\boldsymbol{\psi}_u\\ \boldsymbol{\psi}_q\end{bmatrix}\boldsymbol{S}_n \tag{3.50}$$

式中，$\boldsymbol{S}_n$ 为一对角矩阵，其元素为特征值分解所得的负特征值实部；$\boldsymbol{\psi}_u$、$\boldsymbol{\psi}_q$ 分别为特征值对应的位移模态和应力模态，其维数等于边界面单元的自由度数。对于有限域的多面体单元，通过特征值分解，可求得径向位移插值函数和内部节点力向量，即

$$\boldsymbol{u}(\xi)=\boldsymbol{\psi}_u\xi^{-0.5-\boldsymbol{S}_n}\boldsymbol{c} \tag{3.51a}$$

$$\boldsymbol{q}(\xi)=\boldsymbol{\psi}_q\xi^{-0.5-\boldsymbol{S}_n}\boldsymbol{c} \tag{3.51b}$$

式中，系数矩阵 $\boldsymbol{c}$ 为积分常数，可通过离散边界上的节点位移向量 $\boldsymbol{u}_b=\boldsymbol{u}(\xi=1)$ 求得，即

$$\boldsymbol{c}=\boldsymbol{\psi}_u^{-1}\boldsymbol{u}_b \tag{3.52}$$

代入积分常数后，可求得径向位移插值函数 $\boldsymbol{u}(\xi)$ 和内部节点力向量 $\boldsymbol{q}(\xi)$，即

$$\boldsymbol{u}(\xi)=\boldsymbol{\psi}_u\xi^{-\boldsymbol{S}_n-0.5}\boldsymbol{\psi}_u^{-1}\boldsymbol{u}_b \tag{3.53a}$$

$$\boldsymbol{q}(\xi)=\boldsymbol{\psi}_q\xi^{-\boldsymbol{S}_n-0.5}\boldsymbol{\psi}_u^{-1}\boldsymbol{u}_b \tag{3.53b}$$

通过式(3.53a)和式(3.53b)，可直接求解出 SBFEM 的刚度矩阵表达式，即

$$\boldsymbol{K}=\boldsymbol{\psi}_q\boldsymbol{\psi}_u^{-1} \tag{3.54}$$

3.3.6　SBFEM 的位移、应变和应力计算方法

求出径向位移插值函数 $\boldsymbol{u}(\xi)$ 后，以三维问题为例，可解出多面体比例边界单元的单元形函数 $\boldsymbol{u}(\xi,\eta,\zeta)$，详细表达式为

$$\boldsymbol{u}(\xi,\eta,\zeta)=\left(\boldsymbol{N}^u(\eta,\zeta)\boldsymbol{\psi}_u\xi^{-(0.5+\boldsymbol{S}_n)}\boldsymbol{\psi}_u^{-1}\right)\boldsymbol{u}_b \tag{3.55}$$

$$\boldsymbol{\Phi}(\xi,\eta,\zeta)=\boldsymbol{N}^u(\eta,\zeta)\boldsymbol{\psi}_u\xi^{-(0.5+\boldsymbol{S}_n)}\boldsymbol{\psi}_u^{-1} \tag{3.56}$$

求得多面体单元插值形函数后(式(3.56))，通过应变位移转换矩阵，便可求解出单元的应变场表达式，即

$$\boldsymbol{\varepsilon}(\xi,\eta,\zeta)=\left[\boldsymbol{B}_1(\eta,\zeta)\boldsymbol{\psi}_u(-\boldsymbol{S}_n-0.5)\xi^{-(1.5+\boldsymbol{S}_n)}\boldsymbol{\psi}_u^{-1}\right]\boldsymbol{u}_b \\ +\left(\frac{1}{\xi}\boldsymbol{B}_2(\eta,\zeta)\boldsymbol{\psi}_u\xi^{-(0.5+\boldsymbol{S}_n)}\boldsymbol{\psi}_u^{-1}\right)\boldsymbol{u}_b \tag{3.57}$$

提取边界节点位移向量 $\boldsymbol{u}_b$ 前的系数矩阵，可得到单元应变位移转换矩阵表达式，即

$$\boldsymbol{\varepsilon}(\xi,\eta,\zeta)=\boldsymbol{B}(\xi,\eta,\zeta)\boldsymbol{u}_b \tag{3.58a}$$

$$\boldsymbol{B}(\xi,\eta,\zeta)=\left[\boldsymbol{B}_1(\eta,\zeta)\boldsymbol{\psi}_u(-\boldsymbol{S}_n-0.5)\xi^{-(1.5+\boldsymbol{S}_n)}\boldsymbol{\psi}_u^{-1}\right] \\ +\left(\frac{1}{\xi}\boldsymbol{B}_2(\eta,\zeta)\boldsymbol{\psi}_u\xi^{-(0.5+\boldsymbol{S}_n)}\boldsymbol{\psi}_u^{-1}\right) \tag{3.58b}$$

相应的单元应力也可表示为

$$\boldsymbol{\sigma}(\xi,\eta,\zeta)=\boldsymbol{D}\boldsymbol{\varepsilon}(\xi,\eta,\zeta)=\boldsymbol{D}\left[\boldsymbol{B}_1(\eta,\zeta)\boldsymbol{\psi}_u(-\boldsymbol{S}_n-0.5)\xi^{-(1.5+\boldsymbol{S}_n)}\boldsymbol{\psi}_u^{-1}\right]\boldsymbol{u}_b \\ +\boldsymbol{D}\left(\frac{1}{\xi}\boldsymbol{B}_2(\eta,\zeta)\boldsymbol{\psi}_u\xi^{-(0.5+\boldsymbol{S}_n)}\boldsymbol{\psi}_u^{-1}\right)\boldsymbol{u}_b \tag{3.59}$$

3.3.7 SBFEM 精度讨论

基于上述理论，作者数值实现了二维多边形和三维多面体 SBFEM 分析程序，下面通过算例探讨 SBFEM 的求解精度。

1. 计算模型和参数

采用如图 3.3 所示的悬臂梁模型，通过与 FEM 计算结果和理论解对比，讨论二维 SBFEM 的求解精度。梁的长度和高度分别为 l=1.2m 和 h=0.4m，采用四边形和多边形单元离散网格，生成单元数分别为 78 和 70。假定计算参数为：在 x=l 的端部施加竖直向下的恒荷载 F=7×10^{6}N，弹性模量 E=30GPa，泊松比 ν=0.2。

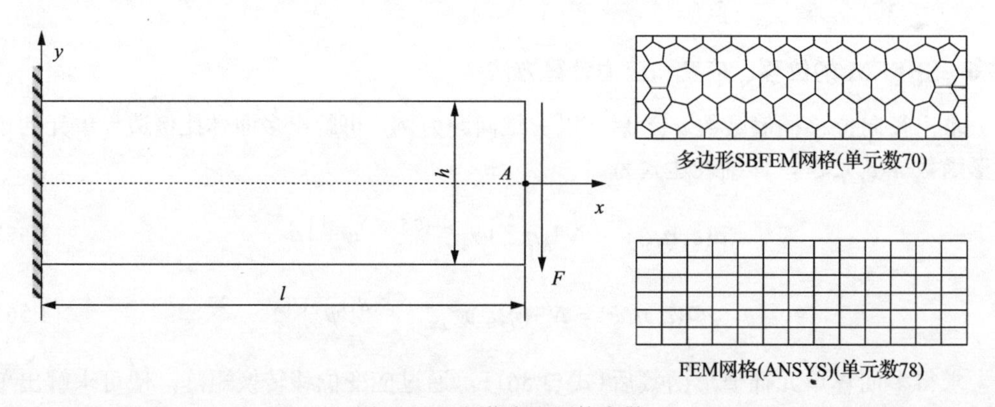

图 3.3　几何信息和网格离散

同样，通过模拟三维悬臂梁弯曲问题，讨论多面体 SBFEM 的分析精度，如图 3.4 所示。梁的长度为 L=10m，横截面为 2m×2m。采用六面体网格离散，共计生成 2560 个单元。假定计算参数为：自由端施加荷载 F=0.1N，材料为均质各向同性，弹性模量为 E=25Pa，泊松比 ν=0.3（Gain et al., 2014）。

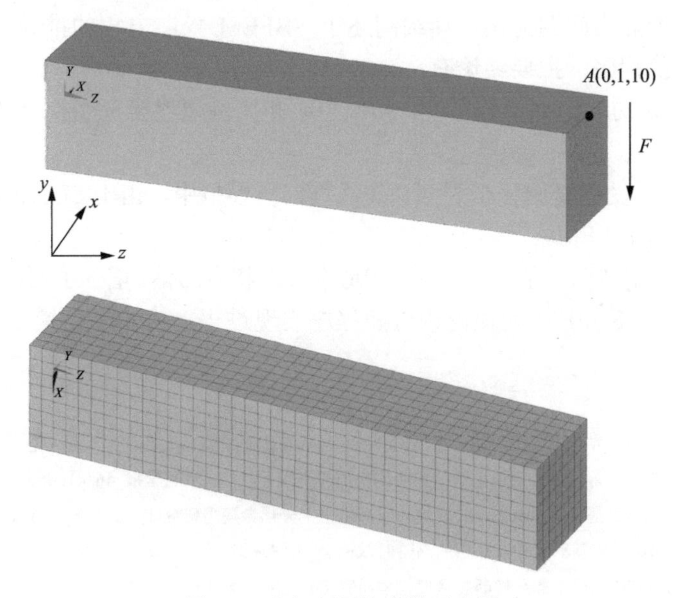

图 3.4 几何与网格离散示意图

2. 计算结果

表 3.1 和表 3.2 列出了计算结果与理论解的对比情况，可以看出，采用相同的网格进行分析，SBFEM 所得结果与理论解吻合良好，且求解精度比 FEM 高，验证了 SBFEM 的求解精度。

表 3.1 二维悬臂梁端部受弯算例结果对比

A 点	四边形网格（ANSYS）	四边形网格（SBFEM）	多边形网格（SBFEM）	理论解
竖向位移/cm	–2.640	2.656	–2.680	–2.695
误差/%	2.04	1.44	0.55	—

表 3.2 三维悬臂梁端部受弯算例结果对比

A 点	六面体网格（FEM）	六面体网格（SBFEM）	理论解
竖向位移/cm	–1.014	–1.006	–1.009
误差/%	0.496	0.297	—

此外，SBFEM 可支持多边形或多面体求解，放松了网格形状限制，增强了网格离散的灵活性。

3.4 小　结

本章首先概述了 SBFEM 在无限域、结构开裂、非线性三个方面的研究进展，然后以弹性介质有限域静力问题为例，详细阐述了 SBFEM 控制方程的推导和求解过程，并编制了相应的数值程序，主要结论有：

(1)在 SBFEM 的理论框架体系中，相似中心和比例边界坐标变换是两个最重要的基本概念。

(2)悬臂梁端部受弯算例分析表明，在线性问题模拟中，由于 SBFEM 具有半解析特性，其计算精度高于 FEM。

(3)SBFEM 采用环向数值积分，便于构造多边形和多面体，增强了网格离散的灵活性。

(4)本章探明了 SBFEM 的理论构造和程序实现过程，为本书后续工作奠定了基础。

参 考 文 献

陈白斌. 2015. 基于扩展比例边界有限元法的混凝土结构裂纹扩展模拟[D]. 大连: 大连理工大学.

陈白斌, 李建波, 林皋. 2015a. 无需裂尖增强函数的扩展比例边界有限元法[J]. 水利学报, 46(4): 489-496, 504.

陈白斌, 李建波, 林皋. 2015b. 基于 X-SBFEM 的裂纹体非网格重剖分耦合模型研究[J]. 工程力学, 32(3): 15-21.

陈灯红, 戴上秋, 彭刚. 2014. 坝-基动力相互作用的高阶时域模型[J]. 水利学报, 45(5): 547-556.

傅兴安. 2017. 基于 X-SBFEM 混凝土非线性断裂数值模型研究[D]. 大连: 大连理工大学.

傅兴安, 李建波, 林皋. 2017. 基于 X-SBFEM 的非线性断裂数值模型研究[J]. 大连理工大学学报, 57(5): 494-500.

江守燕, 李云, 杜成斌. 2019. 改进型扩展比例边界有限元法[J]. 力学学报, 51(1): 278-288.

孔宪京, 许贺, 邹德高, 等. 2016. 不同激振方向下动水压力对高面板坝面板动应力的影响[J]. 水利学报, 47(9): 1153-1159.

李上明. 2013. 基于比例边界有限元法动态刚度矩阵的坝库耦合分析方法[J]. 工程力学, 30(2): 313-317.

李上明, 吴连军. 2016. 基于连分式与有限元法的坝库耦合瞬态分析方法[J]. 工程力学, 33(4): 9-16.

李志远, 李建波, 林皋, 等. 2018. 基于子结构法的成层场地中沉积河谷的散射分析[J]. 岩土力学, 39(9): 3453-3460.

罗滔, Ooi E T, Chan A H C, 等. 2017. 一种模拟堆石料颗粒破碎的离散元-比例边界有限元结合法[J]. 岩土力学, 38(5): 1463-1471.

庞林. 2017. 比例边界多边形方法的研究及其在大坝静动力响应分析中的应用[D]. 大连: 大连理工大学.

庞林, 林皋. 2017. 缝水压力和裂缝面接触条件对重力坝裂缝扩展影响[J]. 计算力学学报, 34(5): 535-540.

庞林, 林皋, 钟红. 2016. 比例边界等几何方法在断裂力学中的应用[J]. 工程力学, 33(7): 7-14.

庞林, 林皋, 李建波, 等. 2017. 比例边界有限元分析侧边界上施加不连续荷载的问题[J]. 水利学报, 48(2): 246-251.

施明光, 徐艳杰, 钟红, 等. 2014. 基于多边形比例边界有限元的复合材料裂纹扩展模拟[J]. 工程力学, 31(7): 1-7.

王毅, 林皋, 胡志强. 2014. 基于 SBFEM 的竖向地震重力坝动水压力算法研究[J]. 振动与冲击, 33(1): 183-187, 193.

阎俊义, 金峰, 张楚汉. 2003. 基于线性系统理论的 FE-SBFE 时域耦合方法[J]. 清华大学学报(自然科学版), 43(11): 1554-1557, 1566.

章鹏, 杜成斌, 江守燕. 2017. 比例边界有限元法求解裂纹面接触问题[J]. 力学学报, 49(6): 1335-1347.

章鹏, 杜成斌, 张德恒. 2019. 基于比例边界有限元广义形函数方法模拟混凝土裂纹扩展问题[J]. 水利学报, 50(12): 1491-1501.

钟红, 牟昊, 张文宣. 2017. 基于有限断裂法和比例边界有限元法的裂纹扩展模拟[J]. 计算力学学报, 34(2): 168-174.

Bao Y, Zhong H, Lin G. 2015. Seismic fracture simulation of gravity dam based on polygon scaled boundary finite elements[J]. Water Res (Power), 4: 72-75.

Chen D H, Dai S Q. 2017. Dynamic fracture analysis of the soil-structure interaction system using the scaled boundary finite element method[J]. Engineering Analysis with Boundary Elements, 77: 26-35.

Dieringer R, Becker W. 2015. A new scaled boundary finite element formulation for the computation of singularity orders at cracks and notches in arbitrarily laminated composites[J]. Composite Structures, 123: 263-270.

Gain A L, Talischi C, Paulino G H. 2014. On the virtual element method for three-dimensional linear elasticity problems on arbitrary polyhedral meshes[J]. Computer Methods in Applied Mechanics and Engineering, 282: 132-160.

Genes M C, Kocak S. 2005. Dynamic soil-structure interaction analysis of layered unbounded media via a coupled finite element/boundary element/scaled boundary finite element model[J]. International Journal for Numerical Methods in Engineering, 62(6): 798-823.

Hell S, Becker W. 2014. Hypersingularities in three-dimensional crack configurations in composite laminates[J]. Proceedings in Applied Mathematics and Mechanics, 14(1): 157-158.

Huang Y J, Yang Z J, Liu G H, et al. 2016. An efficient FE-SBFE coupled method for mesoscale cohesive fracture modelling of concrete[J]. Computational Mechanics, 58(4): 635-655.

Li C, Song C M, Man H, et al. 2014. 2D dynamic analysis of cracks and interface cracks in piezoelectric composites using the SBFEM[J]. International Journal of Solids and Structures, 51(11-12): 2096-2108.

Li J B, Fu X G, Chen B B, et al. 2016. Modeling crack propagation with the extended scaled boundary finite element method based on the level set method[J]. Computers & Structures, 167: 50-68.

Li J B, Gao X, Fu X A, et al. 2018. A nonlinear crack model for concrete structure based on an extended scaled boundary finite element method[J]. Applied Sciences, 8(7): 1067.

Liu J Y, Lin G, Zhang P, et al. 2016. The evaluation of dynamic response of reservoir-gravity dam-foundation system using SBFEM[J]. Applied Mechanics and Materials, 846: 176-181.

Liu L, Zhang J Q, Song C M, et al. 2020. Automatic scaled boundary finite element method for three-dimensional elastoplastic analysis[J]. International Journal of Mechanical Sciences, 171: 105374.

Luo T, Ooi E T, Chan A H C, et al. 2016. Modeling the particle breakage by using combined DEM and SBFEM[C]//Proceedings of the 7th International Conference on Discrete Element Methods, Singapore: 281-288.

Luo T, Ooi E T, Chan A H C, et al. 2017. The combined scaled boundary finite-discrete element method: Grain breakage modelling in cohesion-less granular media[J]. Computers and Geotechnics, 88: 199-221.

Maheshwari B K, Syed N M. 2015. Verification of implementation of Hiss soil model in the coupled FEM-SBFEM SSI analysis[J]. International Journal of Geomechanics, 16(1): 04015034.

Natarajan S, Song C M. 2013. Representation of singular fields without asymptotic enrichment in the extended finite element method[J]. International Journal for Numerical Methods in Engineering, 96(13): 813-841.

Ooi E T, Shi M, Song C M, et al. 2013. Dynamic crack propagation simulation with scaled boundary polygon elements and automatic remeshing technique[J]. Engineering Fracture Mechanics, 106: 1-21.

Ooi E T, Song C M, Tin-Loi F. 2014. A scaled boundary polygon formulation for elasto-plastic analyses[J]. Computer Methods in Applied Mechanics and Engineering, 268: 905-937.

Ooi E T, Natarajan S, Song C M, et al. 2016. Dynamic fracture simulations using the scaled boundary finite element method on hybrid polygon-quadtree meshes[J]. International Journal of Impact Engineering, 90: 154-164.

Rahnema H, Mohasseb S, JavidSharifi B. 2016. 2-D soil-structure interaction in time domain by the SBFEM and two non-linear soil models[J]. Soil Dynamics and Earthquake Engineering, 88: 152-175.

Song C M. 2018. The Scaled Boundary Finite Element Method[M]. Hoboken: John Wiley & Sons Ltd.

Song C M, Wolf J P. 1997. The scaled boundary finite-element method—alias consistent infinitesimal finite-element cell method—for elastodynamics[J]. Computer Methods in Applied Mechanics and Engineering, 147(3-4): 329-355.

Song C M, Wolf J P. 1998. The scaled boundary finite-element method: analytical solution in frequency domain[J]. Computer Methods in Applied Mechanics and Engineering, 164(1-2): 249-264.

Song C M, Wolf J P. 1999. Body loads in scaled boundary finite-element method[J]. Computer Methods in Applied Mechanics and Engineering, 180(1-2): 117-135.

Syed N M, Maheshwari B K. 2014. Modeling using coupled FEM-SBFEM for three-dimensional seismic SSI in time domain[J]. International Journal of Geomechanics, 14(1): 118-129.

Syed N M, Maheshwari B K. 2017. Non-linear SSI analysis in time domain using coupled FEM-SBFEM for a soil-pile system[J]. Géotechnique, 67(7): 572-580.

Wang Y, Lin G, Hu Z Q. 2015. Novel nonreflecting boundary condition for an infinite reservoir based on the scaled boundary finite-element method[J]. Journal of Engineering Mechanics, 141(5): 04014150.

Wolf J P. 2003. The Scaled Boundary Finite Element Method[M]. Hoboken: John Wiley & Sons Ltd.

Xu H, Zou D G, Kong X J, et al. 2016. Study on the effects of hydrodynamic pressure on the dynamic stresses in slabs of high CFRD based on the scaled boundary finite-element method[J]. Soil Dynamics and Earthquake Engineering, 88: 223-236.

Xu H, Zou D G, Kong X J, et al. 2017. Error study of Westergaard's approximation in seismic analysis of high concrete-faced rockfill dams based on SBFEM[J]. Soil Dynamics and Earthquake Engineering, 94: 88-91.

Xu H, Zou D G, Kong X J, et al. 2018. A nonlinear analysis of dynamic interactions of CFRD-compressible reservoir system based on FEM-SBFEM[J]. Soil Dynamics and Earthquake Engineering, 112: 24-34.

Yang Z J, Wang X F, Yin D S, et al. 2015. A non-matching finite element-scaled boundary finite element coupled method for linear elastic crack propagation modelling[J]. Computers & Structures, 153: 126-136.

Zhang Z H, Dissanayake D, Saputra A, et al. 2018a. Three-dimensional damage analysis by the scaled boundary finite element method[J]. Computers & Structures, 206: 1-17.

Zhang Z H, Liu Y, Dissanayake D D, et al. 2018b. Nonlocal damage modelling by the scaled boundary finite element method[J]. Engineering Analysis with Boundary Elements, 99: 29-45.

第 4 章

复杂多面体比例边界有限单元构造方法

4.1 引　　言

第2章介绍了八分树与裁剪技术相结合的高土石坝-地基全体系跨尺度精细网格离散方法，离散过程包括八分树切割和多面体裁剪两部分，后者主要为准确反映不同材料分区和边界几何特征，对生成的规则网格进行多面体裁剪操作。裁剪后的多面体网格无法采用常规的六面体等参单元进行求解，因此需要构造形状更灵活的多面体单元分析方法。

由第 3 章介绍可知，SBFEM 是求解多面体单元的一种有效途径，目前常用方法是采用空间四边形插值函数插值环向边界面。但对于八分树裁剪生成的多面体单元，存在边界面边数可能超过 4(如五边形、六边形等，见图 4.1)的复杂情况，通常要二次拆分成三角形或四边形(图 4.2)进行单元重构再求解，存在前处理烦琐、计算量大的问题。为此，作者团队引入多边形平均值插值函数(polygon mean-value interpolation)，基于 SBFEM 理论，构造了复杂多面体 SBFEM，并通过数值算例验证了其精度。

为便于对比，本书将采用四边形(quadrangle)插值函数插值环向边界面的 SBFEM 定义为 Q-SBFEM，将作者团队发展的 SBFEM 定义为 P-SBFEM。

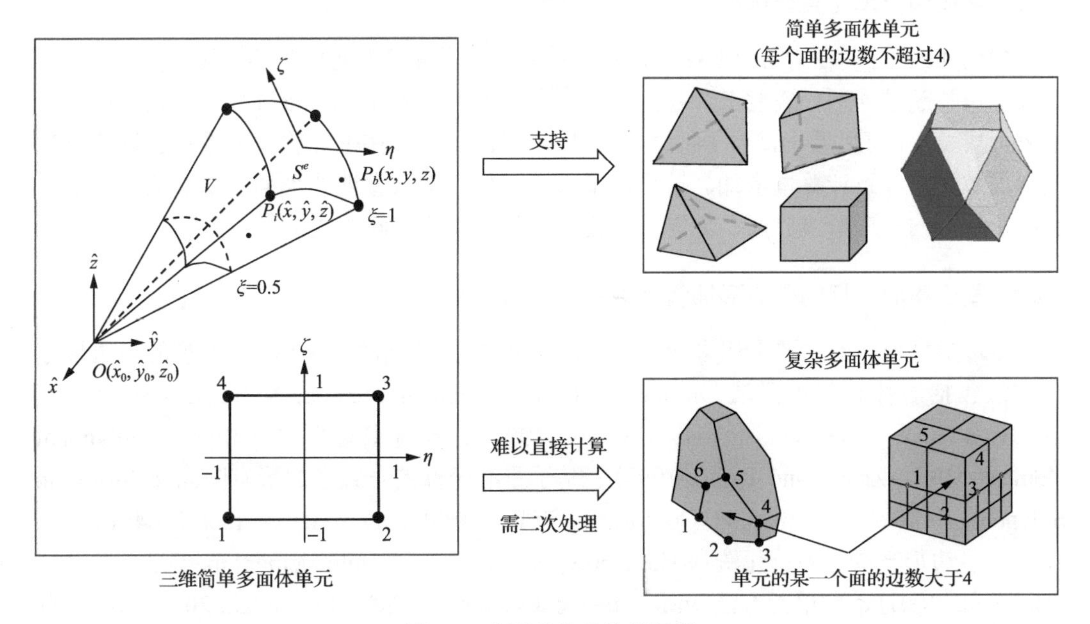

图 4.1　多面体单元计算问题

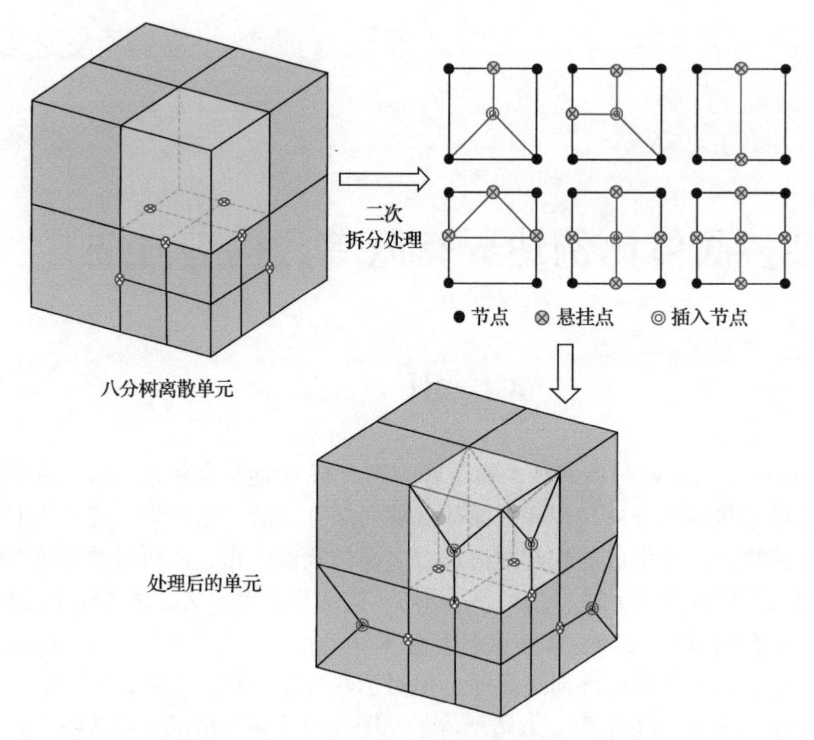

图 4.2　Q-SBFEM 中对复杂多面体的二次处理示意图

4.2　复杂多面体比例边界有限单元构造

4.2.1　环向边界单元类型选择

如图 4.3 所示，在 Q-SBFEM 中，由于采用四边形等参单元插值环向边界，当边界面单元的边数超过 4 时，需将其二次拆分为三角形和四边形单元，该过程操作相对烦琐。另外，从表 4.1 可以看出，由于拆分重构环向边界面，Q-SBFEM 将额外增加计算节点和边界面数量，导致计算量增加。若采用多边形插值函数代替四边形插值函数插值，则可直接求解环向多边形边界面，无需拆分处理，是解决这个问题的关键。

4.2.2　基于重心坐标的多边形插值函数

多边形插值函数主要采用多边形 FEM 构造，根据不同的求解思想，典型的多边形分析方法包括胞体有限单元法(voronoi cell finite element method, VCFEM)(Ghosh and Mukhopadhyay, 1993; Ghosh and Moorthy, 1995)、耦合多边形单元(hybrid polygonal element, HPE)(Zhang and Dong, 1998)、基于重心坐标的一致多边形有限元(conforming polygonal finite element method, Conforming PFEM)(Sukumar and Tabarraei, 2004; Floater, 2015)、多边形光滑有限单元法(*n*-sided polygonal smoothed finite element method, *n*SFEM)(Dai et al., 2007)、虚单元方法(virtual element method, VEM)(Tang et al., 2009)和虚节点方法(virtual node method, VNM)(Berrone and Borio, 2017)等。

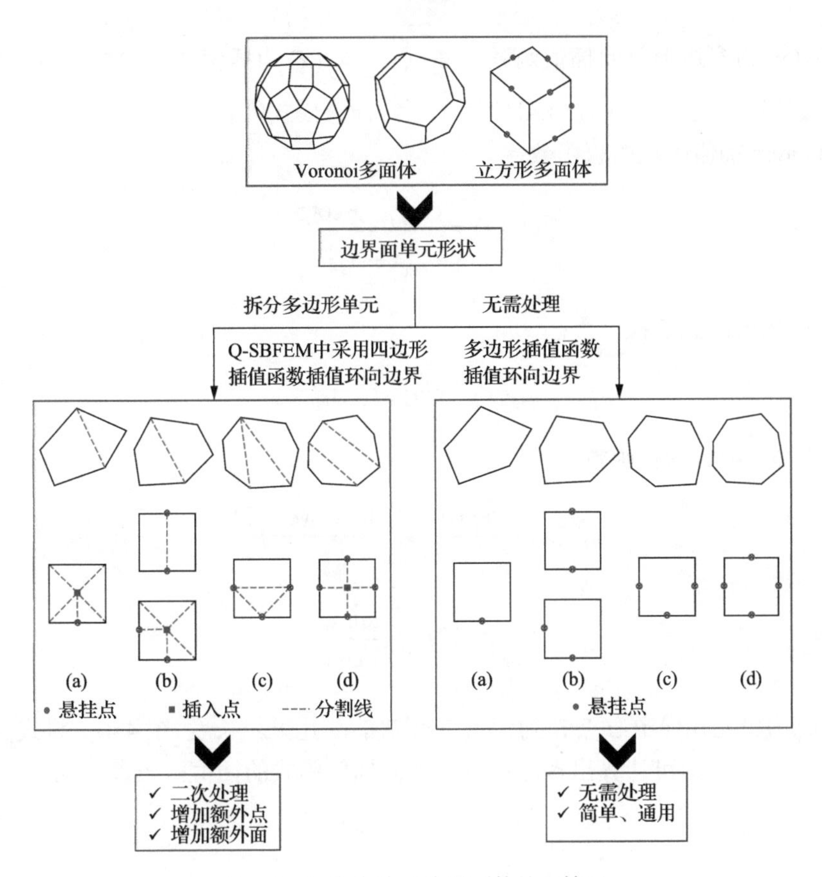

图 4.3　环向多边形边界面的处理情况

(a) 五边形；(b) 六边形；(c) 七边形；(d) 八边形

表 4.1　环向多边形单元所需的边界面数和节点数对比

内容	环向边界插值形式	五边形	六边形	七边形	八边形
边界面数	四边形插值函数(Q)	5	2 或 5	4	4
	多边形插值函数(P)	1	1	1	1
增加边界面数(Q–P)	—	4	1 或 4	3	3
节点数	四边形插值函数(Q)	6	6 或 7	7	9
	多边形插值函数(P)	5	6	7	8
增加节点数(Q–P)	—	1	0 或 1	0	0

在上述方法中，Conforming PFEM 具有单元插值函数构造简单、应用广泛的优势(Perumal, 2018)，其插值函数构造方法主要分为 Wachspress 插值函数、Laplace 插值函数和平均值插值函数。这三类插值模式均满足插值性、单位分解性和线性完备性要求，且对不同边数的单元，其表达式均可写成统一的形式，如式(4.1)所示：

$$\mathcal{N}_i(\boldsymbol{x}) = \frac{w_i(\boldsymbol{x})}{\sum_{j=1}^{n} w_j(\boldsymbol{x})} \tag{4.1}$$

式中，$\mathcal{N}_i(\boldsymbol{x})$ 为多边形单元插值函数；$w_i(\boldsymbol{x})$、$w_j(\boldsymbol{x})$ 为插值函数的权函数。不同之处在于权函数构造，式(4.2)～式(4.4)给出了不同插值模式的表达式。

Wachspress 插值函数的权函数：

$$w_i^{\mathrm{W}}(\boldsymbol{x}) = \frac{\cot\gamma_{i-1} + \cot\beta_i}{\|\boldsymbol{x} - \boldsymbol{x}_i\|^2} \tag{4.2}$$

Laplace 插值函数的权函数：

$$w_i^{\mathrm{L}}(\boldsymbol{x}) = \cot\gamma_i + \cot\beta_{i-1} \tag{4.3}$$

平均值插值函数的权函数：

$$w_i^{\mathrm{M}}(\boldsymbol{x}) = \frac{\tan(\alpha_{i-1}/2) + \tan(\alpha_i/2)}{\|\boldsymbol{x} - \boldsymbol{x}_i\|} \tag{4.4a}$$

$$\tan(\alpha_i/2) = \frac{\sin\alpha_i}{1+\cos\alpha_i} \tag{4.4b}$$

式中，$\|\boldsymbol{x}-\boldsymbol{x}_i\|$为单元几何中心点 P 到任意节点 P_i 的欧几里得长度(图 4.4)。将式(4.2)～式(4.4)代入式(4.1)，即可计算出多边形单元不同插值模式的插值函数表达式。

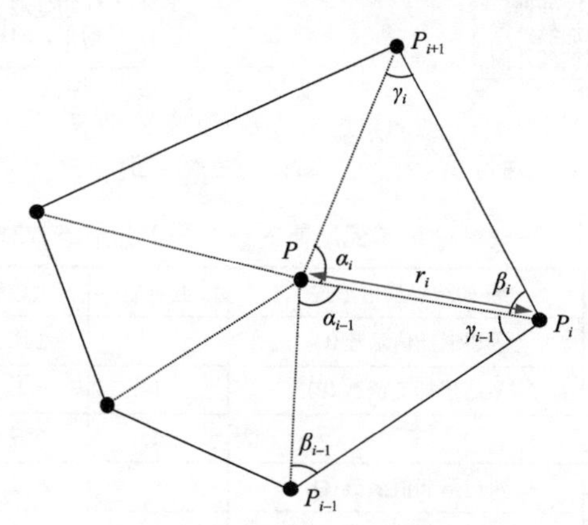

图 4.4　多边形单元示意图

研究表明(Floater, 2003; 王兆清和李淑萍, 2007a)：Wachspress 插值函数和 Laplace 插值函数为有理函数形式，平均值插值函数为无理函数形式。Wachspress 插值函数和平均值插值函数适用于一切凸多边形单元，且平均值插值函数对不自交的凹多边形同样适用，Laplace 插值函数适用于圆内接多边形单元。此外，理论分析和数值试验表明，Wachspress 插值函数和 Laplace 插值函数在含有边节点的多边形单元(图 4.3)计算中，精度显著下降，而平均值插值函数仍可以保证足够的计算精度(王兆清和李淑萍, 2007a)。

综合考虑基于多边形平均值插值函数的计算特点和八分树生成的部分复杂多面体网格特性，本章选取平均值插值函数插值环向多边形边界面，用于构造复杂多面体 SBFEM

(定义为 P-SBFEM)。

实际使用中，平均值插值函数主要基于整体坐标系推导，为了简化积分过程，下面介绍一种用于构造多边形插值函数的正则化方法(Sukumar and Tabarraei, 2004)。与等参四边形单元类似，插值函数在局部坐标系为 $\boldsymbol{\xi}\equiv(\xi_1,\xi_2)\in\mathbf{R}_0$ 的标准单元上定义，图 4.5 给出了三角形、四边形、五边形和六边形单元在该局部坐标系下的标准单元形式。如图所示，每个单元均为正多边形，其所有节点均位于相同的单位圆上，几何中心与圆心重合。由平均值插值函数构造可知，n 边形中各节点坐标可表示为 $(\cos(2\pi/n),\ \sin(2\pi/n))$、$(\cos(4\pi/n),\ \sin(4\pi/n))$、……、(1, 0)，据此可在局部坐标系中，根据式(4.4)和式(4.1)求解该单元中各节点处的插值函数值。

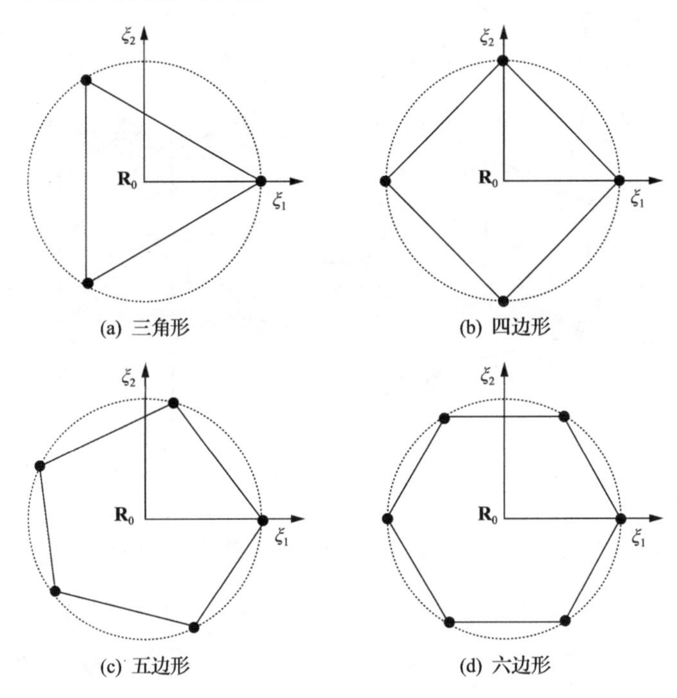

图 4.5　多边形标准单元形式

4.2.3　SBFEM 坐标变换

为了说明 P-SBFEM 中整体坐标与局部坐标间的转换关系，本节以典型多面体单元为例(图 4.6)，说明坐标变换过程和相应变量的求解。对于整体坐标系中的环向不规则多边形单元，可通过上述求解的平均值插值函数 $\boldsymbol{\mathcal{N}}$ 转换成局部坐标系下相应的标准单元进行求解。这里采用 (ξ_1,ξ_2) 表示环向比例边界坐标系，则环向边界面单元域内的节点坐标可表示为

$$\begin{aligned}x(\xi_1,\xi_2)&=\boldsymbol{\mathcal{N}}(\xi_1,\xi_2)\boldsymbol{x}\\y(\xi_1,\xi_2)&=\boldsymbol{\mathcal{N}}(\xi_1,\xi_2)\boldsymbol{y}\\z(\xi_1,\xi_2)&=\boldsymbol{\mathcal{N}}(\xi_1,\xi_2)\boldsymbol{z}\end{aligned}\tag{4.5}$$

式中，$\boldsymbol{x}$、$\boldsymbol{y}$ 和 $\boldsymbol{z}$ 表示环向边界单元的节点坐标向量。获得边界面坐标后，对于多面体中

以边界面和比例中心构成的锥体域，可通过无维度的径向坐标 ξ 缩放边界面来准确描述，该径向坐标在比例中心 $O(\hat{x}_0, \hat{y}_0, \hat{z}_0)$ 处取为 0，在边界面上取为 1.0。通过上述操作，多面体单元域内任意点的坐标值可表示为

$$\begin{aligned}\hat{x}(\xi,\xi_1,\xi_2) &= \xi\boldsymbol{\mathcal{N}}(\xi_1,\xi_2)\boldsymbol{x} + \hat{x}_0 \\ \hat{y}(\xi,\xi_1,\xi_2) &= \xi\boldsymbol{\mathcal{N}}(\xi_1,\xi_2)\boldsymbol{y} + \hat{y}_0 \\ \hat{z}(\xi,\xi_1,\xi_2) &= \xi\boldsymbol{\mathcal{N}}(\xi_1,\xi_2)\boldsymbol{z} + \hat{z}_0\end{aligned} \tag{4.6}$$

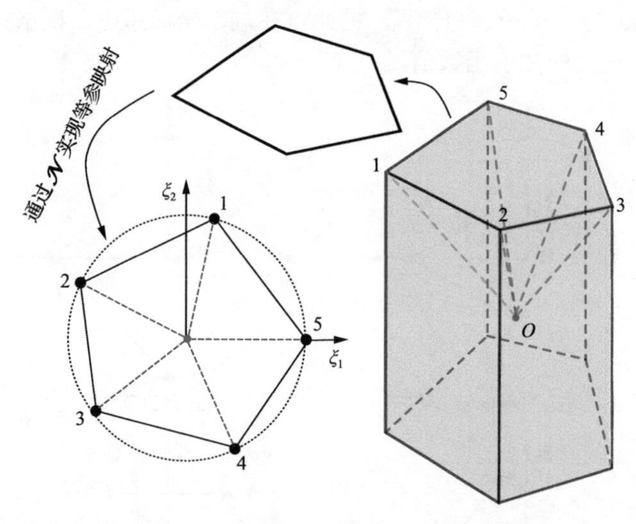

图 4.6　典型多面体单元环向边界等参映射

采用等参映射 $x(\xi) = \sum_{i=1}^{n} \mathcal{N}_i(\xi) x_i$ 思路，即坐标插值和位移插值均采用相同的插值函数。为了求解多边形插值函数在整体坐标系 $\boldsymbol{x} \equiv (x_1, x_2, \cdots, x_n)$ 下的偏导数，首先应获得雅可比转换矩阵 $\boldsymbol{J}_m = \partial \boldsymbol{x} / \partial \boldsymbol{\xi}$，然后偏导数可表示为 $\nabla \mathcal{N}_i = \boldsymbol{J}_m^{-1} \nabla_\xi \mathcal{N}_i^m$，其中 ∇_ξ 表示对局部坐标系的梯度矩阵。代入相应变量，最终可获得雅可比矩阵的表达式，即

$$\boldsymbol{J}_m(\xi_1,\xi_2) = \begin{bmatrix} x(\xi_1,\xi_2) & y(\xi_1,\xi_2) & z(\xi_1,\xi_2) \\ x(\xi_1,\xi_2)_{,\xi_1} & y(\xi_1,\xi_2)_{,\xi_1} & z(\xi_1,\xi_2)_{,\xi_1} \\ x(\xi_1,\xi_2)_{,\xi_2} & y(\xi_1,\xi_2)_{,\xi_2} & z(\xi_1,\xi_2)_{,\xi_2} \end{bmatrix} \tag{4.7a}$$

$$\left|\boldsymbol{J}_m(\xi_1,\xi_2)\right| = x(y_{,\xi_1} z_{,\xi_2} - z_{,\xi_1} y_{,\xi_2}) + y(z_{,\xi_1} x_{,\xi_2} - x_{,\xi_1} z_{,\xi_2}) + z(x_{,\xi_1} y_{,\xi_2} - y_{,\xi_1} x_{,\xi_2}) \tag{4.7b}$$

通过式(4.7)，可获得插值函数偏导数关系式，即

$$\begin{aligned} x(\xi_1,\xi_2)_{,\xi_1} &= \boldsymbol{\mathcal{N}}(\xi_1,\xi_2)_{,\xi_1}\boldsymbol{x} \\ y(\xi_1,\xi_2)_{,\xi_1} &= \boldsymbol{\mathcal{N}}(\xi_1,\xi_2)_{,\xi_1}\boldsymbol{y} \\ z(\xi_1,\xi_2)_{,\xi_1} &= \boldsymbol{\mathcal{N}}(\xi_1,\xi_2)_{,\xi_1}\boldsymbol{z} \end{aligned} \tag{4.8a}$$

$$
\begin{aligned}
x(\xi_1,\xi_2)_{,\xi_2} &= \mathcal{N}(\xi_1,\xi_2)_{,\xi_2}\,\boldsymbol{x}\\
y(\xi_1,\xi_2)_{,\xi_2} &= \mathcal{N}(\xi_1,\xi_2)_{,\xi_2}\,\boldsymbol{y}\\
z(\xi_1,\xi_2)_{,\xi_2} &= \mathcal{N}(\xi_1,\xi_2)_{,\xi_2}\,\boldsymbol{z}
\end{aligned} \tag{4.8b}
$$

由式(4.8)可知，雅可比矩阵可简约表示为

$$
\boldsymbol{J}_m(\xi_1,\xi_2)=\begin{bmatrix}\mathcal{N}(\xi_1,\xi_2)\\ \mathcal{N}(\xi_1,\xi_2)_{,\xi_1}\\ \mathcal{N}(\xi_1,\xi_2)_{,\xi_2}\end{bmatrix}[\boldsymbol{x}\quad \boldsymbol{y}\quad \boldsymbol{z}] \tag{4.9}
$$

将插值函数对局部坐标系的偏导数定义为 $\boldsymbol{LDu}$，可表示为

$$
\boldsymbol{LDu}=\begin{bmatrix}\mathcal{N}(\xi_1,\xi_2)\\ \mathcal{N}(\xi_1,\xi_2)_{,\xi_1}\\ \mathcal{N}(\xi_1,\xi_2)_{,\xi_2}\end{bmatrix} \tag{4.10}
$$

由于平均值插值函数为采用三角函数和欧几里得距离构造的无理函数，其表达式较为复杂且难以显式表达(王兆清和李淑萍, 2007a, 2007b)，不便于偏导数矩阵 $\boldsymbol{LDu}$ 求解。为了方便和简化编程工作，本节采用 MATLAB 程序计算多边形插值函数 $\mathcal{N}$ 及其偏导数 $\boldsymbol{LDu}$ 在积分点处的数值。

为了给读者提供参考，本节列出典型多边形平均值插值函数及其偏导数在积分点处的计算值。以一个凸五边形单元为例，其在单位圆上的节点坐标(保留 4 位小数)如下：$A(0.3090, 0.9511)$、$B(-0.8090, 0.5878)$、$C(-0.8090, -0.5878)$、$D(0.3090, -0.9511)$、$E(1, 0)$。所取积分点的坐标列于表 4.2，图 4.7 给出了典型代表积分点 $p(0.2182, 0.1585)$ 的示意图。将点 p 作为一个内点，并与五个节点相连，便可将该多边形分块为五个三角形域。代入式(4.4)和式(4.10)，可求得在积分点 p 的条件下，各节点处的平均插值函数和偏导数，列于表 4.3 和表 4.4。

表 4.2　积分点的局部坐标值(保留 4 位小数)

坐标	积分点编号				
	1	2	3	4	5
ξ_1	0.7182	0.2182	0.3727	0.0712	−0.0833
ξ_2	0.1585	0.1585	0.6340	0.7320	0.2565
坐标	积分点编号				
	6	7	8	9	10
ξ_1	−0.4878	−0.6742	−0.2697	−0.6742	−0.4878
ξ_2	0.5504	0.2939	0.0000	−0.2939	−0.5504
坐标	积分点编号				
	11	12	13	14	15
ξ_1	−0.0833	0.0712	0.3727	0.2182	0.7182
ξ_2	−0.2565	−0.7320	−0.6340	−0.1585	−0.1585

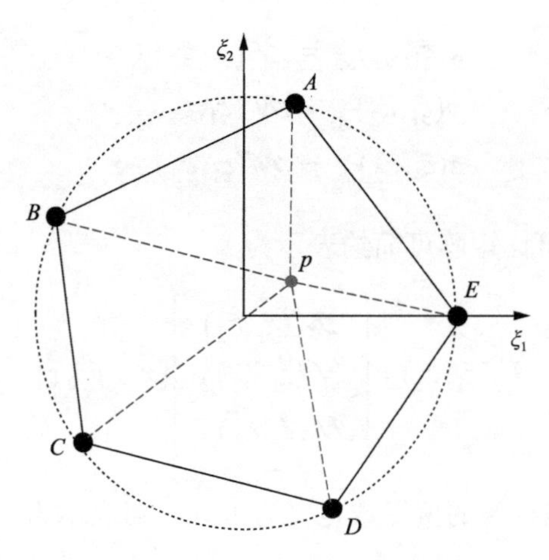

图 4.7　单元内部 p 点的平均值坐标示意图

表 4.3　积分点处各节点的平均值插值函数(保留 4 位小数)

积分点编号	A	B	C	D	E
1	0.2200	0.0268	0.0239	0.0551	0.6741
2	0.2936	0.1501	0.1126	0.1501	0.2936
3	0.6741	0.0551	0.0239	0.0268	0.2200
4	0.6741	0.2200	0.0268	0.0239	0.0551
5	0.2936	0.2936	0.1501	0.1126	0.1501
6	0.2200	0.6741	0.0551	0.0239	0.0268
7	0.0157	0.7283	0.2393	0.0089	0.0079
8	0.1501	0.2936	0.2936	0.1501	0.1126
9	0.0089	0.2393	0.7283	0.0157	0.0079
10	0.0239	0.0551	0.6741	0.2200	0.0268
11	0.1126	0.1501	0.2936	0.2936	0.1501
12	0.0239	0.0268	0.2200	0.6741	0.0551
13	0.0268	0.0239	0.0551	0.6741	0.2200
14	0.1501	0.1126	0.1501	0.2936	0.2936
15	0.0551	0.0239	0.0268	0.2200	0.6741

表 4.4　积分点处各节点的偏导数(保留 4 位小数)

积分点编号	偏导数		A	B	C	D	E
1	***LDu***	$\mathcal{N}_i$	0.2200	0.0268	0.0239	0.0551	0.6741
		$\partial\mathcal{N}_i/\partial\xi_1$	−0.3064	−0.1686	−0.1444	−0.3214	0.9408
		$\partial\mathcal{N}_i/\partial\xi_2$	0.7238	−0.0724	−0.0809	−0.3224	−0.2480
2	***LDu***	$\mathcal{N}_i$	0.2936	0.1501	0.1126	0.1501	0.2936
		$\partial\mathcal{N}_i/\partial\xi_1$	0.0408	−0.3421	−0.2110	−0.0402	0.5524
		$\partial\mathcal{N}_i/\partial\xi_2$	0.5676	0.0689	−0.1533	−0.3466	−0.1366

续表

积分点编号	偏导数		A	B	C	D	E
3	LDu	$\mathcal{N}_i$	0.6741	0.0551	0.0239	0.0268	0.2200
		$\partial\mathcal{N}_i/\partial\xi_1$	0.0548	−0.4060	−0.1216	−0.1209	0.5936
		$\partial\mathcal{N}_i/\partial\xi_2$	0.9714	−0.2060	−0.1123	−0.1380	−0.5151
4	LDu	$\mathcal{N}_i$	0.6741	0.2200	0.0268	0.0239	0.0551
		$\partial\mathcal{N}_i/\partial\xi_1$	0.5266	−0.7830	0.0168	0.0323	0.2073
		$\partial\mathcal{N}_i/\partial\xi_2$	0.8181	−0.0678	−0.1827	−0.1623	−0.4053
5	LDu	$\mathcal{N}_i$	0.2936	0.2936	0.1501	0.1126	0.1501
		$\partial\mathcal{N}_i/\partial\xi_1$	0.3006	−0.5272	−0.1712	0.0806	0.3172
		$\partial\mathcal{N}_i/\partial\xi_2$	0.4832	0.2142	−0.3040	−0.2480	−0.1453
6	LDu	$\mathcal{N}_i$	0.2200	0.6741	0.0551	0.0239	0.0268
		$\partial\mathcal{N}_i/\partial\xi_1$	0.6733	−0.9069	0.0705	0.0693	0.0938
		$\partial\mathcal{N}_i/\partial\xi_2$	0.4054	0.3523	−0.4498	−0.1503	−0.1577
7	LDu	$\mathcal{N}_i$	0.0157	0.7283	0.2393	0.0089	0.0079
		$\partial\mathcal{N}_i/\partial\xi_1$	0.3925	−0.5415	−0.2399	0.2061	0.1829
		$\partial\mathcal{N}_i/\partial\xi_2$	0.0154	0.8293	−0.8316	−0.0095	−0.0037
8	LDu	$\mathcal{N}_i$	0.1501	0.2936	0.2936	0.1501	0.1126
		$\partial\mathcal{N}_i/\partial\xi_1$	0.2362	−0.3666	−0.3666	0.2362	0.2608
		$\partial\mathcal{N}_i/\partial\xi_2$	0.2568	0.4352	−0.4352	−0.2568	0.0000
9	LDu	$\mathcal{N}_i$	0.0089	0.2393	0.7283	0.0157	0.0079
		$\partial\mathcal{N}_i/\partial\xi_1$	0.2061	−0.2399	−0.5415	0.3925	0.1829
		$\partial\mathcal{N}_i/\partial\xi_2$	0.0095	0.8316	−0.8293	−0.0154	0.0037
10	LDu	$\mathcal{N}_i$	0.0239	0.0551	0.6741	0.2200	0.0268
		$\partial\mathcal{N}_i/\partial\xi_1$	0.0693	0.0705	−0.9069	0.6733	0.0938
		$\partial\mathcal{N}_i/\partial\xi_2$	0.1503	0.4498	−0.3523	−0.4054	0.1577
11	LDu	$\mathcal{N}_i$	0.1126	0.1501	0.2936	0.2936	0.1501
		$\partial\mathcal{N}_i/\partial\xi_1$	0.0806	−0.1712	−0.5272	0.3006	0.3172
		$\partial\mathcal{N}_i/\partial\xi_2$	0.2480	0.3040	−0.2142	−0.4832	0.1453
12	LDu	$\mathcal{N}_i$	0.0239	0.0268	0.2200	0.6741	0.0551
		$\partial\mathcal{N}_i/\partial\xi_1$	0.0323	0.0168	−0.7830	0.5266	0.2073
		$\partial\mathcal{N}_i/\partial\xi_2$	0.1623	0.1827	0.0678	−0.8181	0.4053

续表

积分点编号	偏导数		*A*	*B*	*C*	*D*	*E*
13	**LDu**	$\mathcal{N}_i$	0.0268	0.0239	0.0551	0.6741	0.2200
		$\partial\mathcal{N}_i/\partial\xi_1$	−0.1209	−0.1216	−0.4060	0.0548	0.5936
		$\partial\mathcal{N}_i/\partial\xi_2$	0.1380	0.1123	0.2060	−0.9714	0.5151
14	**LDu**	$\mathcal{N}_i$	0.1501	0.1126	0.1501	0.2936	0.2936
		$\partial\mathcal{N}_i/\partial\xi_1$	−0.0402	−0.2110	−0.3421	0.0408	0.5524
		$\partial\mathcal{N}_i/\partial\xi_2$	0.3466	0.1533	−0.0689	−0.5676	0.1366
15	**LDu**	$\mathcal{N}_i$	0.0551	0.0239	0.0268	0.2200	0.6741
		$\partial\mathcal{N}_i/\partial\xi_1$	−0.3214	−0.1444	−0.1686	−0.3064	0.9408
		$\partial\mathcal{N}_i/\partial\xi_2$	0.3224	0.0809	0.0724	−0.7238	0.2480

4.2.4 单元求解思路：环向数值离散和径向解析

1. 环向数值离散

区别于 Q-SBFEM 将复杂多面体环向边界面离散为四边形单元，P-SBFEM 将其直接离散为多边形单元，然后采用上述介绍的多边形平均值插值函数插值，即可获得环向边界面域内任意点的坐标和位移值。

2. 径向解析求解

采用与 3.3.4 节相同的思路，假定径向线上存在唯一可解的位移插值函数 $\boldsymbol{u}(\xi)$，则多面体锥体内任意点(ξ,ξ_1,ξ_2)的位移场可通过$\boldsymbol{u}(\xi)$缩放环向边界面求得，表达式为

$$\boldsymbol{u}(\xi,\xi_1,\xi_2)=\boldsymbol{\mathcal{N}}^u(\xi_1,\xi_2)\boldsymbol{u}(\xi) \tag{4.11a}$$

$$\boldsymbol{\mathcal{N}}^u(\xi_1,\xi_2)=[\mathcal{N}_1\boldsymbol{I},\mathcal{N}_2\boldsymbol{I},\mathcal{N}_3\boldsymbol{I},\cdots,\mathcal{N}_n\boldsymbol{I}] \tag{4.11b}$$

式中，$\boldsymbol{I}$ 是一个维度为 3×3 的单位矩阵；$\mathcal{N}_i(i=1, 2, 3,\cdots, n)$是在标准等参圆中定义的节点插值函数。

4.2.5 P-SBFEM 控制方程推导

以径向位移形函数$\boldsymbol{u}(\xi)$为未知量，通过伽辽金加权余量法推导比例边界有限元方程，根据文献(Wolf, 2003; Song, 2018)可得到平衡方程，如式(4.12)所示，其为二阶非齐次微分方程：

$$\boldsymbol{E}_0\xi^2\boldsymbol{u}(\xi)_{,\xi\xi}+(2\boldsymbol{E}_0+\boldsymbol{E}_1^{\mathrm{T}}-\boldsymbol{E}_1)\xi\boldsymbol{u}(\xi)_{,\xi}+(\boldsymbol{E}_1^{\mathrm{T}}-\boldsymbol{E}_2)\boldsymbol{u}(\xi)+\boldsymbol{F}(\xi)=0 \tag{4.12}$$

式中，系数矩阵 $\boldsymbol{E}_0$、$\boldsymbol{E}_1$、$\boldsymbol{E}_2$ 为中间变量，仅与单元几何形状和材料属性有关，并且在每

个离散的多面体环向边界面单元内求解，然后按自由度组装获得；$\boldsymbol{F}(\xi)$ 为荷载向量，本节仅考虑体力荷载，当取值为零时，方程可转换为二阶齐次常微分方程，重写为

$$\boldsymbol{E}_0\xi^2\boldsymbol{u}(\xi)_{,\xi\xi}+(2\boldsymbol{E}_0+\boldsymbol{E}_1^{\mathrm{T}}-\boldsymbol{E}_1)\xi\boldsymbol{u}(\xi)_{,\xi}+(\boldsymbol{E}_1^{\mathrm{T}}-\boldsymbol{E}_2)\boldsymbol{u}(\xi)=0 \tag{4.13}$$

此时，才可通过数学方法获取 $\boldsymbol{u}(\xi)$ 的基本解。式中，系数矩阵和质量矩阵可通过式(4.14)计算。

$$\boldsymbol{E}_0=\int_{-1}^{1}\int_{-1}^{1}\boldsymbol{B}_1^{\mathrm{T}}\boldsymbol{D}\boldsymbol{B}_1\left|\boldsymbol{J}_m\right|\mathrm{d}\xi_1\mathrm{d}\xi_2 \tag{4.14a}$$

$$\boldsymbol{E}_1=\int_{-1}^{1}\int_{-1}^{1}\boldsymbol{B}_2^{\mathrm{T}}\boldsymbol{D}\boldsymbol{B}_1\left|\boldsymbol{J}_m\right|\mathrm{d}\xi_1\mathrm{d}\xi_2 \tag{4.14b}$$

$$\boldsymbol{E}_2=\int_{-1}^{1}\int_{-1}^{1}\boldsymbol{B}_2^{\mathrm{T}}\boldsymbol{D}\boldsymbol{B}_2\left|\boldsymbol{J}_m\right|\mathrm{d}\xi_1\mathrm{d}\xi_2 \tag{4.14c}$$

$$\boldsymbol{M}_0=\int_{-1}^{1}\int_{-1}^{1}\rho\boldsymbol{\mathcal{N}}^{\mathrm{T}}\boldsymbol{\mathcal{N}}\left|\boldsymbol{J}_m\right|\mathrm{d}\xi_1\mathrm{d}\xi_2 \tag{4.14d}$$

$$\boldsymbol{B}_1(\xi_1,\xi_2)=\boldsymbol{b}_1(\xi_1,\xi_2)\boldsymbol{\mathcal{N}}^{u}(\xi_1,\xi_2) \tag{4.14e}$$

$$\boldsymbol{B}_2(\xi_1,\xi_2)=\boldsymbol{b}_2(\xi_1,\xi_2)\boldsymbol{\mathcal{N}}^{u}(\xi_1,\xi_2)_{,\xi_1}+\boldsymbol{b}_3(\xi_1,\xi_2)\boldsymbol{\mathcal{N}}^{u}(\xi_1,\xi_2)_{,\xi_2} \tag{4.14f}$$

式中，$\boldsymbol{B}_1$、$\boldsymbol{B}_2$ 为应变位移转换矩阵，可通过环向边界面多边形插值函数 $\boldsymbol{\mathcal{N}}$ 和雅可比矩阵求得；$\boldsymbol{D}$ 为材料本构矩阵；中间转换矩阵 $\boldsymbol{b}_i$(i=1, 2, 3) 详见式(4.15)：

$$\boldsymbol{b}_1(\xi_1,\xi_2)=\frac{1}{\left|\boldsymbol{J}_m\right|}\begin{bmatrix} y_{,\xi_1}z_{,\xi_2}-z_{,\xi_1}y_{,\xi_2} & 0 & 0 \\ 0 & z_{,\xi_1}x_{,\xi_2}-x_{,\xi_1}z_{,\xi_2} & 0 \\ 0 & 0 & x_{,\xi_1}y_{,\xi_2}-y_{,\xi_1}x_{,\xi_2} \\ 0 & x_{,\xi_1}y_{,\xi_2}-y_{,\xi_1}x_{,\xi_2} & z_{,\xi_1}x_{,\xi_2}-x_{,\xi_1}z_{,\xi_2} \\ x_{,\xi_1}y_{,\xi_2}-y_{,\xi_1}x_{,\xi_2} & 0 & y_{,\xi_1}z_{,\xi_2}-z_{,\xi_1}y_{,\xi_2} \\ z_{,\xi_1}x_{,\xi_2}-x_{,\xi_1}z_{,\xi_2} & y_{,\xi_1}z_{,\xi_2}-z_{,\xi_1}y_{,\xi_2} & 0 \end{bmatrix} \tag{4.15a}$$

$$\boldsymbol{b}_2(\xi_1,\xi_2)=\frac{1}{\left|\boldsymbol{J}_m\right|}\begin{bmatrix} zy_{,\xi_2}-yz_{,\xi_2} & 0 & 0 \\ 0 & xz_{,\xi_2}-zx_{,\xi_2} & 0 \\ 0 & 0 & yx_{,\xi_2}-xy_{,\xi_2} \\ 0 & yx_{,\xi_2}-xy_{,\xi_2} & xz_{,\xi_2}-zx_{,\xi_2} \\ yx_{,\xi_2}-xy_{,\xi_2} & 0 & zy_{,\xi_2}-yz_{,\xi_2} \\ xz_{,\xi_2}-zx_{,\xi_2} & zy_{,\xi_2}-yz_{,\xi_2} & 0 \end{bmatrix} \tag{4.15b}$$

$$\boldsymbol{b}_3(\xi_1,\xi_2)=\frac{1}{|\boldsymbol{J}_m|}\begin{bmatrix} yz_{,\xi_1}-zy_{,\xi_1} & 0 & 0 \\ 0 & zx_{,\xi_1}-xz_{,\xi_1} & 0 \\ 0 & 0 & xy_{,\xi_1}-yx_{,\xi_1} \\ 0 & xy_{,\xi_1}-yx_{,\xi_1} & zx_{,\xi_1}-xz_{,\xi_1} \\ xy_{,\xi_1}-yx_{,\xi_1} & 0 & yz_{,\xi_1}-zy_{,\xi_1} \\ zx_{,\xi_1}-xz_{,\xi_1} & yz_{,\xi_1}-zy_{,\xi_1} & 0 \end{bmatrix} \tag{4.15c}$$

由上述推导可知，式(4.13)是矩阵形式的线性二阶齐次常微分方程，具有固定的求解方法和流程，其详细求解推导过程与第 3 章的理论介绍相同，也可参见相关文献(Wolf, 2003; Song, 2018)。本节直接给出最终的多面体单元形函数表达式，见式(4.16)。

$$\boldsymbol{u}(\xi,\xi_1,\xi_2)=\left(\boldsymbol{\mathcal{N}}^u(\xi_1,\xi_2)\,\boldsymbol{\psi}_u\xi^{-(0.5+\boldsymbol{S}_n)}\boldsymbol{\psi}_u^{-1}\right)\boldsymbol{u}_b \tag{4.16}$$

到此，基于比例边界有限单元的多面体单元形函数可写为

$$\boldsymbol{\Phi}(\xi,\xi_1,\xi_2)=\boldsymbol{\mathcal{N}}^u(\xi_1,\xi_2)\,\boldsymbol{\psi}_u\xi^{-(0.5+\boldsymbol{S}_n)}\boldsymbol{\psi}_u^{-1} \tag{4.17}$$

单元刚度矩阵 $\boldsymbol{K}$ 也可直接求出，即

$$\boldsymbol{K}=\boldsymbol{\psi}_q\boldsymbol{\psi}_u^{-1} \tag{4.18}$$

4.2.6 单元应力应变求解

通过特征值分解技术，可求得径向解析的位移插值函数 $\boldsymbol{u}(\xi)$，将其代入文献(Wolf, 2003)给出的应变公式，可推导出多面体单元的应变表达式，即

$$\begin{aligned}\boldsymbol{\varepsilon}(\xi,\xi_1,\xi_2)=&\left[\boldsymbol{B}_1(\xi_1,\xi_2)\,\boldsymbol{\psi}_u(\boldsymbol{S}_n-0.5)\xi^{-(1.5+\boldsymbol{S}_n)}\boldsymbol{\psi}_u^{-1}\right]\boldsymbol{u}_b\\ &+\left(\frac{1}{\xi}\boldsymbol{B}_2(\xi_1,\xi_2)\,\boldsymbol{\psi}_u\xi^{-(0.5+\boldsymbol{S}_n)}\boldsymbol{\psi}_u^{-1}\right)\boldsymbol{u}_b\end{aligned} \tag{4.19}$$

采用胡克定律，可求得相应的应力表达式，即

$$\boldsymbol{\sigma}=\boldsymbol{D\varepsilon} \tag{4.20}$$

将式(4.19)的应变代入式(4.20)，可解出单元的应力分布。

4.3 悬臂梁构件受力分析

本节分别采用 Voronoi 多面体和八分树网格离散模型，讨论悬臂梁端部受剪切和扭

转荷载的力学响应，并与理论解进行对比，验证发展的P-SBFEM方法的正确性。

4.3.1　基于Voronoi多面体网格分析

1. 模型信息与材料参数

如图4.8所示，选取悬臂梁长度为10m，横截面为2m×2m。采用Voronoi多面体离散，如图4.9和图4.10所示，共计生成842个单元、4392个节点，在端部z=0处施加三个方向约束。

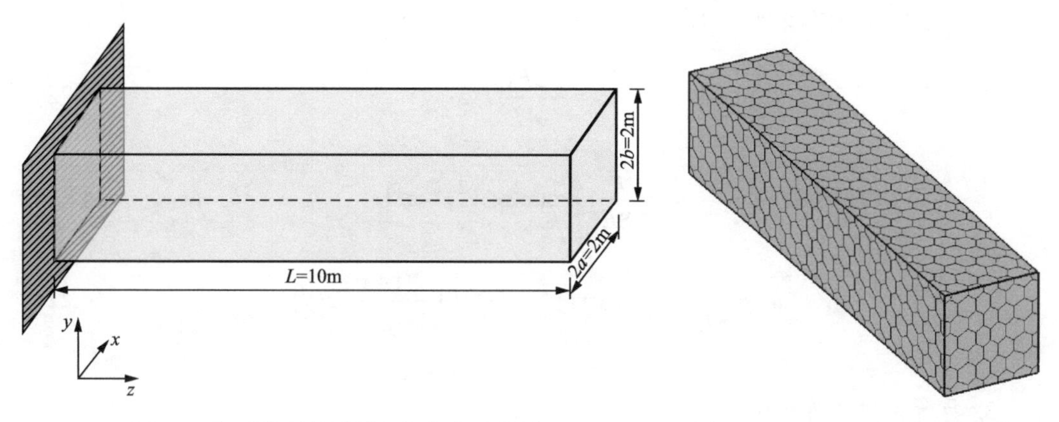

图4.8　矩形截面悬臂梁几何信息示意图

图4.9　Voronoi多面体网格离散

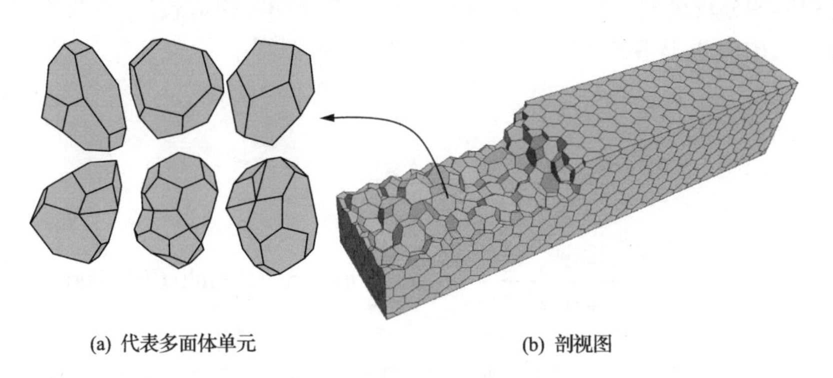

(a) 代表多面体单元　　(b) 剖视图

图4.10　局部示意图

假定材料为均质各向同性，其中弹性模量E=25Pa，泊松比ν=0.3（Gain et al., 2014）。

2. 悬臂梁剪切荷载作用

采用相同的分析模型和材料参数，在自由端z=10m处作用F=0.1N的剪切荷载，分析梁的剪切特性。针对该问题，文献（Barber, 2010）给出了理论解的计算公式，见式（4.21）和式（4.22），本节将其作为验证发展方法精度的参考解。

$$\sigma_{11} = \sigma_{22} = \sigma_{12} = 0 \tag{4.21a}$$

$$\sigma_{33}=\frac{3F}{4}xz \tag{4.21b}$$

$$\sigma_{31}=\frac{3F\nu}{2\pi^2(1+\nu)}\sum_{n=1}^{\infty}\frac{(-1)^n}{n^2\cosh(n\pi)}\sin(n\pi x)\sinh(n\pi y) \tag{4.21c}$$

$$\sigma_{23}=\frac{3F(1-y^2)}{8}+\frac{F\nu(3x^2-1)}{8(1+\nu)}-\frac{3F\nu}{2\pi^2(1+\nu)}\sum_{n=1}^{\infty}\frac{(-1)^n}{n^2\cosh(n\pi)}\cos(n\pi x)\cosh(n\pi y) \tag{4.21d}$$

该应力对应的位移可表示为

$$u_1=-\frac{3F\nu}{4E}xyz \tag{4.22a}$$

$$u_2=\frac{F}{8E}[3\nu z(x^2-y^2)-z^3] \tag{4.22b}$$

$$u_3=\frac{F}{8E}[3yz^2+\nu y(y^2-3x^2)]+\frac{2(1+\nu)}{E}z(y) \tag{4.22c}$$

3. 悬臂梁扭转荷载作用

采用相同的分析模型和材料参数，在梁的自由端施加纯扭荷载，分析梁的扭转特性，文献(Barber, 2010)也提供了悬臂梁扭转问题的理论近似解：

$$u_1=-\beta yz \tag{4.23a}$$

$$u_2=-\beta zx \tag{4.23b}$$

$$u_3=\beta\left[xy+\sum_{n=1}^{\infty}\frac{32(-1)^n}{\pi^3(2n-1)^3\cosh\left((2n-1)\pi/2\right)}\sin\left((2n-1)\pi x/2\right)\sinh\left((2n-1)\pi y/2\right)\right] \tag{4.23c}$$

式中，β 为每单位长度的扭曲，其与施加的扭矩成比例，本算例中，β 取 0.0104。

4. 计算结果

图 4.11 给出了发展方法计算所得的 y 向位移分布，梁的变形模式和极值分布与文献(Gain et al., 2014)吻合良好。表 4.5 列出了悬臂梁端部代表点 y 向位移计算值与理论值的相对误差，定义式为$|u-u^*|/u^*$，其中 u 为计算值，u^*为理论值。对于剪切荷载，根据上述理论解公式，可在点(0,1,10)处计算得最大值−1.009m；对扭转荷载，在代表点 y=1，z=10 处取得最大值为−0.100m。

从表 4.5 中可以看出，P-SBFEM 计算值与理论值吻合较好，相对误差分别为 0.001 和 0.004，验证了 P-SBFEM 具有较高的精度。

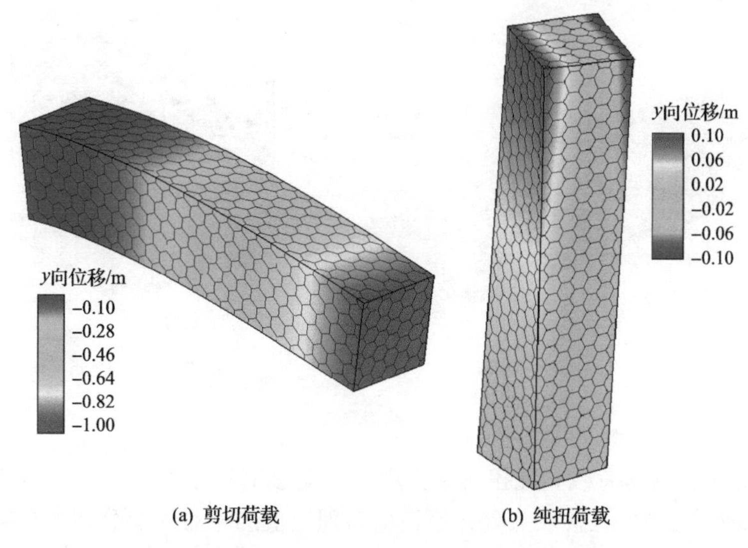

图 4.11　Voronoi 网格计算的悬臂梁变形云图

表 4.5　悬臂梁受力分析的相对误差值(保留 3 位小数)

荷载	y 向位移		相对误差
	计算值/m	理论值/m	
端部剪切	−1.010	−1.009	0.001
端部扭转	−0.100	−0.100	0.004

4.3.2　基于八分树网格分析

本章发展的方法不仅可用于 Voronoi 复杂多面体，也可用于八分树离散的多面体单元(带边节点)。采用八分树技术离散图 4.8 所示的悬臂梁构件，生成 2056 个单元、3023 个节点，整体网格如图 4.12 所示，图 4.13 给出了典型剖视图，以更清晰地展示内部带边节点的八分树单元。

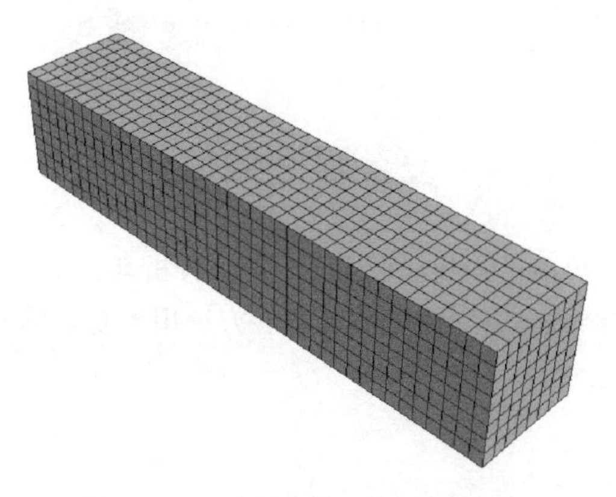

图 4.12　八分树离散网格的全局视图

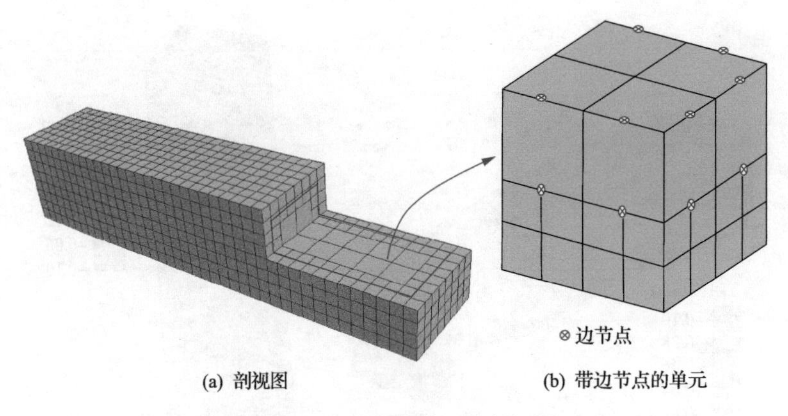

图 4.13　八分树离散网格剖视图

图 4.14 给出了剪切荷载和纯扭荷载作用下的变形空间分布规律，变形模式和极值位置与前述计算吻合良好，且代表点处计算极值与理论值的相对误差分别为 0.003 和 0.004，验证了发展的 P-SBFEM 用于八分树网格计算的准确性。

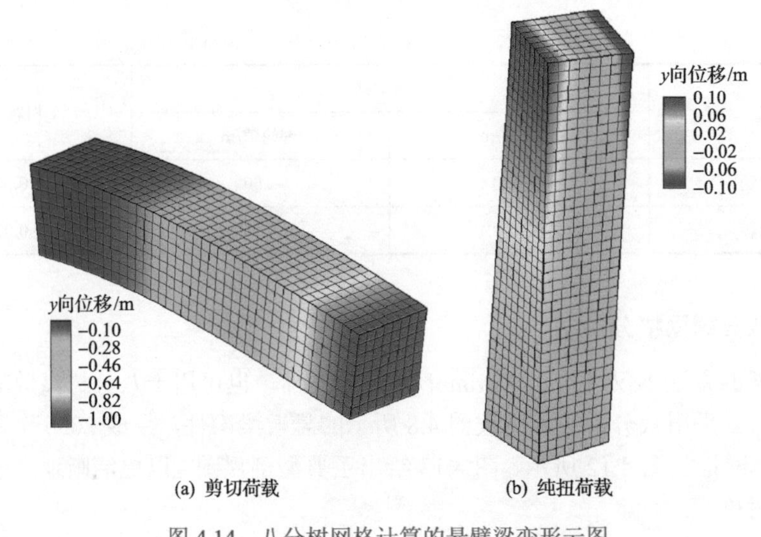

图 4.14　八分树网格计算的悬臂梁变形云图

4.4　复杂雕塑数值分析

采用 2.4.2 节中八分树离散的兵马俑雕塑网格，分析其自重作用下的力学响应，并与四面体网格离散方案的结果进行对比，验证发展方法用于复杂模型分析的可行性。

4.4.1　模型信息

1. 八分树网格离散

根据离散信息，表 4.6 统计了兵马俑模型中网格的边界面单元形状信息，并据此计算了二次拆分重构边界面时，需额外增加的节点数和边界面数。从表 4.7 可以看出，与 Q-SBFEM 相比，发展的 P-SBFEM 降低了 18%的自由度和 39.5%的边界面数，可一定程度提高计算效率，对大规模计算问题，提高效果将更为明显。

表 4.6 兵马俑八分树网格信息统计

边界面形状	面数	二次拆分重构边界面时	
		需增加节点数	需增加边界面数
三角形	56340	—	—
四边形	440260	—	—
五边形	36833	36833	277028
六边形	10384	10384	77685
七边形	148	0	767
八边形	19	19	86
总和	—	47236	355566

表 4.7 不同方法分析中节点数与边界面数差别

项目	P-SBFEM	Q-SBFEM	P-SBFEM 相对 Q-SBFEM 减少量	减少百分比/%
单元	161383	161383	0	0
节点数	215186	262422	47236	18.0
边界面数	543984	899550	355566	39.5
自由度	645558	787266	141708	18.0

2. 四面体网格离散

采用四面体网格划分方法，设置最大和最小网格尺寸分别为 8mm 和 2mm(与 2.4.2 节八分树离散选定的网格尺寸相同)，最终生成 3010642 个单元、517950 个节点，如图 4.15

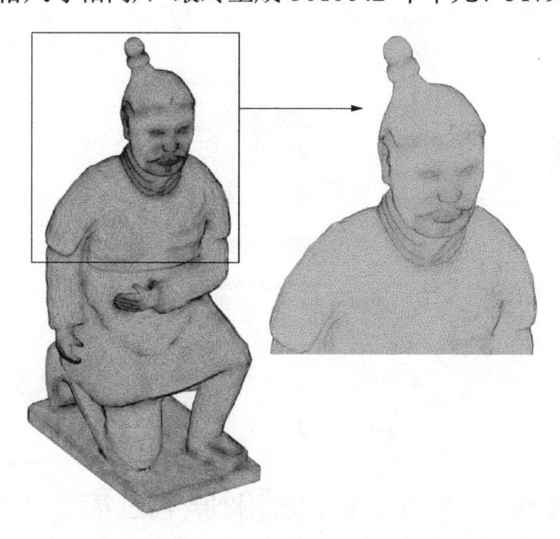

图 4.15 兵马俑雕塑四面体网格离散

所示。可以看出，四面体单元量远高于八分树网格数量，主要原因是：①八分树网格尺度跨越快，可显著减少离散单元量；②四面体属于非结构化网格，其网格填充效率不高，导致离散单元数量大。

4.4.2 材料参数与分析结果

本次分析中假定材料参数如下：密度 ρ=2350kg/m^3，弹性模量 E=0.05GPa，泊松比 ν=0.3。

图 4.16 给出了结构沿 x、y、z 三个方向的位移分布云图，四面体网格与八分树网格计算所得的各方向位移分布规律及数值吻合良好，表明发展的 P-SBFEM 用于复杂模型分析是可行的。

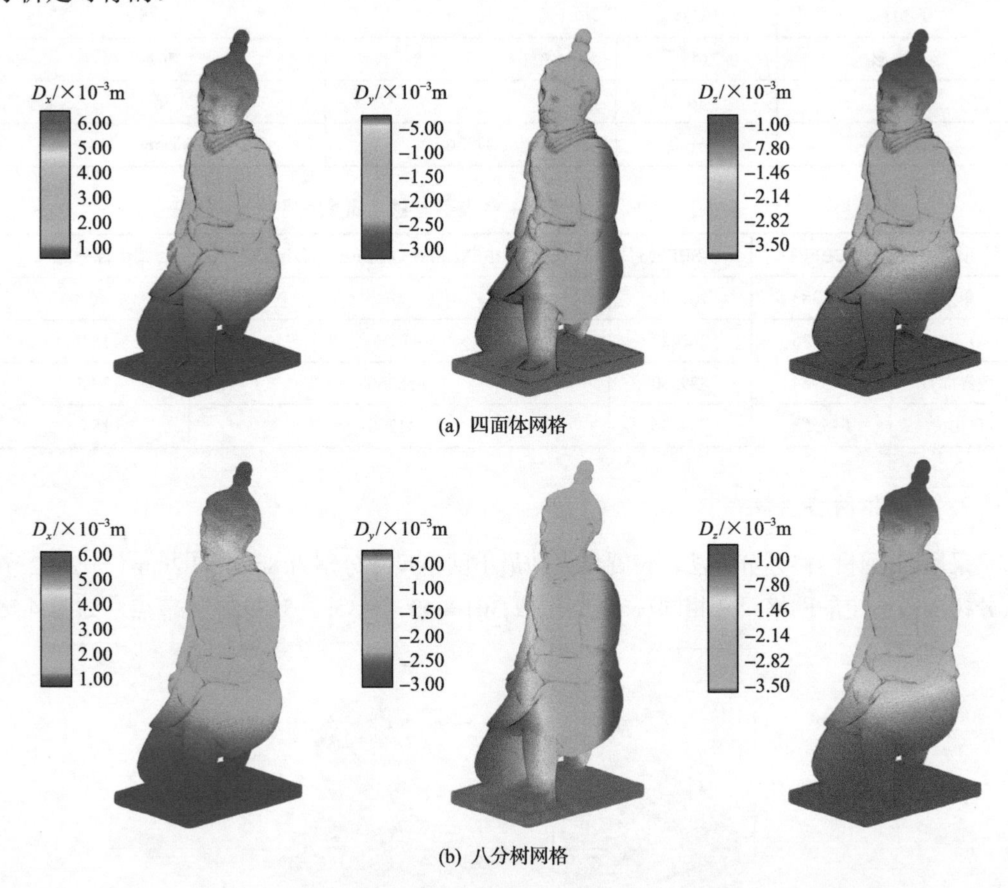

图 4.16 兵马俑雕塑整体位移分布云图

4.5 小 结

本章采用多边形平均值插值函数插值多面体的环向边界面，推导并数值实现了复杂多面体的 SBFEM，克服了通常采用四边形等参插值函数只能构造简单多面体的问题，并通过数值算例讨论了分析精度，主要结论如下：

(1)发展的多面体构造方法无需对边数超过4的边界面进行烦琐的二次拆分处理，提高了前处理效率。

(2)采用复杂多面体单元分析悬臂梁构件加载，计算值与理论值吻合较好，验证了发展方法的可靠性。

(3)复杂算例计算表明，发展方法可减少18%的自由度和39.5%的边界面数，降低了计算量，对于大规模计算问题，效果将更为明显。

(4)发展方法具有更通用灵活的特点，使得八分树离散技术可直接应用于工程数值计算，实现了复杂结构的跨尺度精细化分析。

参 考 文 献

王兆清，李淑萍. 2007a. 多边形有限单元形函数的比较研究[J]. 应用力学学报, 24(4): 604-608, 689.

王兆清，李淑萍. 2007b. 多边形单元平均值插值的误差估计及应用[J]. 计算物理, 24(2): 217-221.

Barber J R. 2010. Elasticity[M]. 3rd ed. Dordrecht: Springer.

Berrone S, Borio A. 2017. Orthogonal polynomials in badly shaped polygonal elements for the virtual element method[J]. Finite Elements in Analysis and Design, 129: 14-31.

Dai K Y, Liu G R, Nguyen T T. 2007. An *n*-sided polygonal smoothed finite element method (*n*SFEM) for solid mechanics[J]. Finite Elements in Analysis and Design, 43(11-12): 847-860.

Floater M S. 2003. Mean value coordinates[J]. Computer Aided Geometric Design, 20(1): 19-27.

Floater M S. 2015. Generalized barycentric coordinates and applications[J]. Acta Numerica, 24: 161-214.

Gain A L, Talischi C, Paulino G H. 2014. On the virtual element method for three-dimensional linear elasticity problems on arbitrary polyhedral meshes[J]. Computer Methods in Applied Mechanics and Engineering, 282: 132-160.

Ghosh S, Moorthy S. 1995. Elastic-plastic analysis of arbitrary heterogeneous materials with the Voronoi cell finite element method[J]. Computer Methods in Applied Mechanics and Engineering, 121(1-4): 373-409.

Ghosh S, Mukhopadhyay S N. 1993. A material based finite element analysis of heterogeneous media involving Dirichlet tessellations[J]. Computer Methods in Applied Mechanics and Engineering, 104(2): 211-247.

Perumal L. 2018. A brief review on polygonal/polyhedral finite element methods[J]. Mathematical Problems in Engineering, 2018: 1-22.

Song C M. 2018. The Scaled Boundary Finite Element Method[M]. Hoboken: John Wiley & Sons Ltd.

Sukumar N, Tabarraei A. 2004. Conforming polygonal finite elements[J]. International Journal for Numerical Methods in Engineering, 61(12): 2045-2066.

Tang X H, Wu S C, Zheng C, et al. 2009. A novel virtual node method for polygonal elements[J]. Applied Mathematics and Mechanics, 30(10): 1233-1246.

Wolf J P. 2003. The Scaled Boundary Finite Element Method[M]. Hoboken: John Wiley & Sons Ltd.

Zhang J, Dong P. 1998. A hybrid polygonal element method for fracture mechanics analysis of resistance spot welds containing porosity[J]. Engineering Fracture Mechanics, 59(6): 815-825.

第 5 章

非线性比例边界有限元方法

5.1 引　言

SBFEM 较好地解决了复杂形状单元求解问题，但该理论在环向边界进行数值积分，径向通过弹性理论推导直接获得解析解，不能描述单元内部应力屈服状态，故难以求解非线性问题，使得该方法常局限于弹性领域应用。对高土石坝等土工构筑物而言，筑坝材料表现出强非线性特性，弹性分析方法难以合理反映大坝的真实受力状态，不利于准确评价其安全性。本章主要概述 SBFEM 非线性算法的不足，作者发展了一种简捷实用的非线性算法，实现了 SBFEM 在高土石坝弹塑性分析中的应用，并通过数值算例验证了发展方法的合理性。

5.2 二维多边形 SBFEM 理论概述

为了更好地说明 SBFEM 的非线性计算方法，本章简要介绍一些基本公式。图 5.1 给出了典型多边形单元示意图，其比例中心选定在几何中心，环向边界采用一维线单元离散。引入 SBFEM 局部坐标系 (ξ, s)，其中径向坐标 ξ 在比例中心 O 处取 0，在边界处取 1，环向坐标取值范围为$-1 \leqslant s \leqslant 1$。引入一维插值函数 $\boldsymbol{N}(s)$，则环向边界线单元上任意点的坐标可根据边界两端节点坐标求得：

$$\boldsymbol{x}_b(s) = \boldsymbol{N}(s)\boldsymbol{x}_b \tag{5.1}$$

$$\boldsymbol{y}_b(s) = \boldsymbol{N}(s)\boldsymbol{y}_b \tag{5.2}$$

$$\boldsymbol{N}(s) = [N_1(s), N_2(s), N_3(s), \cdots, N_m(s)] \tag{5.3}$$

式中，$\boldsymbol{N}(s)$ 为含 m 个节点的线单元形函数，可以取任意阶。因为每个单元只在边界离散，所以形函数阶数的增加并不会使网格剖分复杂化，故 SBFEM 可方便地根据实际需要，增加形函数阶数。为便于理解和推导，以标准的一阶 Gauss-Lobatto-Lagrange 形函数为例进行说明。得到边界线单元的几何坐标后，域内任一点坐标可通过径向坐标 ξ 缩放边界求得：

$$x(s) = \xi \boldsymbol{N}(s)\boldsymbol{x}_b \tag{5.4}$$

$$y(s)=\xi \boldsymbol{N}(s)\boldsymbol{y}_b \tag{5.5}$$

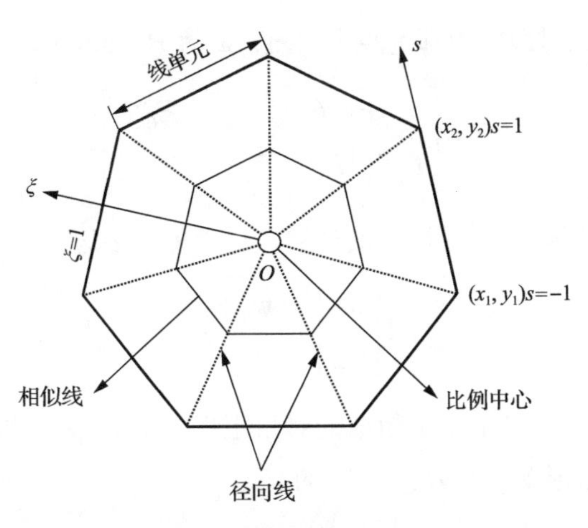

图 5.1　多边形 SBFEM 单元

根据 SBFEM 理论，对每一边界线单元与比例中心连线构成扇形区域，其任一点的位移可用 SBFEM 坐标系表示为

$$\boldsymbol{u}(\xi,s)=\boldsymbol{N}_u(s)\boldsymbol{u}(\xi) \tag{5.6}$$

式中，$\boldsymbol{N}_u(s)$ 为边界线单元插值形函数；$\boldsymbol{u}(\xi)$ 为比例中心与边界节点连线的径向位移插值函数，可通过求解 SBFEM 控制方程得到，表达式为

$$\boldsymbol{E}_0\xi^2\boldsymbol{u}(\xi)_{\xi\xi}+(\boldsymbol{E}_0-\boldsymbol{E}_1+\boldsymbol{E}_1^{\mathrm{T}})\xi\boldsymbol{u}(\xi)_{\xi}-\boldsymbol{E}_2\boldsymbol{u}(\xi)+\boldsymbol{F}(\xi)=0 \tag{5.7}$$

式(5.7)为关于 ξ 的二阶非齐次偏微分方程，其中 $\boldsymbol{E}_i$ (i=0, 1, 2)为只与材料属性和几何形状有关的系数矩阵，表达式为

$$\boldsymbol{E}_0=\int_{-1}^{1}\boldsymbol{B}_1^{\mathrm{T}}(s)\boldsymbol{D}\boldsymbol{B}_1(s)\left|\boldsymbol{J}(s)\right|\mathrm{d}s \tag{5.8a}$$

$$\boldsymbol{E}_1=\int_{-1}^{1}\boldsymbol{B}_2^{\mathrm{T}}(s)\boldsymbol{D}\boldsymbol{B}_1(s)\left|\boldsymbol{J}(s)\right|\mathrm{d}s \tag{5.8b}$$

$$\boldsymbol{E}_2=\int_{-1}^{1}\boldsymbol{B}_2^{\mathrm{T}}(s)\boldsymbol{D}\boldsymbol{B}_2(s)\left|\boldsymbol{J}(s)\right|\mathrm{d}s \tag{5.8c}$$

式中，$|\boldsymbol{J}(s)|$为雅可比矩阵行列式；$\boldsymbol{B}_1(s)$ 和 $\boldsymbol{B}_2(s)$ 为应变位移转换矩阵。

式(5.7)中 $\boldsymbol{F}(\xi)$ 为外荷载向量，当 $\boldsymbol{F}(\xi)$=0 时，控制方程可转换为二阶齐次偏微分方程，再引入变量 $\boldsymbol{X}(\xi)$，便可将方程转换为一阶齐次微分方程：

$$\boldsymbol{X}(\xi)=\begin{Bmatrix}\boldsymbol{u}(\xi)\\ \boldsymbol{q}(\xi)\end{Bmatrix} \tag{5.9}$$

$$\xi \boldsymbol{X}(\xi)_{,\xi} = -\boldsymbol{Z}\boldsymbol{X}(\xi) \tag{5.10}$$

式中，$\boldsymbol{q}(\xi)$为与$\boldsymbol{u}(\xi)$相对应的内部节点力向量；$\boldsymbol{Z}$为 Hamilton 矩阵，为

$$\boldsymbol{Z} = \begin{bmatrix} \boldsymbol{E}_0^{-1}\boldsymbol{E}_1^{\mathrm{T}} & -\boldsymbol{E}_0^{-1} \\ \boldsymbol{E}_1\boldsymbol{E}_0^{-1}\boldsymbol{E}_1^{\mathrm{T}} - \boldsymbol{E}_2 & -\boldsymbol{E}_1\boldsymbol{E}_0^{-1} \end{bmatrix} \tag{5.11}$$

通过对 Hamilton 矩阵$\boldsymbol{Z}$进行特征值分解，对于每一多边形单元都可得到如下关系：

$$\boldsymbol{Z}\begin{bmatrix} \boldsymbol{\psi}_u \\ \boldsymbol{\psi}_q \end{bmatrix} = \begin{bmatrix} \boldsymbol{\psi}_u \\ \boldsymbol{\psi}_q \end{bmatrix}\boldsymbol{S}_n \tag{5.12}$$

式中，$\boldsymbol{S}_n$为由矩阵$\boldsymbol{Z}$负特征值实部组成的对角矩阵；$\boldsymbol{\psi}_u$和$\boldsymbol{\psi}_q$分别为位移和应力模态对应的转换矩阵。对多边形单元，方程(5.7)的解为

$$\begin{aligned} \boldsymbol{u}(\xi) &= \boldsymbol{\psi}_u \xi^{-\boldsymbol{S}_n}\boldsymbol{c}_n \\ \boldsymbol{q}(\xi) &= \boldsymbol{\psi}_q \xi^{-\boldsymbol{S}_n}\boldsymbol{c}_n \end{aligned} \tag{5.13}$$

式中，$\boldsymbol{c}_n$为积分常数，可由多边形单元边界上的节点位移$\boldsymbol{u}_b$求得，即

$$\boldsymbol{c}_n = \boldsymbol{\psi}_u^{-1}\boldsymbol{u}_b \tag{5.14}$$

至此，可求得多边形单元形函数$\boldsymbol{\Phi}(\xi, s)$，表达式为

$$\boldsymbol{\Phi}(\xi, s) = \boldsymbol{N}_u(s)\,\boldsymbol{\psi}_u \xi^{-\boldsymbol{S}_n}\boldsymbol{\psi}_u^{-1} \tag{5.15}$$

SBFEM 理论中，Wolf(2003)给出了应变表达式(5.16a)

$$\boldsymbol{\varepsilon}(\xi, s) = \boldsymbol{B}_1(s)\boldsymbol{u}(\xi)_{,\xi} + \xi^{-1}\boldsymbol{B}_2(s)\boldsymbol{u}(\xi) \tag{5.16a}$$

代入位移$\boldsymbol{u}(\xi)$，则

$$\boldsymbol{\varepsilon}(\xi, s) = \left\{[\boldsymbol{B}_1(s)\boldsymbol{\psi}_u(-\boldsymbol{S}_n) + \boldsymbol{B}_2(s)\boldsymbol{\psi}_u]\xi^{-\boldsymbol{S}_n-\boldsymbol{I}}\boldsymbol{\psi}_u^{-1}\right\}\boldsymbol{u}_b \tag{5.16b}$$

可求得应变位移转换矩阵$\boldsymbol{B}(\xi,s)$

$$\boldsymbol{B}(\xi, s) = \left[\boldsymbol{B}_1(s)\boldsymbol{\psi}_u(-\boldsymbol{S}_n) + \boldsymbol{B}_2(s)\boldsymbol{\psi}_u\right]\xi^{-\boldsymbol{S}_n-\boldsymbol{I}}\boldsymbol{\psi}_u^{-1} \tag{5.16c}$$

在非线性分析计算中，应变增量通常被分解为弹性应变增量和塑性应变增量两部分，弹性部分可由胡克定律求解，塑性部分则通过塑性流动法则计算。假设采用屈服函数 F 和塑性乘子 $\Delta\lambda$ 的相关流动法则，相应的塑性应变增量可通过式(5.17)计算：

$$\begin{aligned} \Delta\boldsymbol{\varepsilon} &= \Delta\boldsymbol{\varepsilon}_{\mathrm{e}} + \Delta\boldsymbol{\varepsilon}_{\mathrm{p}} \\ \Delta\boldsymbol{\varepsilon}_{\mathrm{p}} &= \frac{\partial F}{\partial \boldsymbol{\sigma}}\Delta\lambda \end{aligned} \tag{5.17}$$

式中，$F=F(\boldsymbol{\sigma}, \kappa)$为屈服函数表达式，通过单元当前的应力状态$\boldsymbol{\sigma}$和硬化参数$\kappa$求解，然后采用胡克定律，可计算出当前步的应力增量，即

$$\Delta\boldsymbol{\sigma} = \boldsymbol{D}_{\text{ep}}\Delta\boldsymbol{\varepsilon} \tag{5.18}$$

式中，$\boldsymbol{D}_{\text{ep}}$为非线性本构矩阵，表达式为

$$\boldsymbol{D}_{\text{ep}} = \boldsymbol{D} - \boldsymbol{D}\left(\frac{\partial F}{\partial \boldsymbol{\sigma}}\right)\left(\frac{\partial F}{\partial \boldsymbol{\sigma}}\right)^{\text{T}}\boldsymbol{D}\left(A + \left(\frac{\partial F}{\partial \boldsymbol{\sigma}}\right)^{\text{T}}\boldsymbol{D}\left(\frac{\partial F}{\partial \boldsymbol{\sigma}}\right)\right)^{-1} \tag{5.19}$$

其中，A为硬化模量，表达式为

$$A = -\frac{1}{\Delta\lambda}\frac{\partial F}{\partial \boldsymbol{\kappa}}\mathrm{d}\boldsymbol{\kappa} \tag{5.20}$$

将式(5.16b)代入式(5.18)，可计算得到应力增量，即

$$\Delta\boldsymbol{\sigma}(\xi,s) = \boldsymbol{D}_{\text{ep}}\boldsymbol{B}(\xi,s)\Delta\boldsymbol{u}_b \tag{5.21}$$

式中，$\Delta\boldsymbol{u}_b$为边界点上的位移增量。

与有限元类似，根据虚功原理，可得到体系平衡控制方程为

$$\int_{\Omega}\delta\boldsymbol{\varepsilon}^{\text{T}}\Delta\boldsymbol{\sigma}(\xi,s)\mathrm{d}\Omega = \int_{\Gamma}\delta\boldsymbol{u}^{\text{T}}\boldsymbol{f}_t\mathrm{d}\Gamma + \int_{\Gamma}\delta\boldsymbol{u}^{\text{T}}\boldsymbol{f}_b\mathrm{d}\Gamma - \int_{\Omega}\delta\boldsymbol{\varepsilon}^{\text{T}}\boldsymbol{\sigma}(\xi,s)\mathrm{d}\Omega \tag{5.22}$$

式中，$\Delta\boldsymbol{\sigma}(\xi, s)$为应力增量；$\boldsymbol{f}_t$和$\boldsymbol{f}_b$分别为边界剪切力和体积力密度；$\delta\boldsymbol{\varepsilon}(\xi, s)$为虚位移$\delta\boldsymbol{u}(\xi, s)$对应的虚应变。由于虚应变可取任意值，对多边形单元进一步推导得

$$\begin{aligned}\left(\int_{\Omega}\boldsymbol{B}^{\text{T}}(\xi,s)\boldsymbol{D}_{\text{ep}}\boldsymbol{B}(\xi,s)\mathrm{d}\Omega\right)\Delta\boldsymbol{u}_b = &\left(\int_{\Gamma}\boldsymbol{\Phi}^{\text{T}}(\xi,s)\boldsymbol{f}_t\mathrm{d}\Gamma + \int_{\Gamma}\boldsymbol{\Phi}^{\text{T}}(\xi,s)\boldsymbol{f}_b\mathrm{d}\Omega\right)\\ &-\int_{\Omega}\boldsymbol{B}^{\text{T}}(\xi,s)\boldsymbol{\sigma}(\xi,s)\mathrm{d}\Omega\end{aligned} \tag{5.23}$$

方程左边括号内即为非线性刚度矩阵$\boldsymbol{K}_{\text{ep}}$，方程右边第一项为外力向量$\boldsymbol{R}_{\text{ext}}$，第二项为内力向量$\boldsymbol{R}_{\text{int}}$。方程(5.23)可简写为

$$\boldsymbol{K}_{\text{ep}}\Delta\boldsymbol{u}_b = \boldsymbol{R}_{\text{ext}} - \boldsymbol{R}_{\text{int}} \tag{5.24}$$

求出单元刚度后，通过自由度组装，可求得整个计算域的弹塑性刚度矩阵，即

$$\left(\sum_{i=1}^{\text{nPol}}\boldsymbol{K}_{\text{ep}}\right)\Delta\boldsymbol{U}_b = \sum_{i=1}^{\text{nPol}}\left(\boldsymbol{R}_{\text{ext}} - \boldsymbol{R}_{\text{int}}\right) \tag{5.25}$$

式中，$\Delta\boldsymbol{U}_b$即为整个计算域边界的节点位移增量，nPol为多边形单元的边数。从上述推导不难看出，求解刚度矩阵的核心是求出非线性本构矩阵$\boldsymbol{D}_{\text{ep}}$和应变位移转换矩阵$\boldsymbol{B}$。

5.3 基于域内解析积分的非线性算法构造

基于域内解析积分的非线性算法由 Ooi 等(2014)率先提出，是非线性 SBFEM 算法研究的先驱工作，其主要特点是保留了 SBFEM 的径向解析性，理论上具有较高的数值计算精度，本节将从以下几个方面详细介绍该算法的构造特点。

5.3.1 非线性本构矩阵拟合

当材料屈服时，非线性本构矩阵 $\boldsymbol{D}_{\text{ep}}$ 在多边形单元内部是随位置变化的，为了简化积分，可以通过 SBFEM 坐标系(ξ, s)来构造多项式，以此近似描述非线性本构矩阵在单元域内的变化。为了实现这一目标，首先通过笛卡儿坐标系(x, y)来构造多项式近似多边形单元域内非线性本构矩阵的变化，具体表达式为

$$\boldsymbol{D}_{\text{ep}}\left(x,y\right)=\boldsymbol{D}_0+\boldsymbol{D}_1x+\boldsymbol{D}_2y+\boldsymbol{D}_3x^2+\boldsymbol{D}_4xy+\boldsymbol{D}_5y^2+\cdots \tag{5.26}$$

式中，系数矩阵 $\boldsymbol{D}_i$ 可在多边形域内采用最小二乘法拟合求解，边界上的高斯积分点可以直接充当拟合点的角色，为了增加拟合的精度，可在径向不同的 ξ 值处引入额外的拟合点(图 5.2)。这种拟合方法要求多边形单元尺寸足够小，才能较高精度地反映单元域内非线性本构矩阵的变化。将式(5.26)中坐标系换成 SBFEM 坐标，则可获得相应的表达式为

$$\boldsymbol{D}_{\text{ep}}\left(\xi,s\right)=\boldsymbol{D}^{(0)}+\boldsymbol{D}^{(1)}(s)\xi+\boldsymbol{D}^{(2)}(s)\xi^2+\cdots=\sum_{k=0}\boldsymbol{D}^{(k)}(s)\xi^k \tag{5.27}$$

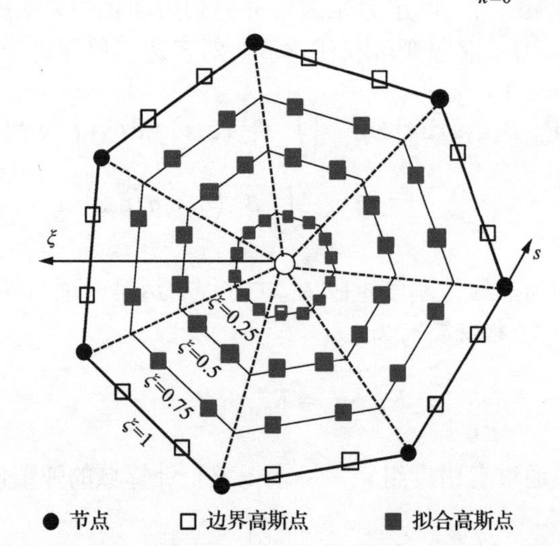

图 5.2　多边形域内非线性本构矩阵的拟合点分布示意图

5.3.2 非线性刚度矩阵计算

通过采用上述假定的多项式拟合非线性本构矩阵 $\boldsymbol{D}_{\text{ep}}$，则刚度矩阵可通过环向数值积

分、径向解析求解的方式获得

$$\boldsymbol{K}_{\mathrm{ep}}=\int_{\Omega}\boldsymbol{B}^{\mathrm{T}}(\xi,s)\boldsymbol{D}_{\mathrm{ep}}\boldsymbol{B}(\xi,s)\mathrm{d}\Omega \tag{5.28}$$

代入应变矩阵 $\boldsymbol{B}$ 和非线性本构矩阵 $\boldsymbol{D}_{\mathrm{ep}}$，则式(5.28)可展开为

$$\boldsymbol{K}_{\mathrm{ep}}=\boldsymbol{\psi}_u^{-\mathrm{T}}\sum_{k=0}\left(\int_0^1\xi^{-\boldsymbol{S}_n^{\mathrm{T}}-\boldsymbol{I}}\boldsymbol{Y}^{(k)}\xi^{-\boldsymbol{S}_n+k\boldsymbol{I}}\mathrm{d}\xi\right)\boldsymbol{\psi}_u^{-1} \tag{5.29}$$

式中，$\boldsymbol{Y}^{(k)}$表达式为

$$\boldsymbol{Y}^{(k)}=\int_{-1}^{1}\boldsymbol{\psi}_{\varepsilon}^{\mathrm{T}}(s)\boldsymbol{D}^{(k)}(s)\boldsymbol{\psi}_{\varepsilon}(s)\left|\boldsymbol{J}(s)\right|\mathrm{d}s \tag{5.30}$$

表达式(5.30)为环向坐标的定积分，可通过标准的积分算法求解，根据每个多边形单元边界线的自由度分片组装，即可获得多边形域的 $\boldsymbol{Y}^{(k)}$ 值。

将式(5.29)中对径向坐标 ξ 的积分定义为 $\boldsymbol{X}^{(k)}$，表达式写为

$$\boldsymbol{X}^{(k)}=\int_0^1\xi^{-\boldsymbol{S}_n^{\mathrm{T}}-\boldsymbol{I}}\boldsymbol{Y}^{(k)}\xi^{-\boldsymbol{S}_n+k\boldsymbol{I}}\mathrm{d}\xi \tag{5.31}$$

通过功率函数和分部积分属性，可以推出 $\boldsymbol{X}^{(k)}$ 为 Lyapunov 方程(5.32)的解：

$$\left(-\boldsymbol{S}_n+0.5k\boldsymbol{I}\right)^{\mathrm{T}}\boldsymbol{X}^{(k)}+\boldsymbol{X}^{(k)}\left(-\boldsymbol{S}_n+0.5k\boldsymbol{I}\right)=\boldsymbol{Y}^{(k)} \tag{5.32}$$

由于系数矩阵 $-\boldsymbol{S}_n+0.5k\boldsymbol{I}$ 是 Schur 矩阵形式，只需通过后迭代分析即可在每个环向边界线单元上求出变量 $\boldsymbol{X}^{(k)}$，一旦获得所有的 $\boldsymbol{X}^{(k)}$ 矩阵，则可求得多边形单元的非线性刚度矩阵，简写为

$$\boldsymbol{K}_{\mathrm{ep}}=\boldsymbol{\psi}_u^{-\mathrm{T}}\left(\sum_{k=0}\boldsymbol{X}^{(k)}\right)\boldsymbol{\psi}_u^{-1} \tag{5.33}$$

5.3.3 内外力向量求解

由方程(5.23)可获得外力向量的表达式为

$$\boldsymbol{R}_{\mathrm{ext}}=\int_{\Gamma}\boldsymbol{\Phi}^{\mathrm{T}}(\xi,s)\boldsymbol{f}_t\mathrm{d}\Gamma+\int_{\Omega}\boldsymbol{\Phi}^{\mathrm{T}}(\xi,s)\boldsymbol{f}_b\mathrm{d}\Omega \tag{5.34}$$

式中，右边第一项为作用于单元边界上的力，根据 SBFEM 理论，在边界处$(\xi=1)$，$\boldsymbol{\Phi}(\xi,s)=\boldsymbol{N}_u(s)$，故可进一步简化为

$$\int_{\Gamma}\boldsymbol{\Phi}^{\mathrm{T}}(\xi,s)\boldsymbol{f}_t\mathrm{d}\Gamma=\int_{-1}^{1}\boldsymbol{N}_u^{\mathrm{T}}(s)\left|\boldsymbol{J}(s)\right|\boldsymbol{f}_t\mathrm{d}s \tag{5.35}$$

第二项为体力荷载向量，考虑一致体力荷载的情况，根据上述推导，该表达式可改写为

$$\int_{\Omega}\boldsymbol{\Phi}^{\mathrm{T}}(\xi,s)\boldsymbol{f}_b\mathrm{d}\Omega=\int_0^1\int_{-1}^1\left(\boldsymbol{N}_u(s)\boldsymbol{\psi}_u\xi^{-\boldsymbol{S}_n}\boldsymbol{\psi}_u^{-1}\right)^{\mathrm{T}}\left|\boldsymbol{J}(s)\right|\mathrm{d}s\mathrm{d}\xi\cdot\boldsymbol{f}_b \tag{5.36}$$

通过进一步展开，可以看出，该表达式可在环向实现数值积分，径向实现解析积分，故其表达式可重写为

$$\int_{\Omega}\boldsymbol{\Phi}^{\mathrm{T}}(\xi,s)\boldsymbol{f}_b\mathrm{d}\Omega=\boldsymbol{\psi}_u^{-\mathrm{T}}\left(-\boldsymbol{S}_n^{\mathrm{T}}+2\boldsymbol{I}\right)^{-1}\boldsymbol{\psi}_u^{\mathrm{T}}\left(\int_{-1}^1\boldsymbol{N}_u^{\mathrm{T}}(s)\left|\boldsymbol{J}(s)\right|\mathrm{d}s\right)\boldsymbol{f}_b \tag{5.37}$$

多边形单元内力向量可表示为

$$\boldsymbol{R}_{\mathrm{int}}=\int_{\Omega}\boldsymbol{B}^{\mathrm{T}}\left(\xi,s\right)\boldsymbol{\sigma}\left(\xi,s\right)\mathrm{d}\Omega \tag{5.38}$$

为了便于积分，其中单元应力采用与非线性本构矩阵 $\boldsymbol{D}_{\mathrm{ep}}$ 相同的求解思路，通过多项式近似计算，采用整体坐标构造的表达式为

$$\boldsymbol{\sigma}(x,y)=\boldsymbol{h}_0+\boldsymbol{h}_1x+\boldsymbol{h}_2y+\boldsymbol{h}_3x^2+\boldsymbol{h}_4xy+\boldsymbol{h}_5y^2+\cdots \tag{5.39}$$

式中，$\boldsymbol{h}_i$ 为多项式拟合系数，通过最小二乘法拟合获得。转换为 SBFEM 局部坐标构造的表达式为

$$\boldsymbol{\sigma}\left(\xi,s\right)=\boldsymbol{h}^{(0)}+\boldsymbol{h}^{(1)}(s)\xi+\boldsymbol{h}^{(2)}(s)\xi^2+\cdots=\sum_{k=0}\boldsymbol{h}^{(k)}(s)\xi^k \tag{5.40}$$

式中，$\boldsymbol{h}^{(k)}$ 为转换到局部坐标系下的多项式拟合系数。

通过代入应变矩阵 $\boldsymbol{B}$ 和单元应力的表达式，可获得内力计算式为

$$\boldsymbol{R}_{\mathrm{int}}=\boldsymbol{\psi}_u^{-\mathrm{T}}\sum_{k=0}\left(\int_0^1\xi^{-\boldsymbol{S}_n^{\mathrm{T}}+k\boldsymbol{I}}\boldsymbol{r}^{(k)}\mathrm{d}\xi\right) \tag{5.41}$$

式中，$\boldsymbol{r}^{(k)}$表达式为

$$\boldsymbol{r}^{(k)}=\int_{-1}^1\boldsymbol{\psi}_{\varepsilon}^{\mathrm{T}}(s)\boldsymbol{h}^{(k)}(s)\left|\boldsymbol{J}(s)\right|\mathrm{d}s \tag{5.42}$$

对式(5.41)进行解析积分，可获得单元内力计算表达式为

$$\boldsymbol{R}_{\mathrm{int}}=\boldsymbol{\psi}_u^{-\mathrm{T}}\sum_{k=0}\left(\left[-\boldsymbol{S}_n^{\mathrm{T}}+\left(k+1\right)\boldsymbol{I}\right]^{-1}\boldsymbol{r}^{(k)}\right) \tag{5.43}$$

综上，该方法所得的刚度矩阵、内力向量等延续了 SBFEM 理论的径向解析性，理论上具有较高的精度，但通过最小二乘法拟合求解非线性本构矩阵和应力向量，需要划分最够小的网格才能较准确地近似物理量的非线性变化，拟合过程相对耗时，且在进行动力分析时需频繁进行特征值分解，导致效率低，不便于实际工程应用。

5.4 基于常刚度的特征值求解和分块域内积分的非线性算法构造

作者发展了一种简捷实用的非线性 SBFEM 算法，即基于常刚度的特征值求解和分块积分的非线性算法，其核心思想为：

(1) 形函数和应变位移转换矩阵假定与材料非线性演化无关，通过初始模量和泊松比获得的 SBFEM 弹性解构造，避免了空间域的拟合和时间域的更新。

(2) 对 SBFEM 多边形单元进行三角形分块，采用三角形域内积分点进行非线性刚度矩阵和应力的计算，组装形成多边形单元的刚度矩阵和内力。

下面主要介绍不同于域内解析积分算法的部分。

5.4.1 基于常刚度的特征值求解

对典型 n 边形，以一阶线性积分精度为例，其环向边界线单元上高斯点个数为 $2n$。通过这些积分点，基于 SBFEM 弹性理论，采用材料的初始模量和泊松比，首先根据公式计算中间系数矩阵 $\boldsymbol{E}_i$ (i=0, 1, 2)，按自由度规则分块组装形成 Hamilton 矩阵 $\boldsymbol{Z}$；然后采用特征值分解方法，求得矩阵 $\boldsymbol{Z}$ 的特征值和特征向量；将所得的负特征值从小到大排序(对应的特征向量也进行相应排序调整)，并作为对角矩阵 $\boldsymbol{S}_n$ 的对角主元；选出负特征值所对应的特征向量得到矩阵 $\boldsymbol{\psi}_u$。通过上述变量，可求出多边形单元形函数，见式(5.15)。同理，可获得应变位移转换矩阵 $\boldsymbol{B}$ 的表达式(5.16c)。相关理论和求解步骤在第 3 章有详细展开，本节不再赘述。

5.4.2 分块域内积分

引入域内数值积分点是构造非线性 SBFEM 算法的有效途径，常规有限元理论中，规定了四边形单元和三角形单元的数值积分方案。对于边数超过 4 的多边形单元，目前常用的是采用多边形分块的数值积分方法(Sukumar and Tabarraei, 2004; Floate, 2015)。

通过连接比例中心 O 和环向边界节点，可将单元分块为多个扇形域。如图 5.3 为典

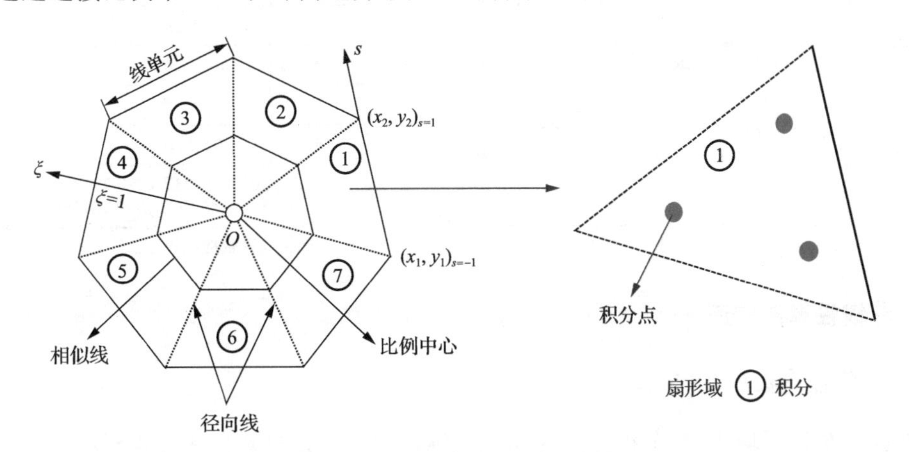

图 5.3 多边形分块域内积分示意图

型七边形单元，可分为 7 个扇形域。依次在每个扇形域内单独积分，然后通过自由度分块组装被积变量，即可解决多边形比例边界单元域内积分的问题。

本章根据三角形 Hammer 积分规则(王勖成, 2002)，以每个扇形域内选取 3 个积分点为例进行介绍，相应的坐标及权系数如表 5.1 所示。研究者可根据实际需求，选取不同的积分点数，以获得不同性能的单元。

表 5.1　扇形域内 Hammer 积分点信息(王勖成, 2002)

精度阶次	积分点位置	误差	积分点	面积坐标	权系数*
线性	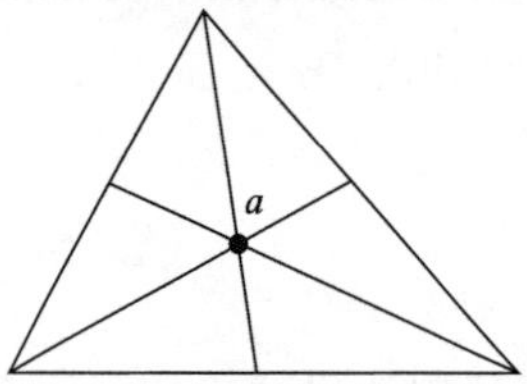	$R=O(h^2)$	a	$\frac{1}{3},\frac{1}{3},\frac{1}{3}$	1
二次	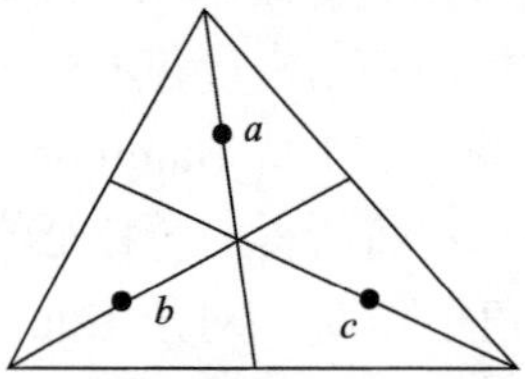	$R=O(h^3)$	a	$\frac{2}{3},\frac{1}{6},\frac{1}{6}$	$\frac{1}{3}$
			b	$\frac{1}{6},\frac{2}{3},\frac{1}{6}$	$\frac{1}{3}$
			c	$\frac{1}{6},\frac{1}{6},\frac{2}{3}$	$\frac{1}{3}$
三次	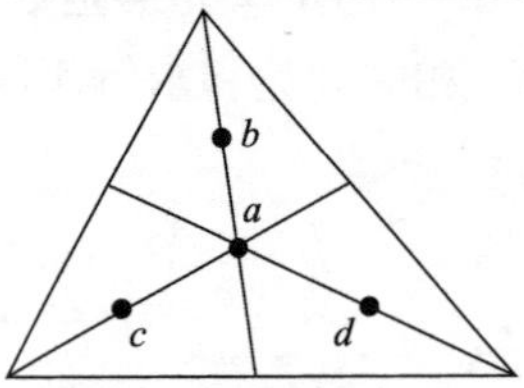	$R=O(h^4)$	a	$\frac{1}{3},\frac{1}{3},\frac{1}{3}$	−27/48
			b	0.6, 0.2, 0.2	25/48
			c	0.2, 0.6, 0.2	
			d	0.2, 0.2, 0.6	
五次	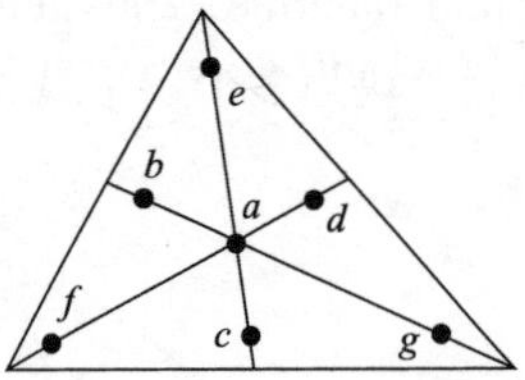	$R=O(h^6)$	a	$\frac{1}{3},\frac{1}{3},\frac{1}{3}$	0.225
			b	$\alpha_1, \beta_1, \beta_1$	0.1323941527
			c	$\beta_1, \alpha_1, \beta_1$	
			d	$\beta_1, \beta_1, \alpha_1$	
			e	$\alpha_2, \beta_2, \beta_2$	0.1259391805
			f	$\beta_2, \alpha_2, \beta_2$	
			g	$\beta_2, \beta_2, \alpha_2$	
			α_1=0.0597158717, α_2=0.7974269853, β_1=0.4701420641, β_2=0.1012865073		

*由于三角形的积分域涉及变量自身，权系数之和应等于 1/2，所以表中所列的权系数应乘以 1/2。

5.4.3　非线性算法构造

1. 计算应变矩阵与形函数

根据每个扇形域内 3 个积分点的面积坐标位置，可以推算出积分点对应的 SBFEM 局部坐标(ξ, s)分别为(1/3, 0)、(5/6, −3/5)、(5/6, 3/5)。通过式(5.44)，可依次计算出每

个扇形域对应的 $\boldsymbol{b}_1(s)$ 和 $\boldsymbol{b}_2(s)$：

$$\boldsymbol{b}_1(s)=\frac{1}{|\boldsymbol{J}(s)|}\begin{bmatrix} y(s)_{,s} & 0 \\ 0 & -x(s)_{,s} \\ -x(s)_{,s} & y(s)_{,s} \end{bmatrix} \tag{5.44a}$$

$$\boldsymbol{b}_2(s)=\frac{1}{|\boldsymbol{J}(s)|}\begin{bmatrix} -y(s) & 0 \\ 0 & x(s) \\ x(s) & -y(s) \end{bmatrix} \tag{5.44b}$$

依据每个边界线单元的节点在多边形单元中的自由度关系，分块组装形成多边形单元的应变矩阵 $\boldsymbol{B}_1(s)$ 和 $\boldsymbol{B}_2(s)$。然后通过式(5.15)和式(5.16c)，即可求出多边形单元形函数和应变位移转换矩阵。

2. 计算刚度矩阵

式(5.28)给出了刚度矩阵的计算表达式，其中应变矩阵 $\boldsymbol{B}$ 已通过 5.4.1 节求出。弹塑性本构矩阵 $\boldsymbol{D}_{\mathrm{ep}}$ 通过调用本构模块获得，然后根据制定的分块积分方案，按式(5.45)可求出多边形单元刚度矩阵。最后按自由度分片组装，可获得计算域的总体刚度矩阵：

$$\boldsymbol{K}_{\mathrm{ep}}=\sum_{i=1}^{3n}\boldsymbol{B}^i(\xi,s)\boldsymbol{D}_{\mathrm{ep}}^i\boldsymbol{B}^i(\xi,s)A_i \tag{5.45}$$

3. 计算外力向量

外力向量 $\boldsymbol{R}_{\mathrm{ext}}$ 可通过方程(5.23)导出，见式(5.34)，方程右边第一项为边界剪切力引起。由于在边界处(ξ=1)，$\boldsymbol{\Phi}(\xi,s)=\boldsymbol{N}_u(s)$，所以第一项可简化为式(5.35)。第二项为体力荷载向量，当仅考虑常体力时，可由式(5.46)求得

$$\int_{\Omega}\boldsymbol{\Phi}^{\mathrm{T}}(\xi,s)\boldsymbol{f}_b\mathrm{d}\Omega=\sum_{k=1}^{n}\sum_{i=1}^{3}\left[\boldsymbol{N}_u^i(s)\boldsymbol{\psi}_u\xi_i^{-\boldsymbol{S}_n}\boldsymbol{\psi}_u^{-1}\right]^{\mathrm{T}}\boldsymbol{f}_bA_{ki} \tag{5.46}$$

4. 计算内力向量

与有限元类似，内力向量表达式见方程(5.38)，采用数值积分方法求解内力向量。求得边界节点位移向量 $\boldsymbol{U}_b$ 后，通过应变位移转换矩阵 $\boldsymbol{B}(\xi,s)$ 可求出应变 $\boldsymbol{\varepsilon}_i(\xi,s)$，代入弹塑性本构矩阵 $\boldsymbol{D}_{\mathrm{ep}}^i$ 进一步可求得应力 $\boldsymbol{\sigma}_i(\xi,s)$：

$$\boldsymbol{\sigma}_i(\xi,s)=\sum_{i=1}^{3n}\boldsymbol{D}_{\mathrm{ep}}^i\boldsymbol{\varepsilon}_i(\xi,s) \tag{5.47}$$

通过分块扇形域内积分点，可求出内力向量

$$\boldsymbol{R}_{\text{int}} = \sum_{i=1}^{3n} \boldsymbol{B}^{i}\left(\xi,s\right)^{\text{T}} \boldsymbol{\sigma}_{i}\left(\xi,s\right) A_{i} \tag{5.48}$$

5. 支持单元类型

作者发展的非线性算法概念简单、易于程序编写，可以实现大规模非线性分析。实现的算法支持多种多边形单元的计算(图 5.4)，增强了单元的灵活性和复杂几何边界的适应能力，丰富了非线性数值计算的单元库。

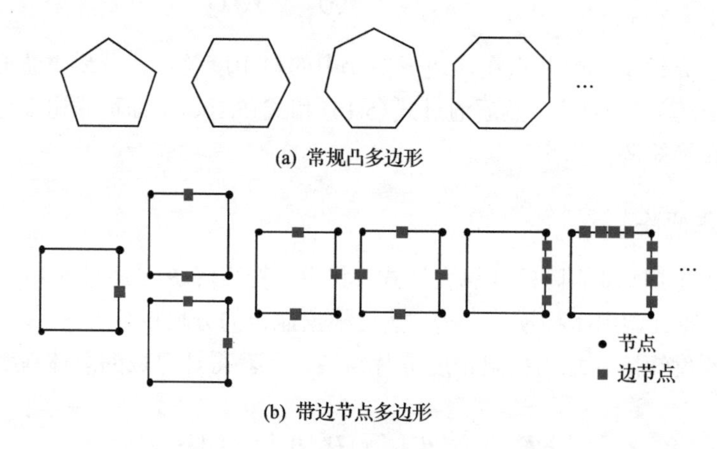

图 5.4 非线性算法支持的多边形单元

5.5 算例验证：Koyna 混凝土重力坝震害分析

为了验证 SBFEM 用于非线性分析的可靠性，本节联合塑性损伤模型和发展的多边形 SBFEM 模拟 Koyna 混凝土坝的震害过程。Koyna 大坝在 1967 年的强震中多处发生损伤破坏(Chopra and Chakrabarti, 1973)，一直以来被研究者作为经典算例验证，取得了丰硕的成果(Lee and Fenves, 1998; Calayir and Karaton, 2005; 郝明辉等, 2011; 王娜丽等, 2012; Zhang et al., 2013; Wang et al., 2014; 王旭东等, 2019; 徐强等, 2020)。

5.5.1 计算模型与参数

Koyna 大坝为典型非溢流坝型，其几何尺寸及离散的多边形网格如图 5.5 所示，坝体总长 850m，高 103m，最高蓄水位 91.7m。为了更精细地模拟损伤扩展，在易损区域进行了局部加密。如图 5.5(b)所示，计算模型共包括 3815 个多边形单元和 7823 个节点，底部采用刚性边界。

计算参数设置如下：密度 ρ 为 2.63g/cm^3，弹性模量 E 取 31GPa，泊松比 ν 为 0.2，混凝土抗拉强度取 2.9MPa，断裂能取 250N·m，阻尼比取 5%(Xu et al., 2015)。

静力分析时，坝体主要受自重及上游水压力作用。动力分析时，地震动输入采用实测地震波，其中水平向峰值加速度为 0.49g，竖向峰值加速度为 0.34g，如图 5.6 所示。计算时间步长 Δt=0.005s，动水压力采用附加质量法施加(Xu et al., 2017)。

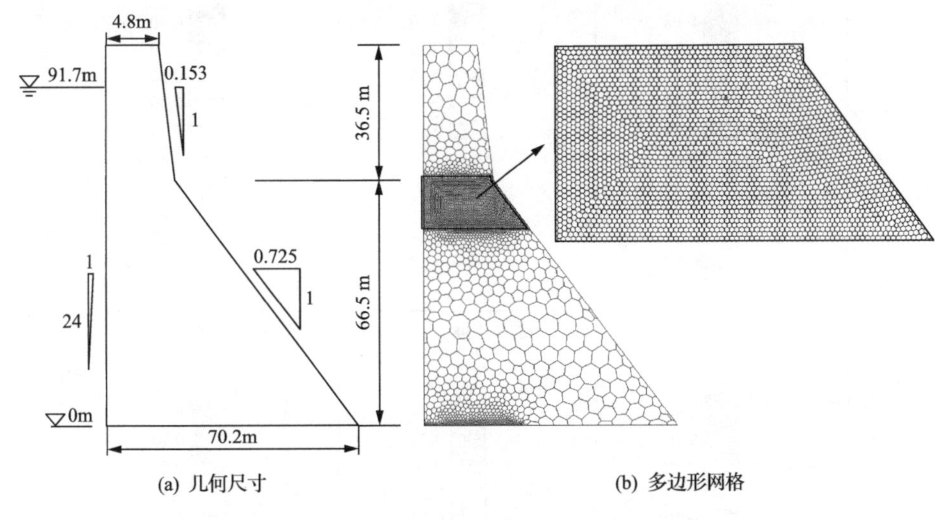

图 5.5　Koyna 大坝几何尺寸及多边形网格

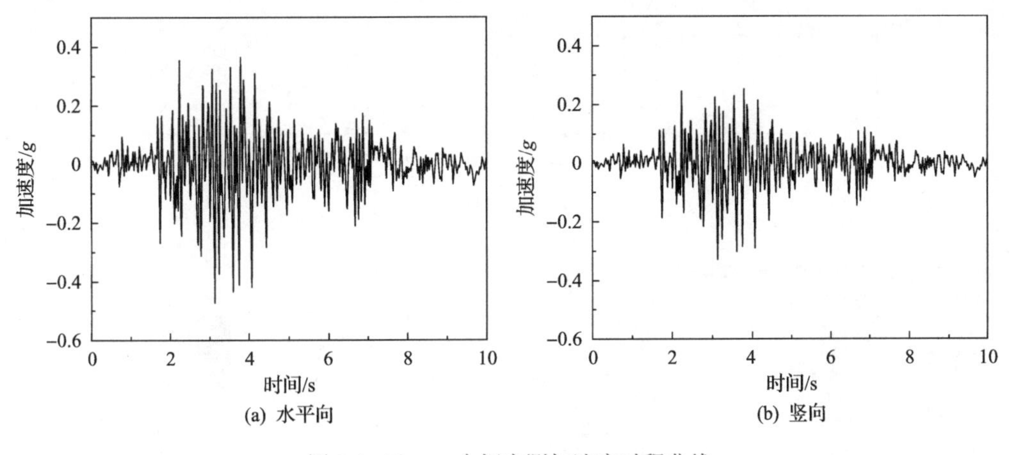

图 5.6　Koyna 大坝实测加速度时程曲线

5.5.2　计算结果

图 5.7 给出了损伤累积发展过程中的 6 个重要时刻，其中 T_d 代表拉损伤因子，取值从 0 到 1 变化，0 表示完好无损，1 表示完全损坏。可以看出，损伤主要从下游坝面转角处开始，逐步向上游坝面发展，接着下游面损伤呈曲线式向下发展，如图 5.7(d)、(e)所示，靠近上游面时，损伤开始转成水平向发展，地震结束时，整体损伤分布如图 5.8 所示。

从图 5.8 可以看出，非线性 SBFEM 计算的损伤区域与 XFEM 及振动台试验所得裂纹位置(Zhang et al., 2013; Wang et al., 2014)吻合良好，表明非线性 SBFEM 用于模拟混凝土材料损伤的合理性。

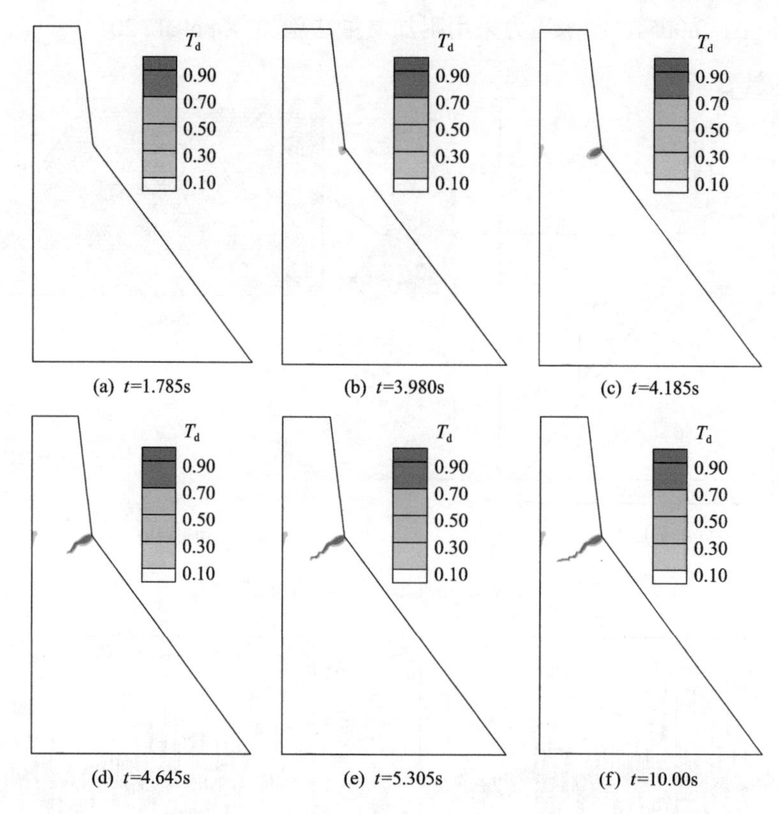

图 5.7 Koyna 大坝损伤累积发展演化

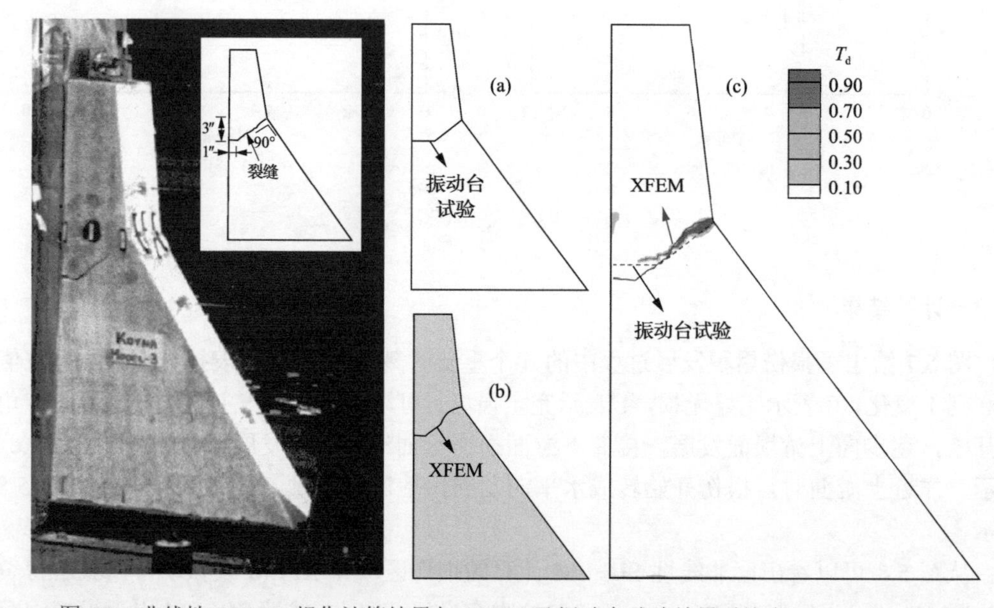

图 5.8 非线性 SBFEM 损伤计算结果与 XFEM 及振动台试验结果对比(Zhang et al., 2013)

5.6 面板坝静动力弹塑性分析

采用坝高 250m 的面板堆石坝计算模型，如图 5.9 所示，上、下游面坡度均为 1 : 1.5，面板顶部厚 0.3m，底部厚 1.2m。坝体材料分区如图 5.9 所示，包括面板、趾板、挤压边墙、垫层料、过渡料和主堆石料。

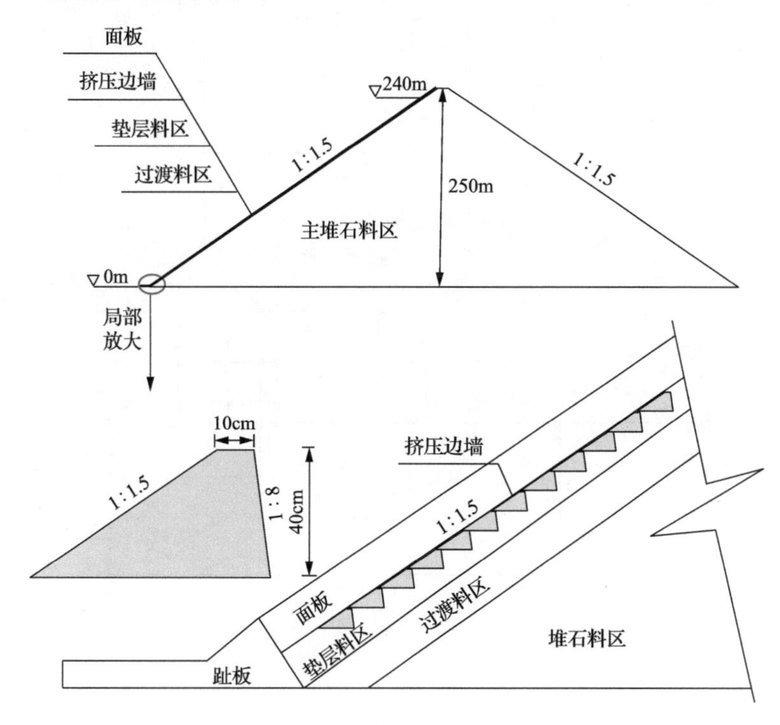

图 5.9 二维混凝土面板坝模型

5.6.1 多边形网格过渡方案

单个挤压边墙典型断面一般为梯形，如图 5.9 所示，其断面高 40cm，顶部宽 10cm，上游面坡度为 1 : 1.5，下游面坡度为 8 : 1。由于挤压边墙尺寸与大坝整体尺寸相差悬殊（坝底长约 750m），四边形单元难以实现平顺的网格尺寸跨越和精细离散，采用多边形 SBFEM 进行疏密网格过渡，能快速地处理复杂几何模型任意位置的网格细分问题，主要步骤如下：

(1) 如图 5.10 所示，第 1 部分为需要精细离散的细密网格，第 2 部分为稀疏网格，根据需要在同一模型中预先划分好这两部分网格。

(2) 处理疏密网格交界位置，在疏网格边界增加与细网格边界节点对应的插入点；同理，在细网格边界增加与疏网格边界节点对应的插入点，如图 5.11 所示。

(3) 合并交界处插入的节点并压缩编号，便可实现疏密网格过渡处理。最终计算网格如图 5.12 所示，边界处产生的多边形可以采用 SBFEM 单元计算。

该方法可以简捷地实现结构疏密网格过渡，大量减少前处理工作，可为方案优选、精细数值模拟等提供技术支撑。

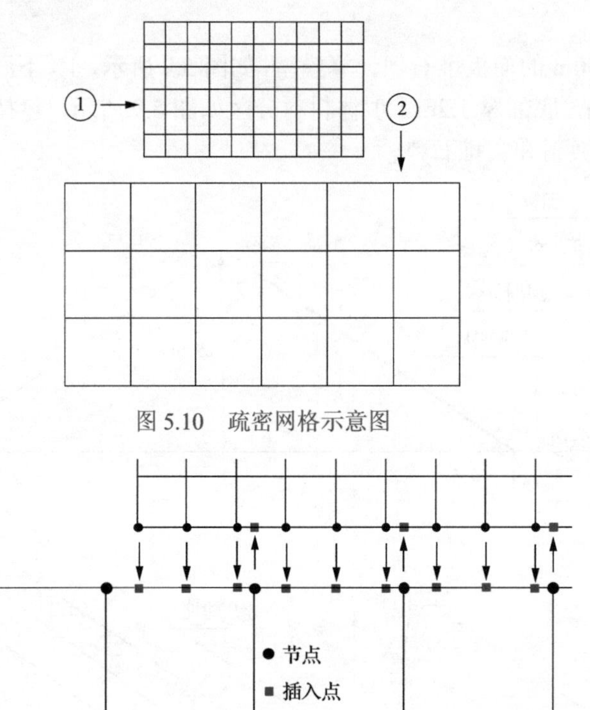

图 5.10　疏密网格示意图

图 5.11　交界面插入节点示意图

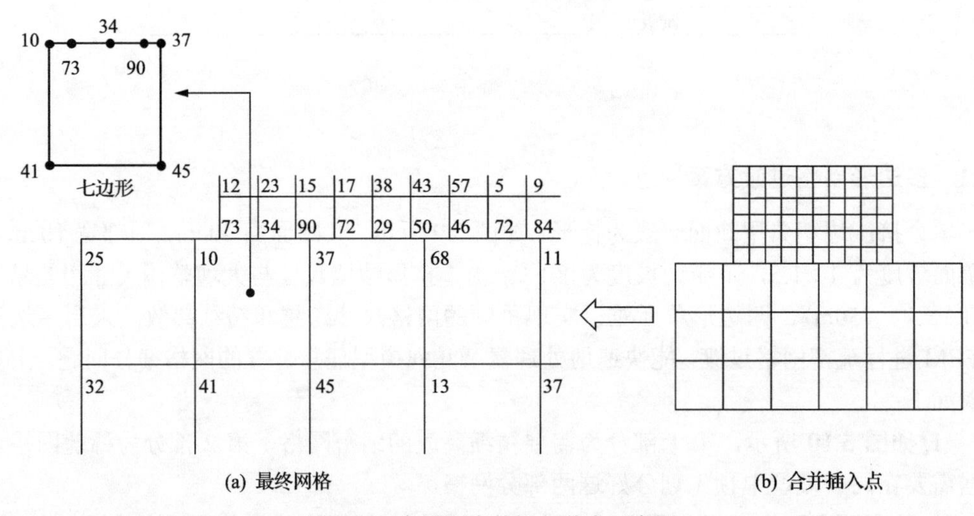

图 5.12　交界面合并插入节点示意图

5.6.2　计算方案

通过与四边形网格非线性 FEM 计算结果对比，验证非线性 SBFEM 用于岩土材料弹塑性分析的可靠性，方案如下。

1. SBFEM 多边形网格过渡

单个挤压边墙采用五边形单元离散，并通过多边形单元实现挤压边墙与堆石体网格的尺寸跨越。整体网格和局部网格如图 5.13 所示，共包含 12202 个单元、12851 个节点。在面板与挤压边墙、挤压边墙与垫层料及垫层料与趾板之间设置接触面单元，其余单元均采用非线性 SBFEM。

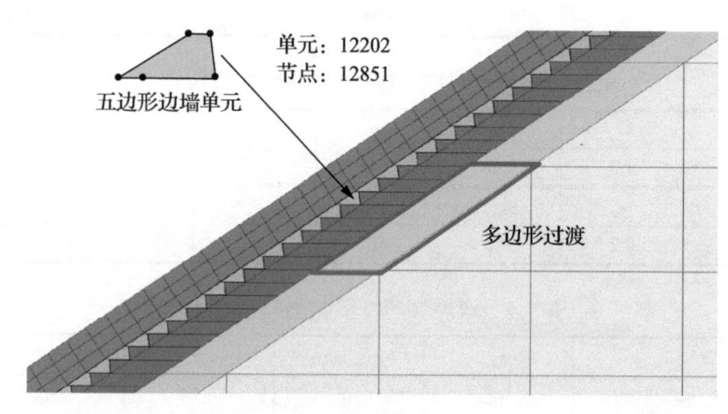

图 5.13　多边形单元过渡方案局部放大图

2. FEM 四边形网格过渡

单个挤压边墙采用四边形和三角形单元离散，并通过四边形网格逐级加密过渡的方法，实现挤压边墙与堆石体间的网格尺寸跨越。可以看出，该方法单元尺寸跨越较为缓慢，剖分单元数量大，且生成了部分形状不规则、精度不高的单元。整体和局部网格如图 5.14 所示，共包含 34369 个单元、34088 个节点。在面板与挤压边墙、挤压边墙与垫层料及垫层料与趾板之间设置接触面单元，其余均采用四边形等参单元。

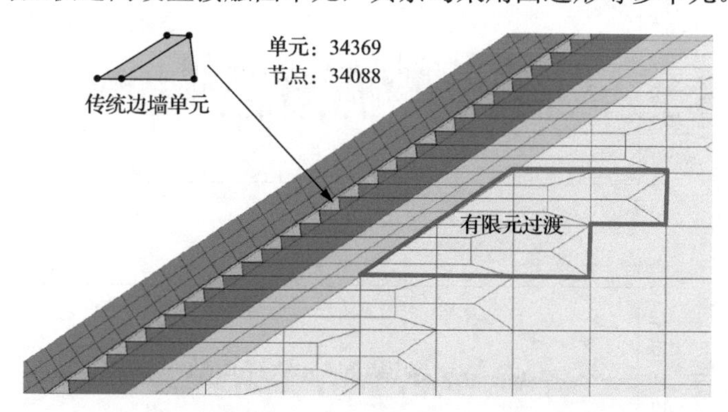

图 5.14　四边形单元过渡方案局部放大图

5.6.3　计算模型参数和荷载

面板、趾板及挤压边墙采用线弹性模型，参数如表 5.2 所示。垫层料、过渡料和主堆石料采用广义塑性模型(Pastor et al., 1990；Zienkiewicz et al., 1999)，参数如表 5.3 所示(Zou et al., 2013；孔宪京等, 2013)，接触面采用理想弹塑性模型，参数如表 5.4 所示(刘京茂等, 2015)。

表 5.2　线弹性材料参数

材料	E/MPa	ν
面板	30000	0.167
趾板	30000	0.167
挤压边墙	5000	0.20

表 5.3　堆石料广义塑性模型参数(面板坝)

G_0	K_0	M_g	M_f	α_f	α_g	H_0	H_{U0}	m_s
1000	1400	1.8	1.38	0.45	0.4	1800	3000	0.5
m_v	m_l	m_u	r_d	γ_{DM}	γ_u	β_0	β_1	
0.5	0.2	0.2	180	50	4	35	0.022	

表 5.4　理想弹塑性接触面模型参数

接触面位置	k_1	k_2/(kPa/m)	n	c/kPa	φ_0/(°)
面板与挤压边墙	300	10^7	0.85	2000	32
挤压边墙与垫层	300	10^7	0.85	0	41.5
趾板与垫层	300	10^7	0.85	0	41.5

静力分析考虑坝体施工填筑和蓄水过程，设定坝体分 78 层填筑完成，面板为一次填筑完成，水位分 30 级蓄至 240m 高程。

动力分析的地震动输入采用《水工建筑物抗震设计标准》(GB 51247—2018)规范谱人工地震波，顺河向峰值加速度为 0.2g，竖向峰值加速度取为顺河向的 2/3。地震波加速度时程曲线如图 5.15 所示，计算地震波时长为 25s，时间步长取为 Δt =0.01s。

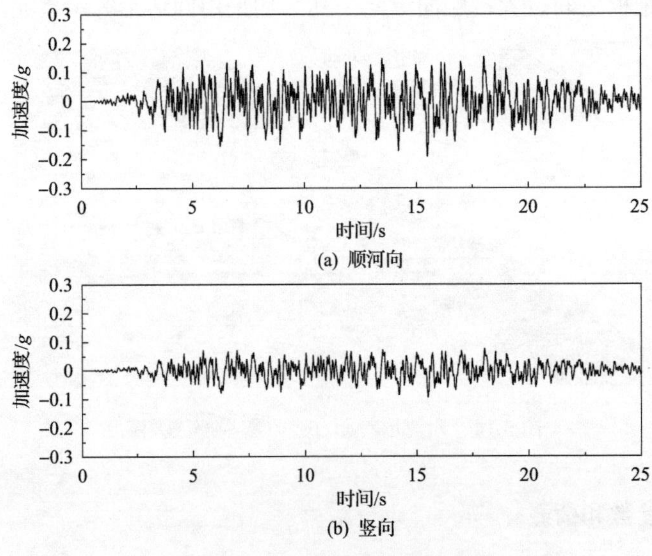

图 5.15　地震波加速度时程曲线

5.6.4 计算结果分析

图 5.16～图 5.18 给出了大坝静动力响应结果。可以看出，两种方法计算所得分布规律吻合良好。表 5.5 和表 5.6 列出了响应极值，以非线性 SBFEM 计算结果为例说明。

满蓄期坝体顺河向最大位移为 0.185m(向上游)和 0.318m(向下游)，竖向最大位移为 1.87m；面板最大挠度为 0.406m，顺坡向最大压应力 15.367MPa。

地震过程中面板顺坡向应力随高程分布规律二者完全一致，数值吻合良好，其中最小顺坡向应力相差 2.51%，最大顺坡向应力仅相差 0.58%。

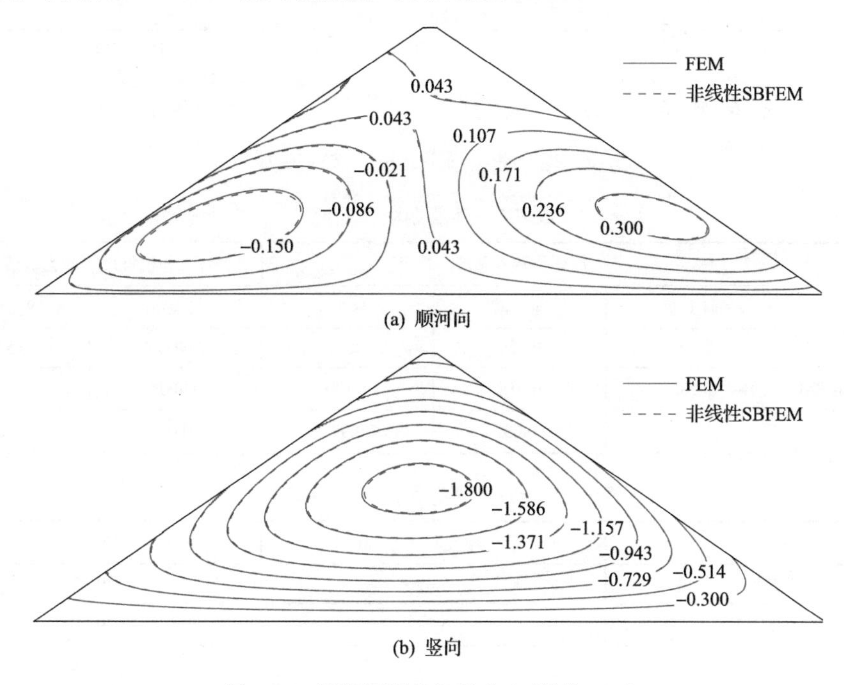

图 5.16 满蓄期坝体位移分布(单位：m)

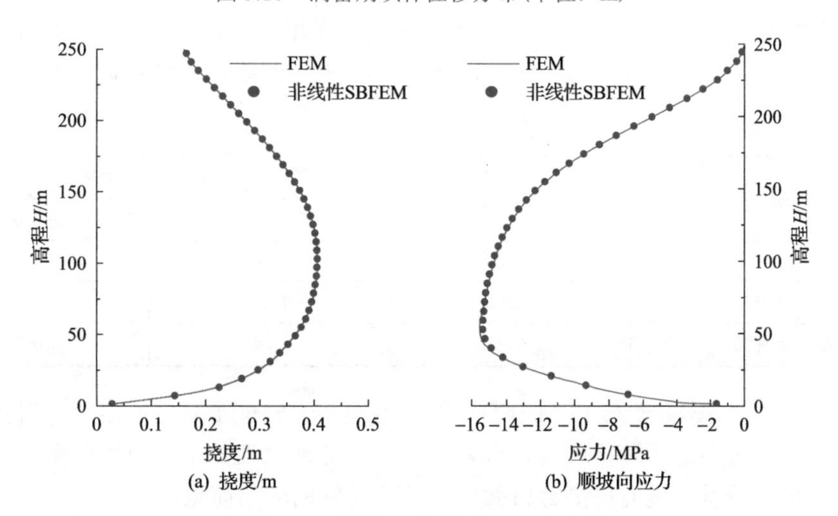

图 5.17 满蓄期面板挠度和应力分布

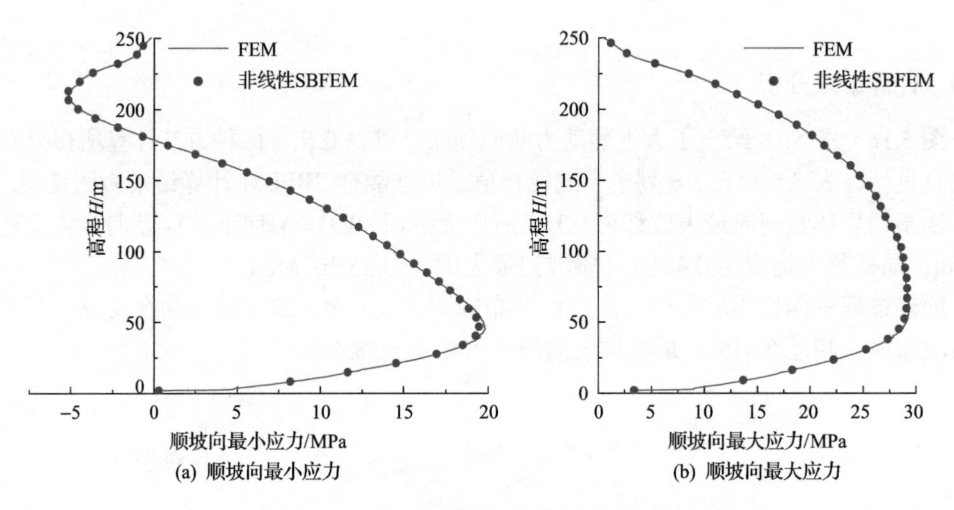

(a) 顺坡向最小应力　　(b) 顺坡向最大应力

图 5.18　地震动作用下面板顺坡向应力分布

表 5.5　满蓄期结果对比

方法	坝体位移极值/m			面板挠度和应力极值	
	向上游	向下游	竖向	挠度/m	应力/MPa
FEM	0.190	0.320	1.877	0.4060	–15.535
非线性 SBFEM	0.185	0.318	1.870	0.4058	–15.367
相差/%	2.63	0.63	0.37	0.05	1.08

表 5.6　动力计算的面板应力极值对比

分析方法	最小顺坡向应力/MPa	最大顺坡向应力/MPa
FEM	–5.096	29.357
非线性 SBFEM	–5.227	29.186
相差/%	2.57	0.58

表 5.7 列出了两种方法的计算时间。可以看出，采用非线性 SBFEM 的多边形跨尺度方案可使计算网格量减少 64.5%，使静、动力计算时间分别减少 44.4%和 16.3%。

表 5.7　计算时间对比

方法	单元数	计算时间(归一化时间)	
		静力分析	动力分析
FEM	34369	1.000	1.000
非线性 SBFEM	12202	0.556	0.837
减少比例/%	64.5	44.4	16.3

综上，非线性 SBFEM 与 FEM 计算结果吻合良好，验证了其用于岩土材料弹塑性分析的合理性。通过多边形网格的跨尺度建模，可简捷地处理复杂的材料分区，有效减少建模难度和单元数量，进而提高分析效率，具有良好的应用前景。

5.7　三维非线性多面体 SBFEM

本书第 4 章发展了改进的多面体 SBFEM(P-SBFEM)，增强了灵活性和通用性。这里采用与二维非线性 SBFEM 算法构造相同的思路，进一步发展非线性多面体 SBFEM(定义为 NP-SBFEM)。

首先，通过边界面积分点，基于 SBFEM 弹性理论，采用材料的初始模量和泊松比，计算相关中间变量并求解多面体单元形函数和应变位移转换矩阵，见式(5.49)和式(5.50)，其详细计算过程与 5.4 节一致，这里不再赘述。

$$\boldsymbol{\Phi}(\xi,\xi_1,\xi_2)=\boldsymbol{\mathcal{N}}^u(\xi_1,\xi_2)\boldsymbol{\psi}_u\xi^{-(0.5+\boldsymbol{S}_n)}\boldsymbol{\psi}_u^{-1} \tag{5.49}$$

$$\begin{aligned}\boldsymbol{B}(\xi,\xi_1,\xi_2)=&\left[\boldsymbol{B}_1(\xi_1,\xi_2)\boldsymbol{\psi}_u(-\boldsymbol{S}_n-0.5)\xi^{-(1.5+\boldsymbol{S}_n)}\boldsymbol{\psi}_u^{-1}\right]\\&+\left(\frac{1}{\xi}\boldsymbol{B}_2(\xi_1,\xi_2)\boldsymbol{\psi}_u\xi^{-(0.5+\boldsymbol{S}_n)}\boldsymbol{\psi}_u^{-1}\right)\end{aligned} \tag{5.50}$$

下面介绍分块锥体域内积分方案及数值计算实现过程。

5.7.1　分块锥体域内积分方案

本节介绍三种不同的域内积分方案，为简化命名和表达，分别定义为方案 1、方案 2 和方案 3。

1) 域内积分方案 1

图 5.19 给出了积分点选取说明示意图，其中 $\mathcal{N}$ 是多边形平均值插值函数，N_{FEM} 是三角形单元的线性插值函数，实现流程如下。

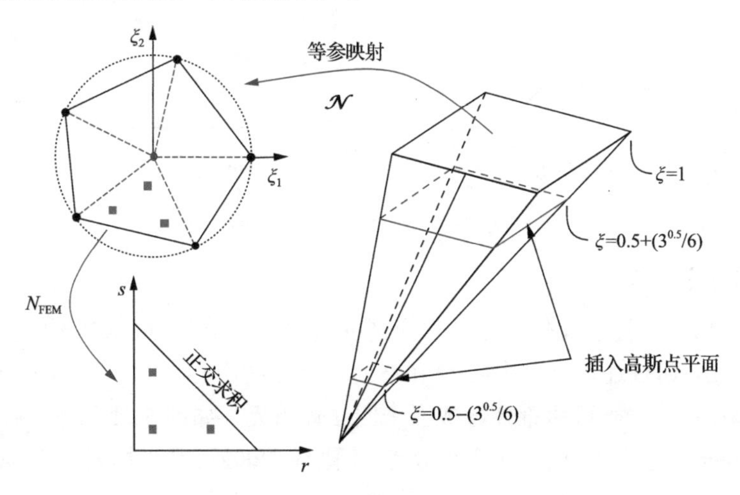

图 5.19　方案 1 积分点分布

首先，将每个环向边界面单元转换为对应的标准等参正多边形单元，然后，连接圆心和正多边形的角点，将每个多边形分块为多个三角形，在每个三角形域内选取 3 个积分点，其局部坐标(r, s)分别取为(1/6, 1/6)、(2/3, 1/6)、(1/6, 2/3)，相应的权系数为 1/3，将其称为边界面积分点。

如图 5.19 所示，无维度径向坐标ξ取值范围为[0,1]，在比例中心处取 0，在边界处取 1。根据一维问题中的求积规则，可知可以在位置$0.5\times\left(1\pm\dfrac{\sqrt{3}}{3}\right)$处选取两个积分点。对三维问题来说，一维问题中的两个点将对应三维问题中的两个平面，详见图 5.19。然后在选取的这两个ξ平面上插入积分点，插入点的位置与边界积分点完全一致，只是其权系数将变为 1/6，这些插入的积分点称为域内积分点。

2)域内积分方案 2

方案 2 的思路与方案 1[图 5.20(a)]完全类似，两者的边界积分点完全一致，差别是域内积分点的选取个数不同。方案 2 中，在插入积分点的两个平面内，每个三角形域内仅分配一个积分点，即积分精度为一阶精度，其坐标为(1/3, 1/3)，见图 5.20(b)。

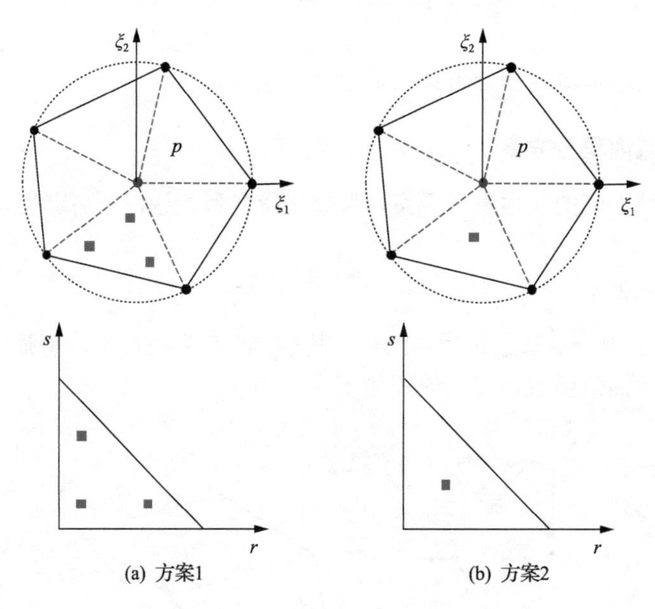

图 5.20　三角形域内积分点分布对比

3)域内积分方案 3

在多面体单元中，连接比例中心和每个环向边界面的节点，可得到不同的锥体单元。对任意锥体单元，通过连接比例中心O和环向边界面的中心点O'，再将环向边界面中心点与边界面节点相连，则可将锥体分成多个四面体单元。如图 5.21 所示，在每个四面体中，根据 Hammer 积分规则，引入 4 个积分点(王勖成, 2002)，其坐标表示为$a(\alpha, \beta, \beta, \beta)$、$b(\beta, \alpha, \beta, \beta)$、$c(\beta, \beta, \alpha, \beta)$、$d(\beta, \beta, \beta, \alpha)$，其中$\alpha$、$\beta$分别取值为 0.5854102 和 0.1381966，相应的权系数为 1/24。

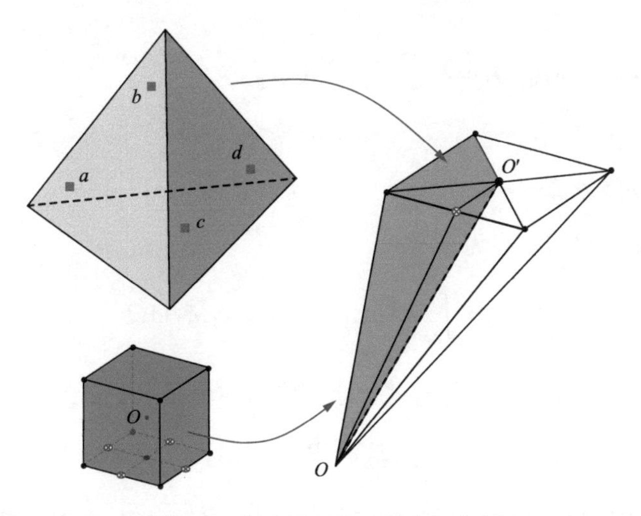

图 5.21　每个四面体内积分点分布

5.7.2　非线性刚度矩阵计算

多面体单元的非线性刚度矩阵计算式可由应变位移转换矩阵和弹塑性本构矩阵求解，即

$$\boldsymbol{K}_{\mathrm{ep}}=\int_{\Omega}\boldsymbol{B}^{\mathrm{T}}(\xi,\xi_1,\xi_2)\boldsymbol{D}_{\mathrm{ep}}\boldsymbol{B}(\xi,\xi_1,\xi_2)\,\mathrm{d}\Omega \tag{5.51}$$

通过选取的域内积分点，计算该定积分，式(5.51)可展开为

$$\boldsymbol{K}_{\mathrm{ep}}=\sum_{i=1}^{m\cdot p_k}\boldsymbol{B}^i(\xi,\xi_1,\xi_2)\boldsymbol{D}_{\mathrm{ep}}^i\boldsymbol{B}^i(\xi,\xi_1,\xi_2)V_i \tag{5.52}$$

式中，m 为多面体单元的边界面个数；p_k 为第 k 个边界面中总的域内积分点个数；$\boldsymbol{B}^i(\xi,\xi_1,\xi_2)$ 表示第 i 个积分点处的应变位移转换矩阵，可通过式(5.50)计算；$\boldsymbol{D}_{\mathrm{ep}}^i$ 为第 i 个积分点处的材料弹塑性本构矩阵；V_i 为第 i 个积分点代表的体积。求得多面体单元的刚度矩阵 $\boldsymbol{K}_{\mathrm{ep}}$ 后，可根据自由度分片组装，求得计算域的总体刚度矩阵。

5.7.3　外力荷载向量计算

外力荷载向量 $\boldsymbol{R}_{\mathrm{ext}}$ 表达式为

$$\boldsymbol{R}_{\mathrm{ext}}=\int_{\Gamma}\boldsymbol{\Phi}^{\mathrm{T}}(\xi,\xi_1,\xi_2)\boldsymbol{f}_t\mathrm{d}\Gamma+\int_{\Omega}\boldsymbol{\Phi}^{\mathrm{T}}(\xi,\xi_1,\xi_2)\boldsymbol{f}_b\mathrm{d}\Omega \tag{5.53}$$

式中，等式右边第一项为面力荷载向量，在边界面上(ξ=1)，该式可展开为

$$\int_{\Gamma}\boldsymbol{\Phi}^{\mathrm{T}}(\xi,\xi_1,\xi_2)\boldsymbol{f}_t\mathrm{d}\Gamma=\int_0^1\int_0^1\boldsymbol{\lambda}^u(\xi_1,\xi_2)\left|\boldsymbol{J}(\xi_1,\xi_2)\right|\boldsymbol{f}_t\mathrm{d}\xi_1\mathrm{d}\xi_2 \tag{5.54}$$

等式右边第二项为体积力荷载向量，根据积分点数值求积计算，可展开为

$$\int_{\Omega} \boldsymbol{\Phi}^{\mathrm{T}}(\xi,\xi_1,\xi_2) \boldsymbol{f}_b \mathrm{d}\Omega = \sum_{k=1}^{m}\sum_{i=1}^{p_k}\left[\boldsymbol{\lambda}_{ki}^{u}(\xi_1,\xi_2)\boldsymbol{\psi}_u \xi_i^{-(0.5+\boldsymbol{S}_n)}\boldsymbol{\psi}_u^{-1}\right]^{\mathrm{T}} \boldsymbol{f}_b V_{ki} \tag{5.55}$$

5.7.4 内力荷载向量计算

内力荷载向量计算式可写为

$$\boldsymbol{R}_{\mathrm{int}} = \int_{\Omega} \boldsymbol{B}^{\mathrm{T}}(\xi,\xi_1,\xi_2)\boldsymbol{\sigma}(\xi,\xi_1,\xi_2)\mathrm{d}\Omega \tag{5.56}$$

根据第 4 章给出的单元应变计算式，求解多面体单元应变 $\boldsymbol{\varepsilon}(\xi, \xi_1, \xi_2)$

$$\boldsymbol{\varepsilon}(\xi,\xi_1,\xi_2) = \boldsymbol{B}(\xi,\xi_1,\xi_2)\boldsymbol{u}_b \tag{5.57}$$

采用胡克定律，求解单元应力 $\boldsymbol{\sigma}_i(\xi, \xi_1, \xi_2)$，见式(5.58)，其中 $\boldsymbol{D}_{\mathrm{ep}}^{i}$ 为材料弹塑性本构矩阵。

$$\boldsymbol{\sigma} = \boldsymbol{D}_{\mathrm{ep}}^{i}\boldsymbol{\varepsilon} \tag{5.58}$$

采用分块锥体域内积分方案，将式(5.57)和式(5.58)代入式(5.56)，可得到多面体单元内力向量的数值积分计算式，即

$$\boldsymbol{R}_{\mathrm{int}} = \sum_{k=1}^{m}\sum_{i=1}^{p_k}\boldsymbol{B}^{ki}(\xi,\xi_1,\xi_2)^{\mathrm{T}}\boldsymbol{\sigma}_{ki}(\xi,\xi_1,\xi_2)V_{ki} \tag{5.59}$$

式中，m 为多面体单元的边界面个数；$\boldsymbol{B}^{ki}(\xi, \xi_1, \xi_2)$ 表示第 k 个边界面中第 i 个积分点处的应变位移转换矩阵，通过式(5.50)计算；V_{ki} 为第 k 个边界面中第 i 个积分点代表的体积。

5.8 三维数值算例验证

采用作者发展的非线性多面体 SBFEM，开展典型数值算例分析，包括两部分：首先采用弹性模型，分析悬臂梁弯曲问题，验证分块锥体域内积分的正确性；其次开展典型心墙坝工程的静动力弹塑性分析，并与经典 FEM 对比，验证发展方法用于三维岩土工程弹塑性分析的合理性。

5.8.1 悬臂梁弹性分析

1. 模型信息和计算参数

图 5.22 给出了悬臂梁几何信息示意图，选取梁长 L=5m，方形截面为 1m×1m。采用八分树进行网格离散，共设置了四种不同的网格密度，每个方向设定的份数(N_x×N_y×N_z)分别为 4×4×20、8×8×40、16×16×80 和 32×32×160。图 5.23 给出了离散网格

的剖视图，表 5.8 统计了离散的单元和节点信息，在 z=0 截面施加三个方向约束。

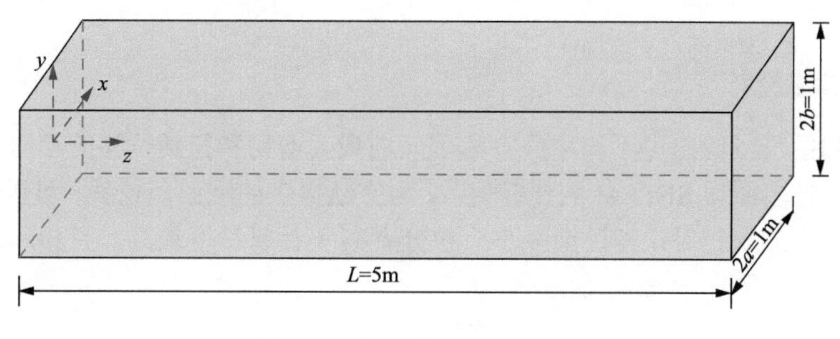

图 5.22　矩形截面梁几何信息

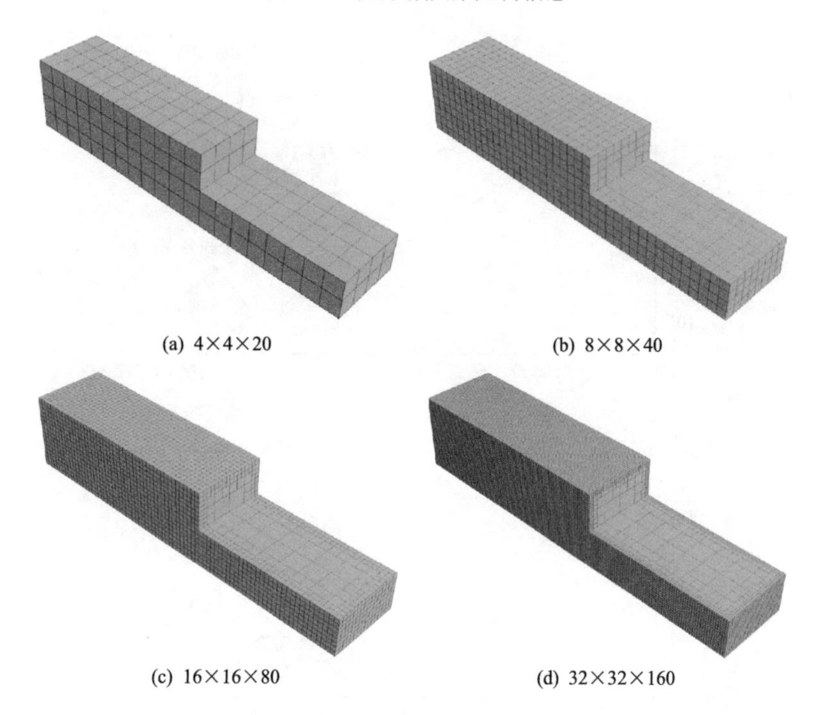

(a) 4×4×20　(b) 8×8×40

(c) 16×16×80　(d) 32×32×160

图 5.23　四种八分树网格剖视图

表 5.8　四种网格密度的单元数和节点数

网格密度	单元数	节点数
4×4×20	320	525
8×8×40	2056	3023
16×16×80	10400	14961
32×32×160	46744	66899

分别采用三种域内积分方案的非线性多面体 SBFEM，讨论不同积分点的求解精度。计算参数假定为：材料为各向均质同性，弹性模量 E=500，泊松比 ν=0.3。

自由端分别作用竖向剪切和环向纯扭荷载，讨论梁的弯曲和扭转问题，并与文献

(Barber, 2010)给出的近似理论解对比，其中剪切荷载 F=0.1N，扭矩为 1.0N·m(Barber, 2010)。

2. 计算结果分析

图5.24和图5.25给出了不同积分方案下，y向最大剪切和扭转位移的相对误差曲线，其中 u 为非线性多面体 SBFEM 的计算值，u^*为文献提供的近似理论解。可以看出，随着网格划分密度增加，相对误差逐渐减小；积分方案 3 计算精度最高，且相对误差下降速度也最快。

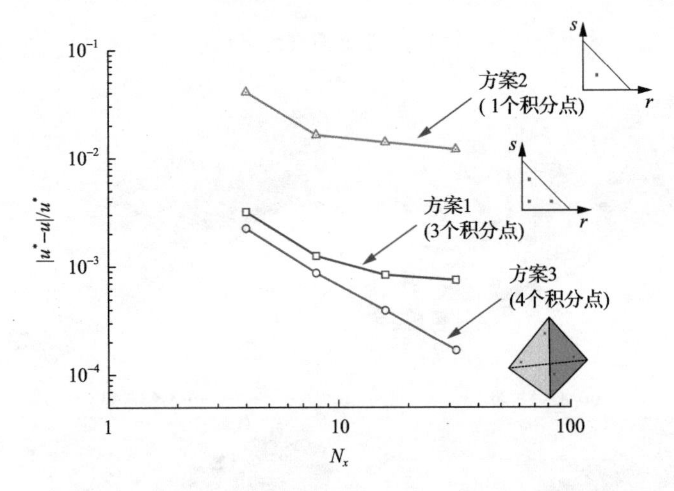

图 5.24 y 向剪切位移相对误差与 x 向网格离散密度关系

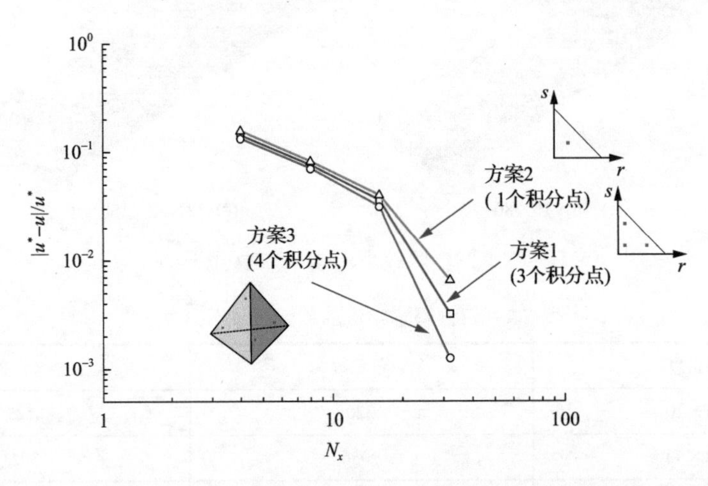

图 5.25 y 向扭转位移相对误差与 x 向网格离散密度关系

图 5.26 和图 5.27 给出了四种不同网格密度计算的 von Mises 应力分布云图。可以看出，整体变形模式和极值分布规律保持一致，且与文献计算结果吻合良好(Barber, 2010)。SBFEM 计算结果与理论解吻合良好，验证了非线性多面体 SBFEM 采用分块锥体域内积分的可行性。

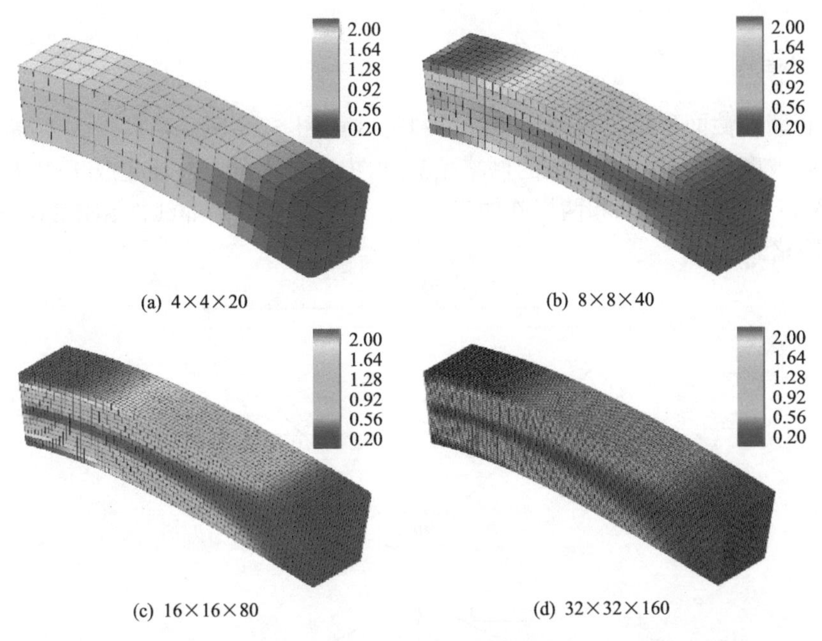

图 5.26 剪切荷载下悬臂梁 von Mises 应力分布云图(积分方案 3)(单位：Pa)

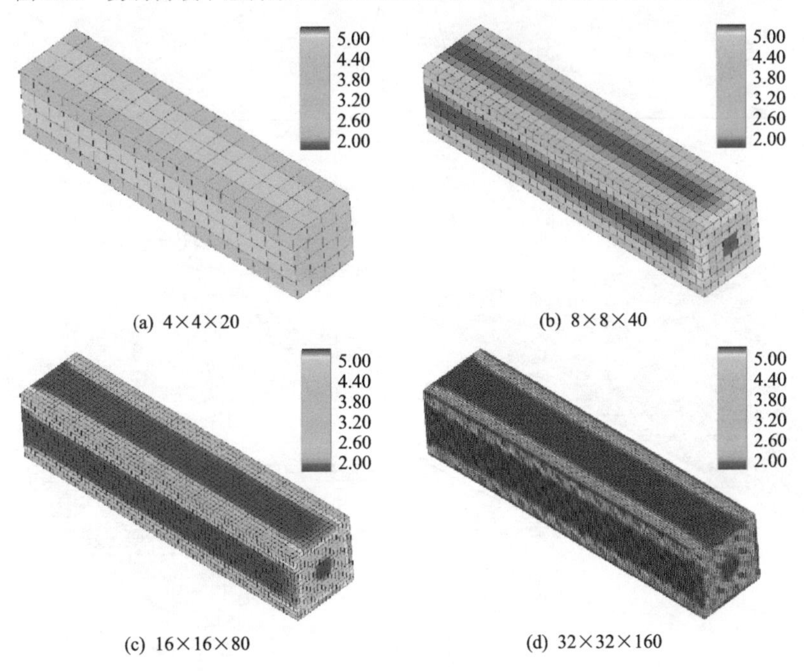

图 5.27 纯扭荷载下悬臂梁 von Mises 应力分布云图(积分方案 3)(单位：Pa)

5.8.2 心墙坝弹塑性分析

本节采用四面体和六面体网格离散心墙坝模型，通过非线性多面体 SBFEM 模拟大坝静动力响应，并与经典的 FEM 进行对比，验证发展方法用于岩土材料非线性分析的合理性。

1. 模型信息

典型心墙坝截面形状、尺寸信息和材料分区如图 5.28 所示，其最大坝高为 100m，上游和下游坡度均为 1：2，离散的网格信息如图 5.29 所示，共计生成 16108 个单元、16343 个节点，在坝体底部和两岸施加三个方向约束，计算中非线性 SBFEM 与 FEM 采用相同的网格。

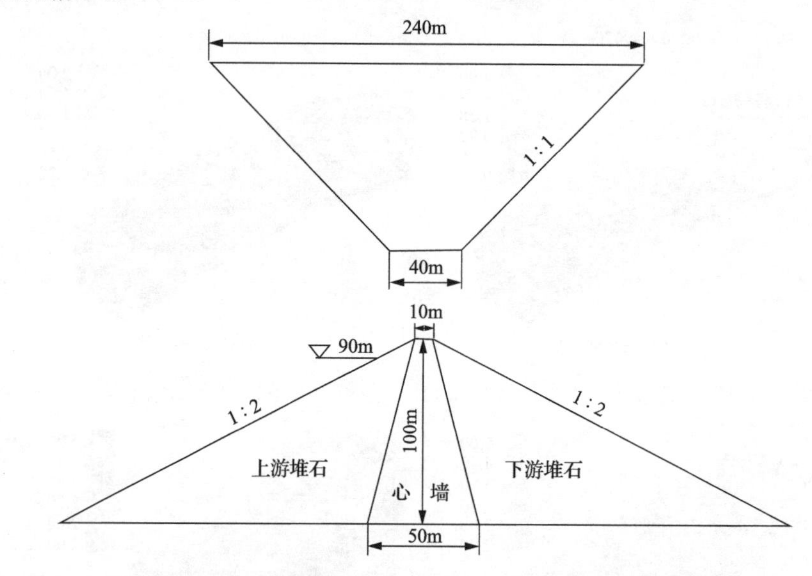

图 5.28　典型心墙坝几何尺寸和材料分布

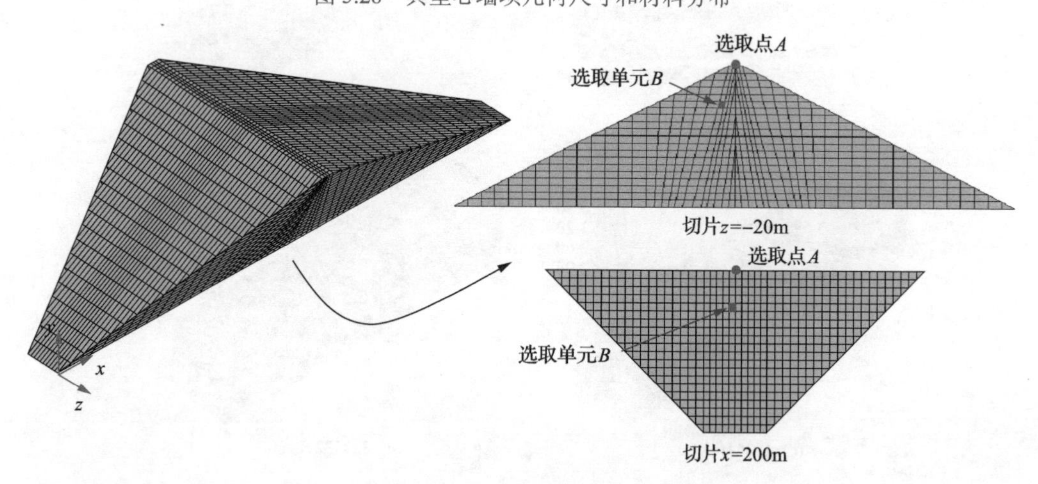

图 5.29　网格离散信息

采用 20 个计算荷载步模拟大坝施工填筑过程，填筑完成后，共分 20 个荷载步蓄水至水位 90m。

2. 材料参数

坝体采用堆石料广义塑性模型(Liu and Zou, 2013; Zou et al., 2017)，表 5.9 和表 5.10

给出了模型参数。

表 5.9 心墙料广义塑性模型参数

G_0	K_0	M_g	M_f	α_f	α_g	H_0	H_{U0}	m_s
800	900	1.12	1.12	0.45	0.45	1800	3000	0.5
m_v	m_l	m_u	r_d	γ_{DM}	γ_u	β_0	β_1	
0.5	0.2	0.5	100	50	4	10	0.008	

表 5.10 堆石料广义塑性模型参数(心墙坝)

G_0	K_0	M_g	M_f	α_f	α_g	H_0	H_{U0}	m_s
1000	1400	1.8	1.38	0.45	0.4	800	1200	0.5
m_v	m_l	m_u	r_d	γ_{DM}	γ_u	β_0	β_1	
0.5	0.2	0.2	180	50	4	35	0.022	

3. 地震波输入

采用三向地震波输入，其加速度时程曲线如图 5.30 所示，顺河向、竖向和坝轴向的基岩峰值加速度分别为 0.294g、0.196g、0.294g，计算时间步长为 0.02s，共计算 1000 步。

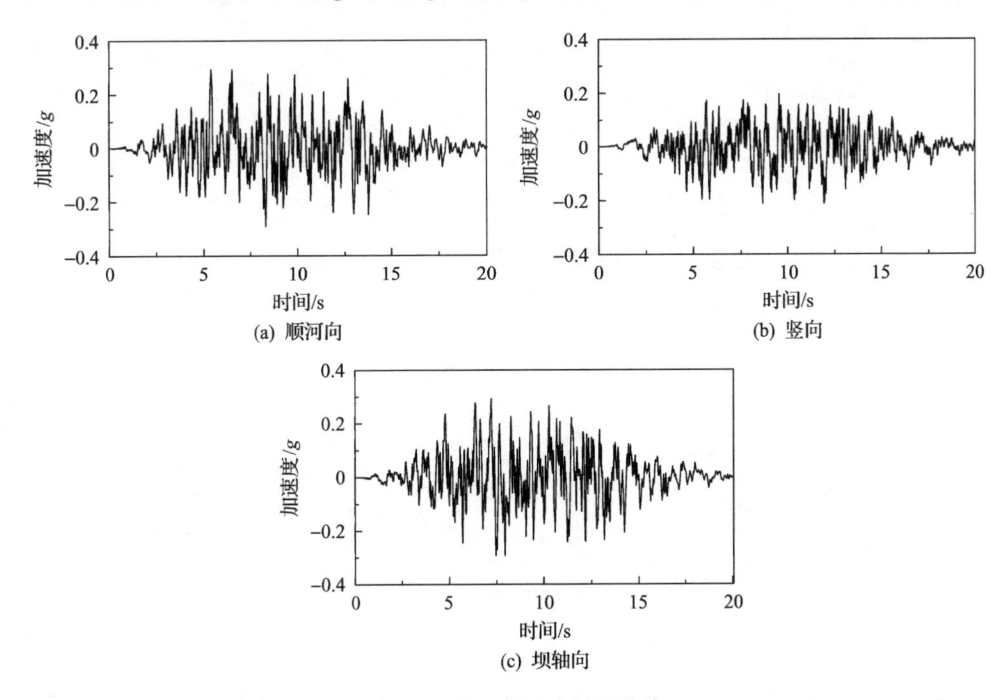

图 5.30 输入加速度时程曲线

4. 结果与讨论

图 5.31 和图 5.32 给出了心墙坝满蓄期最大断面的位移和应力分布规律。可以看出，满蓄期坝体顺河向(x 方向)最大位移较小，竖向最大位移为 0.5m，发生在约 1/2 坝高附

近。最大主应力位于坝底，为 1.4MPa；最小主应力位于坝底附近，为 1.0MPa。

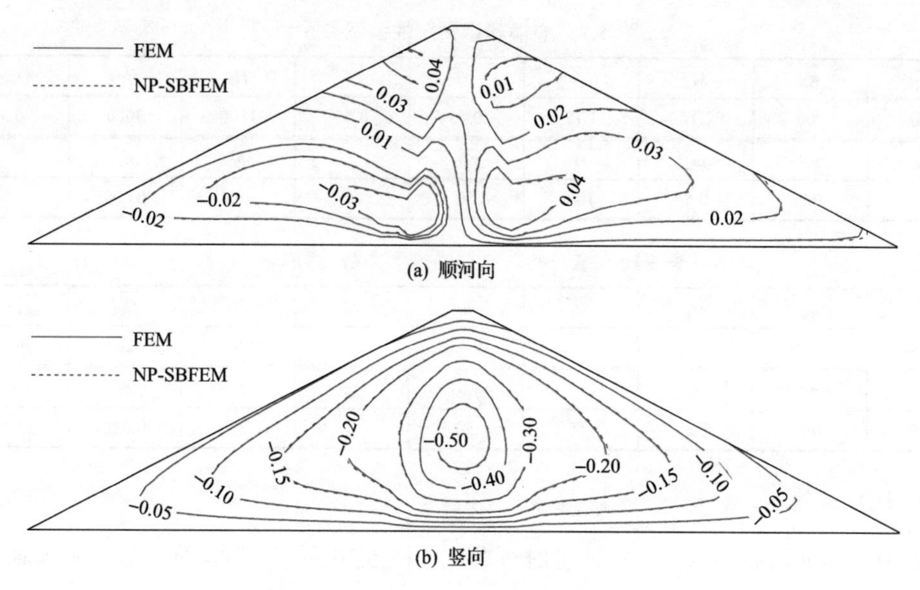

(a) 顺河向

(b) 竖向

图 5.31　满蓄期最大截面位移分布(单位：m)

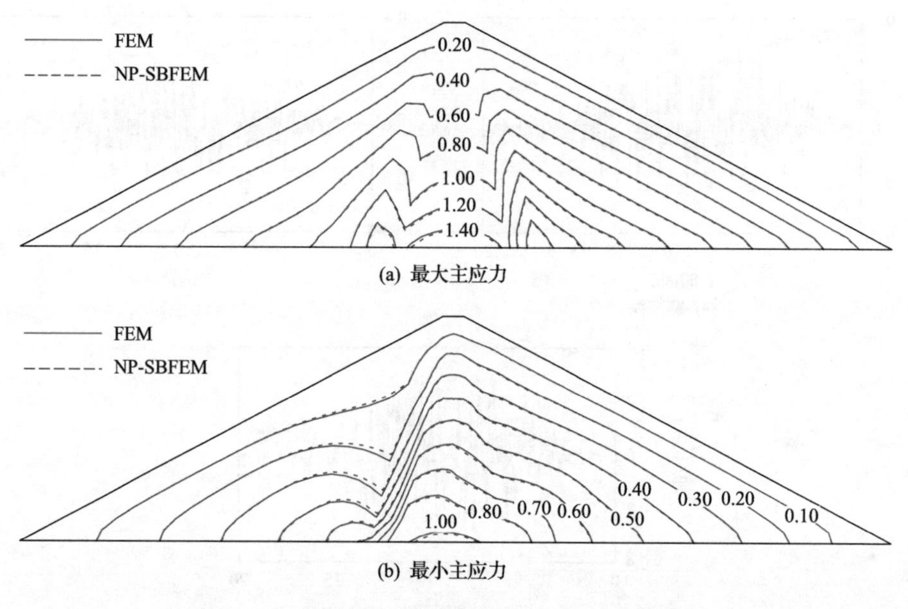

(a) 最大主应力

(b) 最小主应力

图 5.32　满蓄期最大截面主应力分布(单位：MPa)

地震过程中，代表单元 B 和代表点 A 的应力、位移时程曲线变化趋势保持一致(图 5.33 和图 5.34)。

图 5.35 给出了震后最大截面的位移分布。可以看出，心墙震后顺河向最大位移为 0.20m(向上游)和 0.19m(向下游)；竖向最大位移为 0.54m，位于坝体顶部。震后的坝体边界与原始边界绘制于图 5.36。

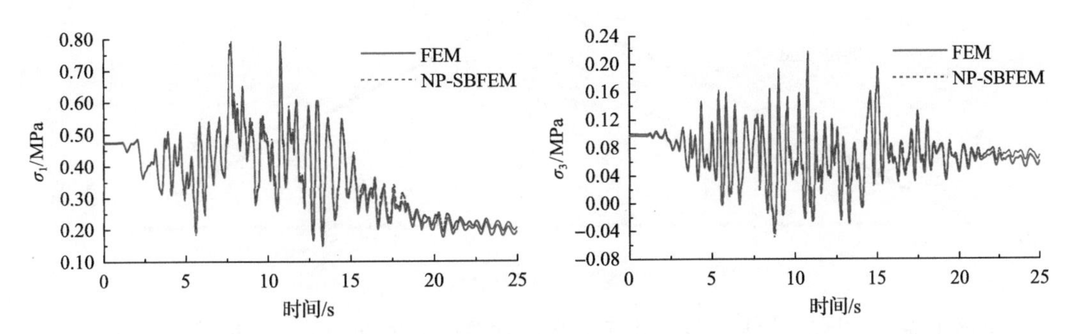

图 5.33 地震中代表单元 *B* 的主应力时程

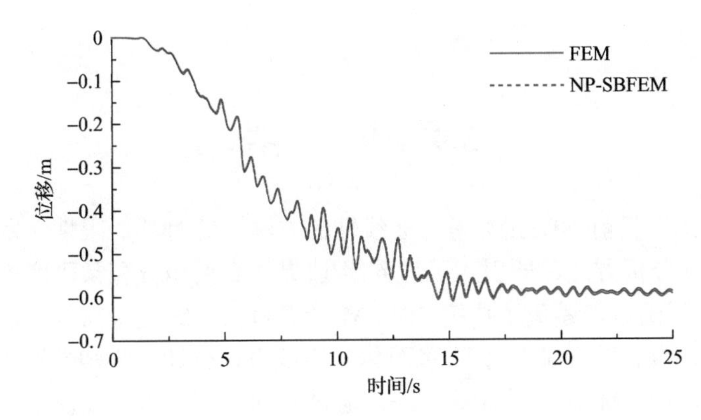

图 5.34 地震中代表点 *A* 的竖向位移时程

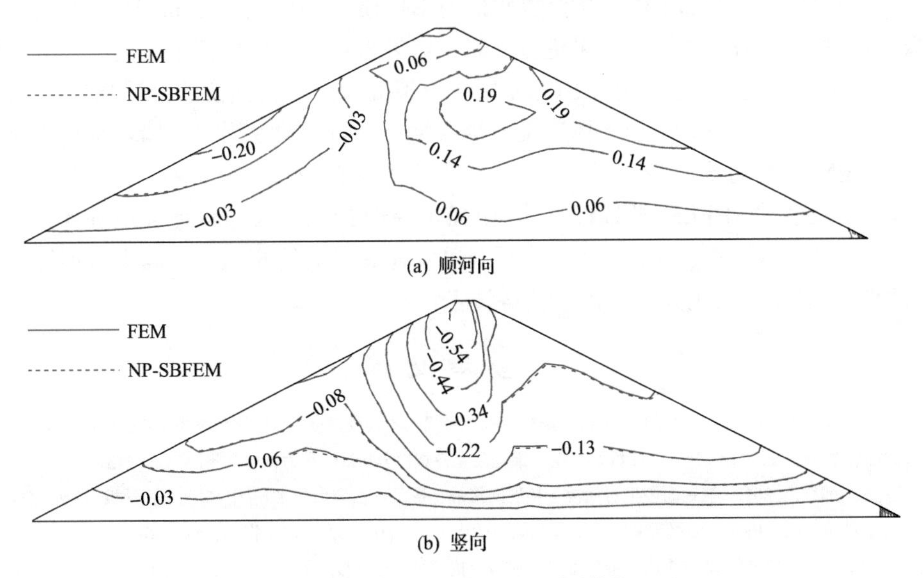

图 5.35 震后最大截面位移分布(单位：m)

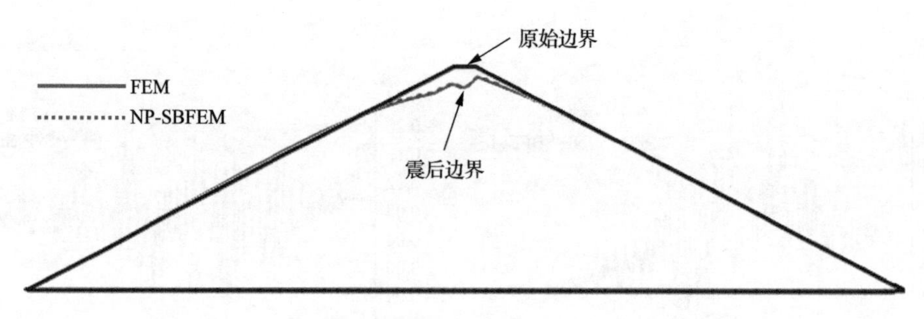

图 5.36　震后最大截面的变形图(放大 10 倍)

总体来说，发展的非线性多面体 SBFEM 计算的心墙坝静动力响应符合同类工程规律，且与三维 FEM 计算结果吻合良好，证明了发展方法用于岩土材料弹塑性静动力分析的合理性。

5.9　小　　结

本章首先介绍了目前 SBFEM 考虑非线性的方法，针对其局限性，发展了一种高效的 SBFEM 非线性分析方法，即引入了边界线/边界面高斯积分和常刚度矩阵的弹性解计算多边形/多面体形函数，避免了传统 SBFEM 考虑材料非线性时需频繁进行特征值分解导致的效率低下问题，发展了多边形/多面体分块域内积分计算弹塑性矩阵和应力，构造了高效和实用的 SBFEM 非线性计算方法。通过不同算例分析，验证了该方法的精度，主要结论如下：

(1)采用非线性 SBFEM 和混凝土塑性损伤本构模型，模拟了 Koyna 大坝的震害过程，并与振动台试验及 XFEM 模拟结果进行比较。结果表明，坝体损伤扩展过程及分布区域均与文献结果吻合良好，验证了 SBFEM 用于模拟混凝土材料损伤的合理性。

(2)采用非线性 SBFEM 和土体广义塑性模型，开展了面板坝和心墙坝静动力响应分析，并与 FEM 进行对比，验证了 SBFEM 用于岩土材料弹塑性分析的可靠性。

(3)本章发展的 SBFEM 非线性算法，使 SBFEM 可与 FEM 一样便捷地进行弹塑性分析，克服了 SBFEM 以往局限于弹性分析难以发挥其优势的瓶颈，为高土石坝等复杂土工构筑物的非线性精细化分析提供了关键技术。

参 考 文 献

郝明辉, 陈厚群, 张艳红. 2011. 基于材料非线性的坝体-地基体系损伤本构模型研究[J]. 水力发电学报, 30(6): 30-33, 116.

孔宪京, 邹德高, 徐斌, 等. 2013. 紫坪铺面板堆石坝三维有限元弹塑性分析[J]. 水力发电学报, 32(2): 213-222.

刘京茂, 孔宪京, 邹德高. 2015. 接触面模型对面板与垫层间接触变形及面板应力的影响[J]. 岩土工程学报, 37(4): 700-710.

王娜丽, 钟红, 林皋. 2012. FRP 在混凝土重力坝抗震加固中的应用研究[J]. 水力发电学报, 31(6): 186-191.

王旭东, 张立翔, 朱兴文. 2019. 地震作用下混凝土重力坝极限抗震能力分析[J]. 水力发电, 45(1): 23-27.

王勖成. 2002. 有限单元法[M]. 北京: 清华大学出版社.

徐强, 刘博, 陈健云, 等. 2020. 基于加权最小二乘的结构模态参数与损伤识别[J]. 水利学报, 51(1): 23-32.

Barber J R. 2010. Elasticity[M]. 3rd ed. Dordrecht: Springer.

Calayir Y, Karaton M. 2005. A continuum damage concrete model for earthquake analysis of concrete gravity dam-reservoir systems[J]. Soil Dynamics and Earthquake Engineering, 25(11): 857-869.

Chopra A K, Chakrabarti P. 1973. The Koyna earthquake and the damage to Koyna dam[J]. Bulletin of the Seismological Society of America, 63(2): 381-397.

Floater M S. 2015. Generalized barycentric coordinates and applications[J]. Acta Numerica, 24: 161-214.

Lee J, Fenves G L.1998. A plastic-damage concrete model for earthquake analysis of dams[J]. Earthquake Engineering & Structural Dynamics, 27(9): 937-956.

Liu H B, Zou D G. 2013. Associated generalized plasticity framework for modeling gravelly soils considering particle breakage[J]. Journal of Engineering Mechanics, 139(5): 606-615.

Ooi E T, Song C M, Tin-Loi F. 2014. A scaled boundary polygon formulation for elasto-plastic analyses[J]. Computer Methods in Applied Mechanics and Engineering, 268: 905-937.

Pastor M, Zienkiewicz O C, Chan A H C. 1990. Generalized plasticity and the modelling of soil behaviour[J]. International Journal for Numerical and Analytical Methods in Geomechanics, 14(3): 151-190.

Sukumar N, Tabarraei A. 2004. Conforming polygonal finite elements[J]. International Journal for Numerical Methods in Engineering, 61(12): 2045-2066.

Wang C, Zhang S R, Sun B, et al. 2014. Methodology for estimating probability of dynamical system's failure for concrete gravity dam[J]. Journal of Central South University, 21(2): 775-789.

Wolf J P. 2003. The Scaled Boundary Finite Element Method[M]. Hoboken: John Wiley & Sons Ltd.

Xu B, Zou D G, Kong X J, et al. 2015. Dynamic damage evaluation on the slabs of the concrete faced rockfill dam with the plastic-damage model[J]. Computers and Geotechnics, 65: 258-265.

Xu H, Zou D G, Kong X J, et al. 2017. Error study of Westergaard's approximation in seismic analysis of high concrete-faced rockfill dams based on SBFEM[J]. Soil Dynamics and Earthquake Engineering, 94: 88-91.

Zhang S R, Wang G H, Yu X R. 2013. Seismic cracking analysis of concrete gravity dams with initial cracks using the extended finite element method[J]. Engineering Structures, 56: 528-543.

Zienkiewicz O C, Chan A H C, Pastor M, et al.1999. Computational Geomechanics[M]. Chichester: Wiley.

Zou D G, Xu B, Kong X J, et al. 2013. Numerical simulation of the seismic response of the Zipingpu concrete face rockfill dam during the Wenchuan earthquake based on a generalized plasticity model[J]. Computers and Geotechnics, 49: 111-122.

Zou D G, Chen K, Kong X J, et al. 2017. An enhanced octree polyhedral scaled boundary finite element method and its applications in structure analysis[J]. Engineering Analysis with Boundary Elements, 84: 87-107.

第 6 章

饱和多孔介质比例边界有限元方法

6.1 引　　言

高土石坝等土工构筑物广泛存在饱和多孔介质问题，如深厚覆盖层地基的液化问题等。饱和多孔介质动力学分析的理论框架首先由 Biot 提出(Biot, 1956)，目前主要采用 *u-p* 形式控制方程的有限元方法。为了能充分利用 SBFEM 精细化分析的优势，本章基于 SBFEM 理论和 Biot 动力固结理论，联合弹性问题和渗流问题的半解析特征值求解，构造流-固两相介质位移和孔压相互独立的插值模式，发展饱和多孔介质 SBFEM 动力分析方法，并通过数值算例验证了发展方法的精度。

6.2 饱和多孔介质 SBFEM 构造

不同于单相介质单元，饱和多孔介质单元的节点处不仅具有位移自由度(u_x 和 u_y)，还需引入孔压自由度(用 p 表示)。图 6.1 给出了典型饱和多孔介质多边形单元示意说明。其中，单元位移插值函数的计算方法已在第 3 章和第 5 章进行了详细说明，这里不再赘述。本章主要介绍孔压插值函数构造及引入孔压自由度后相关方程的推导和求解。

本章通过对稳态渗流问题推导，获得孔压插值函数。稳态渗流的控制方程为拉普拉斯方程，将孔压作为变量代入，可得到

$$\frac{\partial}{\partial x_i} k_i \frac{\partial p}{\partial x_i} = 0 \tag{6.1}$$

根据 SBFEM 理论，在多边形环向边界线单元与比例中心连线构成的扇形域内，任意点的孔压值可在比例边界局部坐标系下求解，即

$$p(\xi, s) = \boldsymbol{N}_p(s)\boldsymbol{p}(\xi) \tag{6.2}$$

式中，$\boldsymbol{N}_p(s)$ 为环向边界单元的孔压形函数；$\boldsymbol{p}(\xi)$ 为假定的、唯一可解的径向孔压形函数，可通过稳态渗流问题的控制方程求解。

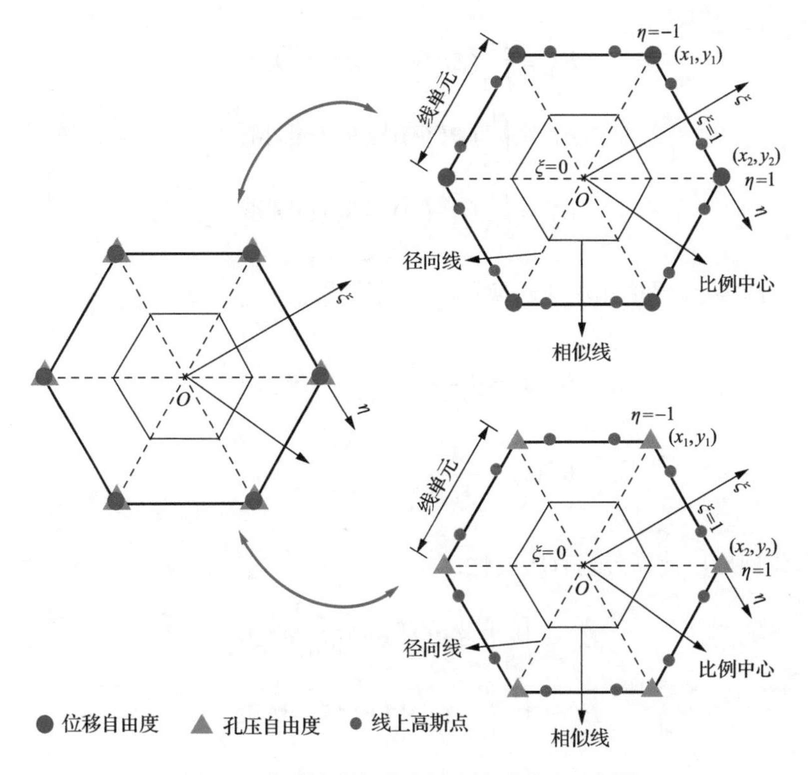

图 6.1　典型饱和多孔介质多边形单元示意图

$$\boldsymbol{N}_p(s)=\begin{bmatrix}N_1(s) & N_2(s) & \cdots & N_m(s)\end{bmatrix} \tag{6.3}$$

同理，三维多面体单元任意点的孔压可通过式(6.4)求解，其中 $\boldsymbol{N}_p(\xi_1,\xi_2)$ 为环向边界面孔压形函数，通过第 4 章介绍的多边形平均值插值函数求解。

$$p(\xi,\xi_1,\xi_2)=\boldsymbol{N}_p(\xi_1,\xi_2)\boldsymbol{p}(\xi) \tag{6.4}$$

$$\boldsymbol{N}_p(\xi_1,\xi_2)=\begin{bmatrix}N_1(\xi_1,\xi_2) & N_2(\xi_1,\xi_2) & \cdots & N_N(\xi_1,\xi_2)\end{bmatrix} \tag{6.5}$$

基于 SBFEM 理论框架，Bazyar 和 Graili(2012)推导了渗流问题的控制方程，表达式为

$$\boldsymbol{E}_0^p\xi^2\boldsymbol{p}(\xi)_{,\xi\xi}+\left[(s-1)\boldsymbol{E}_0^p-\boldsymbol{E}_1^p+(\boldsymbol{E}_1^p)^{\mathrm{T}}\right]\xi\boldsymbol{p}(\xi)_{,\xi}-(s-2)(\boldsymbol{E}_1^p)^{\mathrm{T}}-\boldsymbol{E}_2^p\boldsymbol{p}(\xi)+\boldsymbol{f}(\xi)=0 \tag{6.6}$$

该方程为关于径向坐标 ξ 的二阶非齐次常微分方程，其中 s=2 或 3 表示计算域的空间维度，即二维问题和三维问题。$\boldsymbol{E}_0^p$、$\boldsymbol{E}_1^p$ 和 $\boldsymbol{E}_2^p$ 为只与材料渗透系数和单元形状有关的系数矩阵，计算式为式(6.7)，可按环向边界线顺序，依次进行数值积分计算，然后根据自由度分片组装集成获得；$\boldsymbol{f}(\xi)$ 为边界节点流量向量。

$$\begin{aligned}
\boldsymbol{E}_0^p &= \int_{-1}^{1} (\boldsymbol{B}_1^p(s))^{\mathrm{T}} \boldsymbol{k} \boldsymbol{B}_1^p(s) |\boldsymbol{J}| \mathrm{d}s \\
\boldsymbol{E}_1^p &= \int_{-1}^{1} (\boldsymbol{B}_2^p(s))^{\mathrm{T}} \boldsymbol{k} \boldsymbol{B}_1^p(s) |\boldsymbol{J}| \mathrm{d}s \\
\boldsymbol{E}_2^p &= \int_{-1}^{1} (\boldsymbol{B}_2^p(s))^{\mathrm{T}} \boldsymbol{k} \boldsymbol{B}_2^p(s) |\boldsymbol{J}| \mathrm{d}s
\end{aligned} \tag{6.7}$$

式中，$\boldsymbol{B}_1^p$ 和 $\boldsymbol{B}_2^p$ 为边界单元流速转换矩阵，表达式为

$$\begin{aligned}
\boldsymbol{B}_1^p(s) &= \frac{1}{|\boldsymbol{J}(s)|} \begin{Bmatrix} y(s)_{,s} \\ -x(s)_{,s} \end{Bmatrix} \boldsymbol{N}_p(s) \\
\boldsymbol{B}_2^p(s) &= \frac{1}{|\boldsymbol{J}(s)|} \begin{Bmatrix} -y(s) \\ x(s) \end{Bmatrix} \boldsymbol{N}_p(s)_{,s}
\end{aligned} \tag{6.8}$$

对于三维问题，计算公式有所变化：

$$\begin{aligned}
\boldsymbol{E}_0^p &= \int_{-1}^{1}\int_{-1}^{1} (\boldsymbol{B}_1^p)^{\mathrm{T}} \boldsymbol{k} \boldsymbol{B}_1^p |\boldsymbol{J}_m| \mathrm{d}\xi_1 \mathrm{d}\xi_2 \\
\boldsymbol{E}_1^p &= \int_{-1}^{1}\int_{-1}^{1} (\boldsymbol{B}_2^p)^{\mathrm{T}} \boldsymbol{k} \boldsymbol{B}_1^p |\boldsymbol{J}_m| \mathrm{d}\xi_1 \mathrm{d}\xi_2 \\
\boldsymbol{E}_2^p &= \int_{-1}^{1}\int_{-1}^{1} (\boldsymbol{B}_2^p)^{\mathrm{T}} \boldsymbol{k} \boldsymbol{B}_2^p |\boldsymbol{J}_m| \mathrm{d}\xi_1 \mathrm{d}\xi_2
\end{aligned} \tag{6.9a}$$

式中

$$\boldsymbol{B}_1^p(\xi_1,\xi_2) = \boldsymbol{b}_1(\xi_1,\xi_2) \boldsymbol{\mathcal{N}}^p(\xi_1,\xi_2) \tag{6.9b}$$

$$\boldsymbol{B}_2^p(\xi_1,\xi_2) = \boldsymbol{b}_2(\xi_1,\xi_2) \boldsymbol{\mathcal{N}}^p(\xi_1,\xi_2)_{,\xi_1} + \boldsymbol{b}_3(\xi_1,\xi_2) \boldsymbol{\mathcal{N}}^p(\xi_1,\xi_2)_{,\xi_2} \tag{6.9c}$$

其中，$\boldsymbol{b}_i(\xi_1,\xi_2)$ (i=1,2,3) 计算式参见式(4.15)。

若 $\boldsymbol{f}(\xi)=0$，并引入矩阵变量 $\boldsymbol{X}_p(\xi)$

$$\boldsymbol{X}_p(\xi) = \begin{bmatrix} \xi^{0.5(s-2)} \boldsymbol{p}(\xi) \\ \xi^{-0.5(s-2)} \boldsymbol{Q}(\xi) \end{bmatrix} \tag{6.10}$$

则可将式(6.6)中的二阶非齐次微分方程转换为一阶齐次常微分方程：

$$\xi \boldsymbol{X}_p(\xi)_{,\xi} = -\boldsymbol{Z}_p \boldsymbol{X}_p(\xi) \tag{6.11}$$

式中，$\boldsymbol{Q}(\xi)$ 为 $\boldsymbol{p}(\xi)$ 相对应的内部节点流量向量；$\boldsymbol{Z}_p$ 为 Hamilton 矩阵，表达式为

$$\boldsymbol{Z}_p = \begin{bmatrix} (\boldsymbol{E}_0^p)^{-1}(\boldsymbol{E}_1^p)^{\mathrm{T}} - (s-2)\boldsymbol{I} & -(\boldsymbol{E}_0^p)^{-1} \\ \boldsymbol{E}_1^p(\boldsymbol{E}_0^p)^{-1}(\boldsymbol{E}_1^p)^{\mathrm{T}} - \boldsymbol{E}_2^p & -\left[\boldsymbol{E}_1^p(\boldsymbol{E}_0^p)^{-1} - (s-2)\boldsymbol{I}\right] \end{bmatrix} \tag{6.12}$$

采用特征值分解方法，对 $\boldsymbol{Z}_p$ 矩阵执行特征值分解操作，则对多边形单元可获得如下数学关系：

$$\boldsymbol{Z}_p \begin{bmatrix} \boldsymbol{\Psi}_p \\ \boldsymbol{\Psi}_Q \end{bmatrix} = \begin{bmatrix} \boldsymbol{\Psi}_p \\ \boldsymbol{\Psi}_Q \end{bmatrix} \boldsymbol{S}_n^p \tag{6.13}$$

式中，$\boldsymbol{S}_n^p$ 为对角矩阵，其元素为特征值分解所得的负特征值实部；$\boldsymbol{\Psi}_p$ 和 $\boldsymbol{\Psi}_Q$ 分别为孔压和流量模态对应的转换矩阵。根据数理方程推导，对多边形单元，方程(6.6)的解为

$$\begin{aligned} \boldsymbol{p}(\xi) &= \boldsymbol{\Psi}_p \xi^{-\boldsymbol{S}_n^p + 0.5(s-2)\boldsymbol{I}} \boldsymbol{c}_n^p \\ \boldsymbol{Q}(\xi) &= \boldsymbol{\Psi}_Q \xi^{-\boldsymbol{S}_n^p - 0.5(s-2)\boldsymbol{I}} \boldsymbol{c}_n^p \end{aligned} \tag{6.14}$$

式中，积分常数 $\boldsymbol{c}_n^p$ 可通过环向边界($\xi=1$)节点处的孔压 $\boldsymbol{p}_b$ 求得，即

$$\boldsymbol{c}_n^p = \boldsymbol{\Psi}_p^{-1} \boldsymbol{p}_b \tag{6.15}$$

将式(6.15)代入式(6.14)，可获得径向孔压形函数 $\boldsymbol{p}(\xi)$ 和内部节点流量 $\boldsymbol{Q}(\xi)$ 的表达式，即

$$\begin{aligned} \boldsymbol{p}(\xi) &= \boldsymbol{\Psi}_p \xi^{-\boldsymbol{S}_n^p + 0.5(s-2)\boldsymbol{I}} \boldsymbol{\Psi}_p^{-1} \boldsymbol{p}_b \\ \boldsymbol{Q}(\xi) &= \boldsymbol{\Psi}_Q \xi^{-\boldsymbol{S}_n^p - 0.5(s-2)\boldsymbol{I}} \boldsymbol{\Psi}_p^{-1} \boldsymbol{p}_b \end{aligned} \tag{6.16}$$

将式(6.16)代入式(6.2)便可计算出多边形单元域内任意点的孔压值，即

$$p(\xi,s) = \boldsymbol{N}_p(s) \boldsymbol{\Psi}_p \xi^{-\boldsymbol{S}_n^p} \boldsymbol{\Psi}_p^{-1} \boldsymbol{p}_b \tag{6.17}$$

取式(6.17)右端项 $\boldsymbol{p}_b$ 的矩阵乘积系数，记为

$$\boldsymbol{\Phi}_p(\xi,s) = \boldsymbol{N}_p(s) \boldsymbol{\Psi}_p \xi^{-\boldsymbol{S}_n^p} \boldsymbol{\Psi}_p^{-1} \tag{6.18}$$

则 $\boldsymbol{\Phi}_p(\xi,s)$ 称为多边形 SBFEM 的孔压形函数。同理，可获得多面体单元孔压形函数，即

$$p(\xi,\xi_1,\xi_2) = \boldsymbol{N}_p(\xi_1,\xi_2) \boldsymbol{\Psi}_p \xi^{-\boldsymbol{S}_n^p - 0.5\boldsymbol{I}} \boldsymbol{\Psi}_p^{-1} \boldsymbol{p}_b \tag{6.19a}$$

$$\boldsymbol{\Phi}_p(\xi,\xi_1,\xi_2) = \boldsymbol{N}_p(\xi_1,\xi_2) \boldsymbol{\Psi}_p \xi^{-\boldsymbol{S}_n^p - 0.5\boldsymbol{I}} \boldsymbol{\Psi}_p^{-1} \tag{6.19b}$$

SBFEM 理论中，Wolf(2003)给出了单元应变表达式，见式(6.20)和式(6.21)

$$\boldsymbol{\varepsilon}(\xi,s) = \boldsymbol{B}_1(s) \boldsymbol{u}(\xi)_{,\xi} + \frac{1}{\xi} \boldsymbol{B}_2(s) \boldsymbol{u}(\xi) \tag{6.20}$$

$$\boldsymbol{\varepsilon}(\xi,s) = (-\boldsymbol{B}_1(s) \boldsymbol{\Psi}_u \boldsymbol{S}_n + \boldsymbol{B}_2(s) \boldsymbol{\Psi}_u) \xi^{-\boldsymbol{S}_n - \boldsymbol{I}} \boldsymbol{\Psi}_u^{-1} \boldsymbol{u}_b \tag{6.21}$$

从中可导出应变位移转换矩阵 $\boldsymbol{B}_u(\xi,s)$：

$$\boldsymbol{B}_u(\xi,s)=(-\boldsymbol{B}_1(s)\boldsymbol{\Psi}_u\boldsymbol{S}_n+\boldsymbol{B}_2(s)\boldsymbol{\Psi}_u)\xi^{-\boldsymbol{S}_n-\boldsymbol{I}}\boldsymbol{\Psi}_u^{-1} \tag{6.22}$$

式中，$\boldsymbol{B}_1(s)$ 和 $\boldsymbol{B}_2(s)$ 为边界线单元的应变位移转换矩阵，表达式为

$$\boldsymbol{B}_1(s)=\frac{1}{|\boldsymbol{J}(s)|}\begin{bmatrix} y(s)_{,s} & 0 \\ 0 & -x(s)_{,s} \\ -x(s)_{,s} & y(s)_{,s} \end{bmatrix}\boldsymbol{N}_u(s) \tag{6.23}$$

$$\boldsymbol{B}_2(s)=\frac{1}{|\boldsymbol{J}(s)|}\begin{bmatrix} -y(s) & 0 \\ 0 & x(s) \\ x(s) & -y(s) \end{bmatrix}\boldsymbol{N}_u(s)_{,s} \tag{6.24}$$

对于三维问题，相应的表达式为

$$\boldsymbol{\varepsilon}(\xi,\xi_1,\xi_2)=\left[-\boldsymbol{B}_1(\xi_1,\xi_2)\boldsymbol{\Psi}_u(\boldsymbol{S}_n+0.5\boldsymbol{I})+\boldsymbol{B}_2(\xi_1,\xi_2)\boldsymbol{\Psi}_u\right]\xi^{-\boldsymbol{S}_n-1.5\boldsymbol{I}}\boldsymbol{\Psi}_u^{-1}\boldsymbol{u}_b \tag{6.25a}$$

$$\boldsymbol{B}_u(\xi,\xi_1,\xi_2)=\left[-\boldsymbol{B}_1(\xi_1,\xi_2)\boldsymbol{\Psi}_u(\boldsymbol{S}_n+0.5\boldsymbol{I})+\boldsymbol{B}_2(\xi_1,\xi_2)\boldsymbol{\Psi}_u\right]\xi^{-\boldsymbol{S}_n-1.5\boldsymbol{I}}\boldsymbol{\Psi}_u^{-1} \tag{6.25b}$$

$$\boldsymbol{B}_1(\xi_1,\xi_2)=\boldsymbol{b}_1(\xi_1,\xi_2)\boldsymbol{N}_u(\xi_1,\xi_2) \tag{6.25c}$$

$$\boldsymbol{B}_2(\xi_1,\xi_2)=\boldsymbol{b}_2(\xi_1,\xi_2)\boldsymbol{N}_u(\xi_1,\xi_2)_{,\xi_1}+\boldsymbol{b}_3(\xi_1,\xi_2)\boldsymbol{N}_u(\xi_1,\xi_2)_{,\xi_2} \tag{6.25d}$$

同理，根据 SBFEM 理论，可导出多边形单元孔压梯度计算式(6.26)

$$\boldsymbol{p}(\xi,s)=\boldsymbol{B}_1^p(s)\boldsymbol{p}(\xi)_{,\xi}+\frac{1}{\xi}\boldsymbol{B}_2^p(s)\boldsymbol{p}(\xi) \tag{6.26}$$

将径向孔压形函数 $\boldsymbol{p}(\xi)$ 代入，可推导出单元孔压梯度和节点孔压的关系：

$$\boldsymbol{p}(\xi,s)=(-\boldsymbol{B}_1^p(s)\boldsymbol{\Psi}_p\boldsymbol{S}_n^p+\boldsymbol{B}_2^p(s)\boldsymbol{\Psi}_p)\xi^{-\boldsymbol{S}_n^p-\boldsymbol{I}}\boldsymbol{\Psi}_p^{-1}\boldsymbol{p}_b \tag{6.27}$$

从中可导出二者转换矩阵 $\boldsymbol{B}_p(\xi,s)$：

$$\boldsymbol{B}_p(\xi,s)=(-\boldsymbol{B}_1^p(s)\boldsymbol{\Psi}_p\boldsymbol{S}_n^p+\boldsymbol{B}_2^p(s)\boldsymbol{\Psi}_p)\xi^{-\boldsymbol{S}_n^p-\boldsymbol{I}}\boldsymbol{\Psi}_p^{-1} \tag{6.28}$$

多面体单元中，孔压梯度与节点孔压的关系为

$$\nabla p(\xi,\xi_1,\xi_2)=\left[-\boldsymbol{B}_1^p(\xi_1,\xi_2)\boldsymbol{\Psi}_p(\boldsymbol{S}_n^p+0.5\boldsymbol{I})+\boldsymbol{B}_2^p(\xi_1,\xi_2)\boldsymbol{\Psi}_p\right]\xi^{-\boldsymbol{S}_n^p-1.5\boldsymbol{I}}\boldsymbol{\Psi}_p^{-1}\boldsymbol{p}_b \tag{6.29a}$$

$$\boldsymbol{B}_p(\xi,\xi_1,\xi_2)=\left[-\boldsymbol{B}_1^p(\xi_1,\xi_2)\boldsymbol{\Psi}_p(\boldsymbol{S}_n^p+0.5\boldsymbol{I})+\boldsymbol{B}_2^p(\eta)\boldsymbol{\Psi}_p\right]\xi^{-\boldsymbol{S}_n^p-1.5\boldsymbol{I}}\boldsymbol{\Psi}_p^{-1} \tag{6.29b}$$

$$\boldsymbol{B}_1^p(\xi_1,\xi_2)=\boldsymbol{b}_1^p\boldsymbol{N}_p(\xi_1,\xi_2) \tag{6.29c}$$

$$\boldsymbol{B}_2^p(\xi_1,\xi_2)=\boldsymbol{b}_2^p\boldsymbol{N}_p(\xi_1,\xi_2)_{,\xi_1}+\boldsymbol{b}_3^p\boldsymbol{N}_p(\xi_1,\xi_2)_{,\xi_2} \tag{6.29d}$$

6.3 饱和土动力固结多边形 SBFEM 方程

6.3.1 基于 Biot 动力固结理论的流-固耦合控制方程

Biot 动力固结理论是研究饱和多孔介质动力特性的有效方法(Biot，1956)，自提出以来，受到研究者的广泛关注和应用，其基本假定为：

(1)介质为固体(土骨架)、流体(水)的混合多孔介质。

(2)考虑流体和固体的压缩性。

(3)流体渗流服从广义 Darcy 定律。

(4)土体应力方向与弹性力学一致，以受拉为正，流体孔隙压力以受压为正。

此后，Zienkiewicz 等(1999)基于该理论，推导了多种不同形式的流-固耦合控制方程，包括 *u-U*(耦合位移-位移)、*u-U-w*(耦合位移-位移-相对位移)和 *u-p*(耦合位移-孔压)等。与其他形式相比，*u-p* 方程中未知变量最少，且地震等非高频荷载下具有足够的求解精度，因此本章采用该耦合形式进行求解，下面简要介绍相关方程和变量的求解过程。

饱和土的有效应力原理可表示为

$$\begin{aligned}\boldsymbol{\sigma}'&=\boldsymbol{\sigma}+\alpha\boldsymbol{m}p\\ \boldsymbol{m}&=\begin{bmatrix}1&1&0\end{bmatrix}^{\mathrm{T}}\end{aligned} \tag{6.30}$$

式中，$\boldsymbol{\sigma}'$ 为单元有效应力；$\boldsymbol{\sigma}$ 为单元总应力；p 为孔压；对于土体材料，系统 α 可取 1.0。

三维问题的 $\boldsymbol{m}$ 矩阵为

$$\boldsymbol{m}=\begin{bmatrix}1&1&1&0&0&0\end{bmatrix}^{\mathrm{T}} \tag{6.31}$$

土体的动力平衡方程为

$$\boldsymbol{L}^{\mathrm{T}}(\boldsymbol{\sigma}'-\boldsymbol{m}p)-\rho\ddot{\boldsymbol{u}}+\rho\boldsymbol{b}=0 \tag{6.32}$$

式中，ρ 为土体饱和密度；$\boldsymbol{b}$ 为体积荷载向量；$\ddot{\boldsymbol{u}}$ 为土骨架的加速度；$\boldsymbol{L}$ 为偏微分算子，表达式为

$$\boldsymbol{L}=\begin{bmatrix}\dfrac{\partial}{\partial x}&0&\dfrac{\partial}{\partial y}\\ 0&\dfrac{\partial}{\partial y}&\dfrac{\partial}{\partial x}\end{bmatrix}^{\mathrm{T}} \tag{6.33}$$

三维问题的偏微分矩阵为

$$
\boldsymbol{L}=\begin{bmatrix}
\frac{\partial}{\partial x} & & \\
 & \frac{\partial}{\partial y} & \\
 & & \frac{\partial}{\partial z} \\
 & \frac{\partial}{\partial z} & \frac{\partial}{\partial y} \\
\frac{\partial}{\partial z} & & \frac{\partial}{\partial x} \\
\frac{\partial}{\partial y} & \frac{\partial}{\partial x} &
\end{bmatrix} \tag{6.34}
$$

流体的平衡方程为

$$
-\nabla p-\boldsymbol{R}-\rho_{\mathrm{f}}\ddot{\boldsymbol{u}}+\rho_{\mathrm{f}}\boldsymbol{b}=0 \tag{6.35}
$$

式中，$\boldsymbol{R}$ 为流体对土骨架的渗透力；ρ_{f} 为流体密度；∇ 为梯度算子，可表示为

$$
\nabla=\begin{bmatrix}\frac{\partial}{\partial x} & \frac{\partial}{\partial y}\end{bmatrix}^{\mathrm{T}} \tag{6.36}
$$

三维问题的梯度算子为

$$
\nabla=\begin{bmatrix}
\frac{\partial}{\partial x} & 0 & 0 & \frac{\partial}{\partial y} & 0 & \frac{\partial}{\partial z} \\
0 & \frac{\partial}{\partial y} & 0 & \frac{\partial}{\partial x} & \frac{\partial}{\partial z} & 0 \\
0 & 0 & \frac{\partial}{\partial z} & 0 & \frac{\partial}{\partial y} & \frac{\partial}{\partial x}
\end{bmatrix}^{\mathrm{T}} \tag{6.37}
$$

Darcy 定律为

$$
\boldsymbol{kR}=\boldsymbol{w} \tag{6.38}
$$

式中，$\boldsymbol{w}$ 为流体相对土骨架的流速；$\boldsymbol{k}$ 为渗透系数矩阵，二维和三维问题可分别表示为

$$
\boldsymbol{k}=\begin{bmatrix}k_x & 0 \\ 0 & k_y\end{bmatrix},\quad \text{二维} \tag{6.39a}
$$

$$
\boldsymbol{k}=\begin{bmatrix}k_x & 0 & 0 \\ 0 & k_y & 0 \\ 0 & 0 & k_z\end{bmatrix},\quad \text{三维} \tag{6.39b}
$$

流体的质量守恒方程可表示为

$$\nabla^{\mathrm{T}}\boldsymbol{w}+\nabla^{\mathrm{T}}\boldsymbol{u}+n\frac{\dot{p}}{Q}=0 \tag{6.40}$$

式中，n为土体的孔隙率；$\dot{p}$为孔压一阶时间导数；Q为土颗粒和流体的等效弹性模量，计算式为

$$\frac{1}{Q}=\frac{n}{K_{\mathrm{f}}}+\frac{1-n}{K_{\mathrm{s}}} \tag{6.41}$$

式中，K_{s}、K_{f}分别为土颗粒和流体的弹性模量。

将式(6.35)和式(6.38)代入流体质量守恒方程(6.40)可推导出

$$-\nabla^{\mathrm{T}}\boldsymbol{k}\nabla p-\rho_{\mathrm{f}}\nabla^{\mathrm{T}}\boldsymbol{k}\ddot{\boldsymbol{u}}+\nabla^{\mathrm{T}}\dot{\boldsymbol{u}}+n\frac{\dot{p}}{Q}=0 \tag{6.42}$$

该式与式(6.32)即称为u-p形式的饱和土动力控制方程。

6.3.2 饱和土多边形SBFEM方程系数矩阵

将多边形单元的位移和孔压形函数代入饱和土动力控制方程式(6.32)和式(6.42)，采用伽辽金加权余量法进行数学离散，并利用格林公式进行分部积分，则式(6.32)最终化为

$$\boldsymbol{M}\ddot{\boldsymbol{u}}+\boldsymbol{K}\boldsymbol{u}-\boldsymbol{Q}_{\mathrm{sf}}\boldsymbol{p}-\boldsymbol{f}^{1}=0 \tag{6.43}$$

考虑阻尼后，式(6.43)可重写为

$$\boldsymbol{M}\ddot{\boldsymbol{u}}+\boldsymbol{C}\dot{\boldsymbol{u}}+\boldsymbol{K}\boldsymbol{u}-\boldsymbol{Q}_{\mathrm{sf}}\boldsymbol{p}-\boldsymbol{f}^{1}=0 \tag{6.44}$$

式中，$\boldsymbol{u}$、$\dot{\boldsymbol{u}}$和$\ddot{\boldsymbol{u}}$分别为节点位移、速度和加速度向量；$\boldsymbol{p}$为节点孔压向量；$\boldsymbol{M}$为质量矩阵；$\boldsymbol{C}$为阻尼矩阵；$\boldsymbol{K}$为刚度矩阵；$\boldsymbol{Q}_{\mathrm{sf}}$为固-液耦合矩阵；$\boldsymbol{f}^{1}$为外荷载向量。各矩阵具体计算式为

$$\boldsymbol{M}=\iint_{\Omega}\boldsymbol{\Phi}_{u}(\xi,s)^{\mathrm{T}}\rho\boldsymbol{\Phi}_{u}(\xi,s)\mathrm{d}\Omega \tag{6.45}$$

$$\boldsymbol{K}=\iint_{\Omega}\boldsymbol{B}_{u}(\xi,s)^{\mathrm{T}}\boldsymbol{D}\boldsymbol{B}_{u}(\xi,s)\mathrm{d}\Omega \tag{6.46}$$

$$\boldsymbol{C}=\alpha\boldsymbol{M}+\beta\boldsymbol{K} \tag{6.47}$$

$$\boldsymbol{Q}_{\mathrm{sf}}=\iint_{\Omega}\boldsymbol{B}_{u}(\xi,s)\boldsymbol{m}\,\boldsymbol{\Phi}_{p}(\xi,s)^{\mathrm{T}}\mathrm{d}\Omega \tag{6.48}$$

$$\boldsymbol{f}^1 = \iint_{\Omega} \boldsymbol{\Phi}_u(\xi,s)^{\mathrm{T}} \rho \boldsymbol{b} \mathrm{d}\Omega + \iint_{\Gamma} \boldsymbol{\Phi}_u(\xi,s)^{\mathrm{T}} \boldsymbol{t} \mathrm{d}\Gamma \tag{6.49}$$

对三维问题，相关矩阵计算式为

$$\boldsymbol{M} = \iiint_{\Omega} \boldsymbol{\Phi}_u^{\mathrm{T}}(\xi,\xi_1,\xi_2) \rho \boldsymbol{\Phi}_u(\xi,\xi_1,\xi_2) \mathrm{d}\Omega \tag{6.50a}$$

$$\boldsymbol{K} = \iiint_{\Omega} \boldsymbol{B}_u^{\mathrm{T}}(\xi,\xi_1,\xi_2) \boldsymbol{D} \boldsymbol{B}_u(\xi,\xi_1,\xi_2) \mathrm{d}\Omega \tag{6.50b}$$

$$\boldsymbol{Q}_{\mathrm{sf}} = \iiint_{\Omega} \boldsymbol{B}_u^{\mathrm{T}}(\xi,\xi_1,\xi_2) \alpha \boldsymbol{m} \boldsymbol{\Phi}_p(\xi,\xi_1,\xi_2) \mathrm{d}\Omega \tag{6.50c}$$

$$\boldsymbol{f}^1 = \iiint_{\Omega} \boldsymbol{\Phi}_u^{\mathrm{T}}(\xi,\xi_1,\xi_2) \rho \boldsymbol{b} \mathrm{d}\Omega + \iint_{\Gamma_t} \boldsymbol{\Phi}_u^{\mathrm{T}}(\xi,\xi_1,\xi_2) \boldsymbol{t} \mathrm{d}\Gamma \tag{6.50d}$$

通过前述推导给出的应变位移转换矩阵$\boldsymbol{B}_u(\xi,s)$、孔压形函数$\boldsymbol{\Phi}_p(\xi,s)$和位移形函数$\boldsymbol{\Phi}_u(\xi,s)$，并采用伽辽金加权余量法和分部积分处理后，可将控制方程简化为

$$\boldsymbol{Q}_{\mathrm{fs}} \dot{\boldsymbol{u}} + \boldsymbol{S} \dot{\boldsymbol{p}} + \boldsymbol{H} \boldsymbol{p} - \boldsymbol{f}^2 = 0 \tag{6.51}$$

式中，$\boldsymbol{S}$为压缩矩阵；$\boldsymbol{H}$为渗透矩阵；$\boldsymbol{f}^2$为流体外荷载向量。各变量具体表达式为

$$\boldsymbol{H} = \iint_{\Omega} \boldsymbol{B}_p(\xi,s)^{\mathrm{T}} \boldsymbol{k} \boldsymbol{B}_p(\xi,s) \mathrm{d}\Omega \tag{6.52}$$

$$\boldsymbol{S} = \iint_{\Omega} \boldsymbol{\Phi}_p(\xi,s)^{\mathrm{T}} \frac{1}{Q} \boldsymbol{\Phi}_p(\xi,s) \mathrm{d}\Omega \tag{6.53}$$

$$\boldsymbol{Q}_{\mathrm{fs}} = \boldsymbol{Q}_{\mathrm{sf}}^{\mathrm{T}} = \iint_{\Omega} \boldsymbol{\Phi}_p^{\mathrm{T}}(\xi,s) \boldsymbol{m}^{\mathrm{T}} \boldsymbol{B}_u(\xi,s) \mathrm{d}\Omega \tag{6.54}$$

$$\boldsymbol{f}^2 = \iint_{\Omega} \boldsymbol{B}_p(\xi,s)^{\mathrm{T}} \boldsymbol{k} \rho_{\mathrm{f}} \boldsymbol{b} \mathrm{d}\Omega + \int_{\Gamma} \boldsymbol{\Phi}_p(\xi,s)^{\mathrm{T}} \boldsymbol{q} \mathrm{d}\Gamma \tag{6.55}$$

对三维问题，相关矩阵计算式为

$$\boldsymbol{H} = \iiint_{\Omega} \boldsymbol{B}_p^{\mathrm{T}}(\xi,\xi_1,\xi_2) \boldsymbol{k} \boldsymbol{B}_p(\xi,\xi_1,\xi_2) \mathrm{d}\Omega \tag{6.56a}$$

$$\boldsymbol{S} = \iiint_{\Omega} \boldsymbol{\Phi}_p^{\mathrm{T}}(\xi,\xi_1,\xi_2) \frac{1}{Q} \boldsymbol{\Phi}_p(\xi,\xi_1,\xi_2) \mathrm{d}\Omega \tag{6.56b}$$

$$\boldsymbol{Q}_{\mathrm{fs}} = \boldsymbol{Q}_{\mathrm{sf}}^{\mathrm{T}} = \iiint_{\Omega} \boldsymbol{\Phi}_p^{\mathrm{T}}(\xi,\xi_1,\xi_2) \alpha \boldsymbol{m}^{\mathrm{T}} \boldsymbol{B}_u(\xi,\xi_1,\xi_2) \mathrm{d}\Omega \tag{6.56c}$$

$$\boldsymbol{f}^2 = \iiint_{\Omega} \boldsymbol{B}_p^{\mathrm{T}}(\xi,\xi_1,\xi_2)\boldsymbol{k}\rho_{\mathrm{f}}\boldsymbol{b}\mathrm{d}\Omega + \iint_{\Gamma_w} \boldsymbol{\Phi}_p^{\mathrm{T}}(\xi,\xi_1,\xi_2)\boldsymbol{q}\mathrm{d}\Gamma \tag{6.56d}$$

6.4 数 值 算 例

基于上述理论，作者数值实现了饱和多孔介质多边形和多面体 SBFEM 分析程序，下面通过算例探讨其求解精度。

6.4.1 饱和多孔介质弹性半空间动力响应

1. 计算模型及参数

图 6.2 给出了饱和土弹性半空间模型表面受均布荷载作用的问题示意图，该半空间的动力反应为一维问题。根据 Diebels 和 Ehlers(1996)的研究，在选取的时间和空间域内，边界截断对模拟结果的影响可以忽略。因此，本次计算域选取为宽 20m、高 100m 的土柱范围。离散的多边形网格如图 6.3 所示，在底部边界 x 和 y 方向全约束，两侧边界水平向约束，土体上表面自由透水，底部及两侧边界不透水。

de Boer 等(1993)和 Simon 等(1984)根据固体颗粒和孔隙流体压缩性的不同，假定给出了两组解析解，可用于验证饱和多孔介质多边形 SBFEM 模拟的精度。其中，de Boer 等假定固体颗粒和孔隙流体均为不可压缩，表面施加正弦面荷载 $f(t)$=3000(1−cos(75t))Pa，材料参数如表 6.1 所示。Simon 等假定固体颗粒不可压缩而孔隙流体可压缩，表面施加正弦面荷载 $f(t)=\sigma_0\sin(62.83t)$，快波波速 V_1=635.1m/s，材料参数如表 6.2 所示。

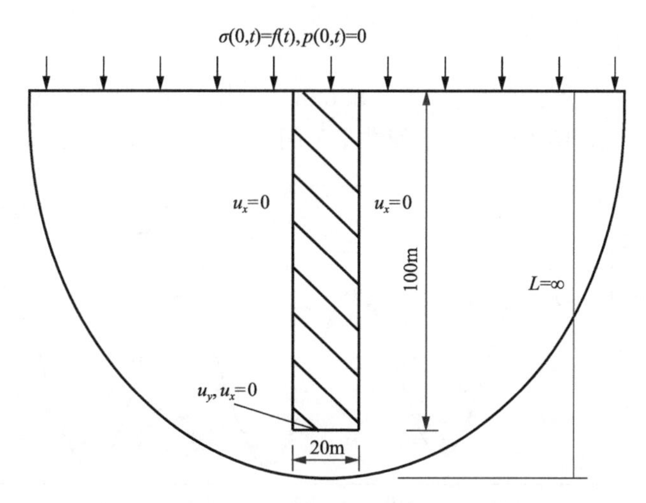

图 6.2 饱和弹性半空间模型信息示意图

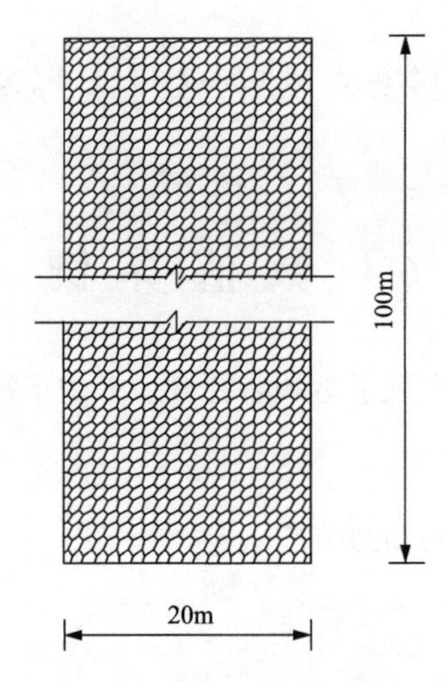

图 6.3　多边形网格离散

表 6.1　de Boer 等采用的材料参数

λ/MPa	μ /MPa	n	ρ_s / (kg/m³)	ρ_f / (kg/m³)	K_s /Pa	K_f /Pa	k/ (m/s)
5.5833	8.3750	0.33	2000	1000	∞	∞	0.01

注：λ 为拉梅常数，n 为土体孔隙率，ρ_s 和 ρ_f 分别为土颗粒密度和流体密度，K_s 和 K_f 分别为土颗粒和流体压缩模量，k 为渗透系数。

表 6.2　Simon 等采用的材料参数

E/Pa	ν	n	ρ_s / (kg/m³)	ρ_f / (kg/m³)	K_s /Pa	K_f /Pa	k/ (m²·s/kg)
3000	0.2	0.33	0.3110	0.2977	∞	39990	0.004883

本次计算荷载作用时间取 0.3s，时间步长取为 0.002s。

2. 计算结果分析

图 6.4 和图 6.5 给出了地表下 1.0m 和 6.0m 处代表点孔压数值解与理论解(Boer et al., 1993)的对比情况，图 6.6 给出了弹性半空间表面无维度竖向位移对比(Simon et al.,

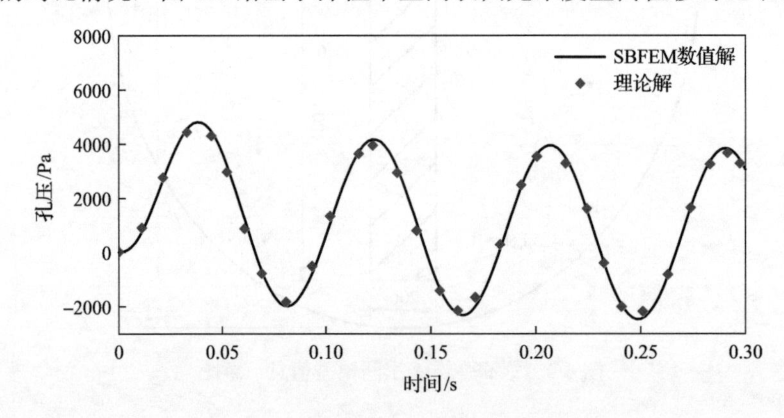

图 6.4　地表下 1.0m 处孔压对比

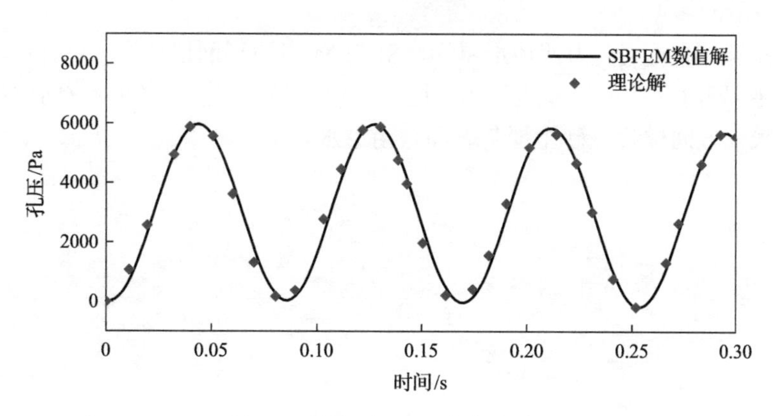

图 6.5　地表下 6.0m 处孔压对比

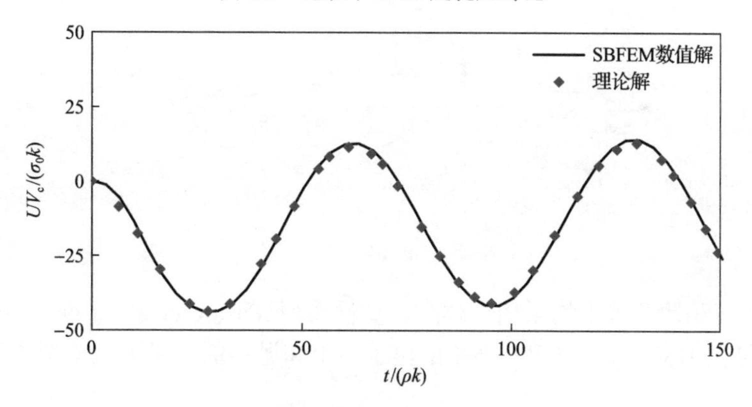

图 6.6　表面无维度竖向位移对比

1984)。可以看出，SBFEM 计算结果与理论解吻合良好，验证了饱和多孔介质多边形 SBFEM 的正确性。

6.4.2　饱和砂土地基上防波堤动力分析

1. 计算模型及参数

本节对坐落于饱和砂土地基上的抛石防波堤进行流固耦合动力响应分析，其断面信息如图 6.7 所示。分别采用 FEM 和多边形 SBFEM 饱和多孔介质分析方法，其中 FEM 网

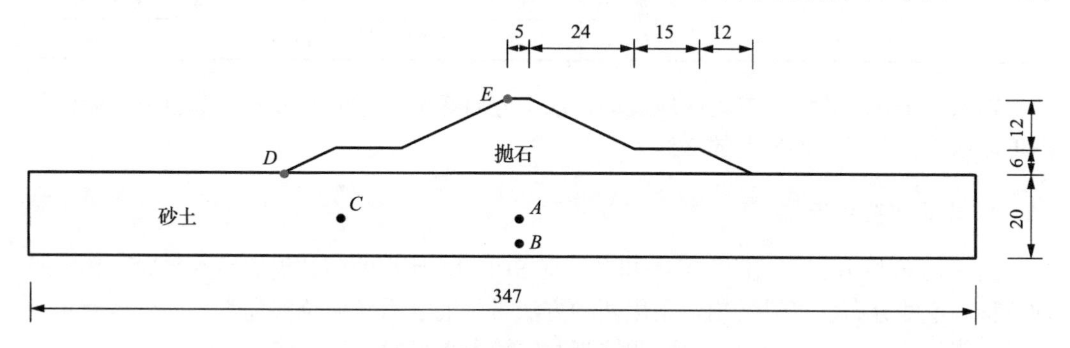

图 6.7　防波堤断面信息示意图(单位：m)

格如图 6.8 所示，单元主要为四边形单元。SBFEM 多边形网格如图 6.9 所示，单元主要以六边形为主，同时存在少量五边形和四边形。计算时底部边界 x 和 y 方向位移全约束，两侧边界约束 y 方向位移，砂土地基表面自由透水。

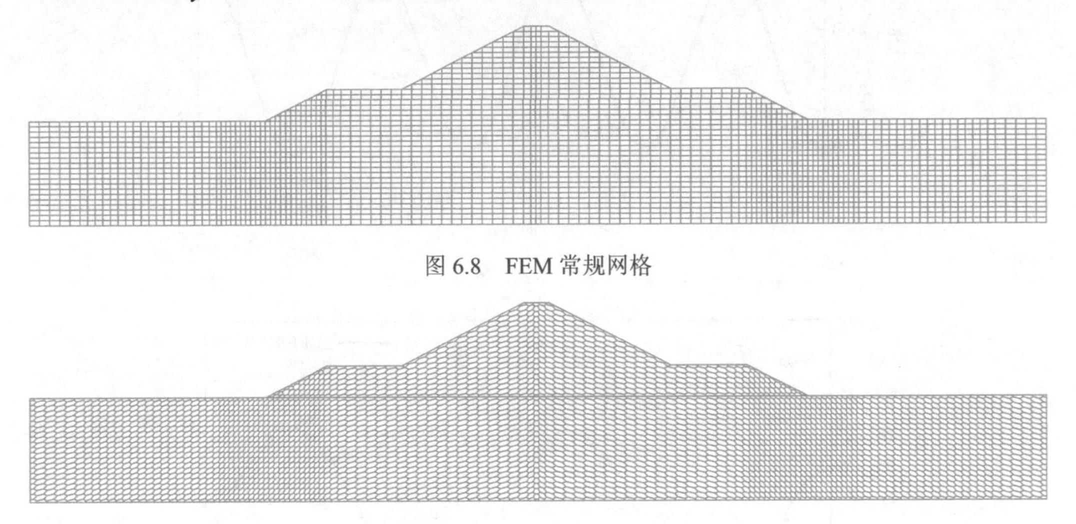

图 6.8 FEM 常规网格

图 6.9 SBFEM 多边形网格

防波堤抛石和地基砂土均采用土体广义塑性模型(Pastor et al., 1990; Liu and Zou., 2013; Zou et al., 2013)，表 6.3 和表 6.4 给出了砂土和抛石的广义塑性模型参数。

表 6.3 砂土广义塑性模型参数

ρ_s / (kg/m^3)	ρ_f / (kg/m^3)	n	M_f	M_g	α_f	α_g	β_0	β_1
2670	1000	0.42	1.03	1.15	0.45	0.45	7.2	0.2
H_{10}	H_{u0}	γ_{Hu}	γ_{Dm}	K_0/Pa	G_0/Pa			
600	4×10^6	2	0	7.7×10^5	1.15×10^6			

表 6.4 抛石广义塑性模型参数

ρ / (kg/m^3)	M_f	M_g	α_f	α_g	β_0	β_1	H_{10}	H_{u0}
1800	0.7	1.72	0.411	0.3	60	0.053	2450	1600
γ_{Hu}	γ_{Dm}	m_s	m_v	m_l	m_u	γ_d	K_0	G_0
5	30	0.8	0.8	0.14	0.5	20	1000	800

输入水平和竖直两个方向的地震动，水平方向峰值加速度为 0.2g，竖直方向峰值加速度取水平方向峰值加速度的 2/3。

2. 计算结果分析

图 6.10 和图 6.11 给出了 FEM 和多边形 SBFEM 计算的防波堤震后水平向位移、竖向位移等值线分布。可以看出，采用两种方法得到的震后竖向位移和水平向位移分布规律及量值保持一致，其中防波堤两侧坡脚发生较大水平向位移，坡顶竖向位移最大。

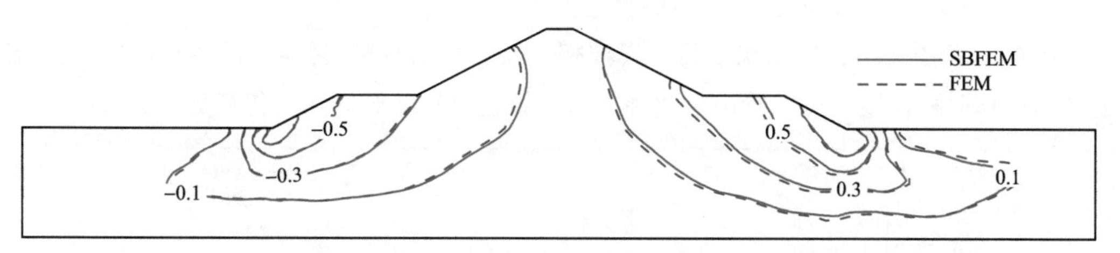

图 6.10　防波堤和地基的震后水平向位移分布(单位：m)

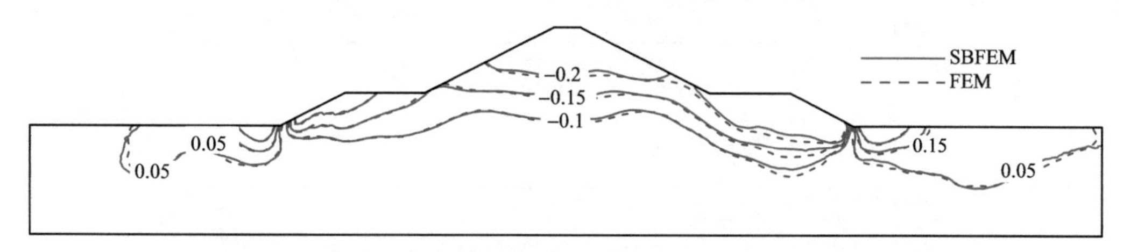

图 6.11　防波堤和地基的震后竖向位移分布(单位：m)

图 6.12～图 6.14 给出了饱和砂土地基代表点 A、B 和 C 处的孔压时程曲线。可以看出，FEM 和多边形 SBFEM 计算的孔压随时间增长、消散过程的趋势基本一致，且峰值相差均在 5%以内。

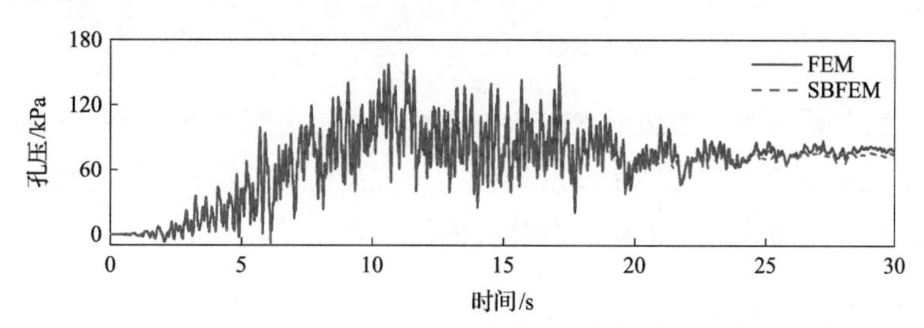

图 6.12　饱和砂土地基代表点 A 的孔压时程曲线

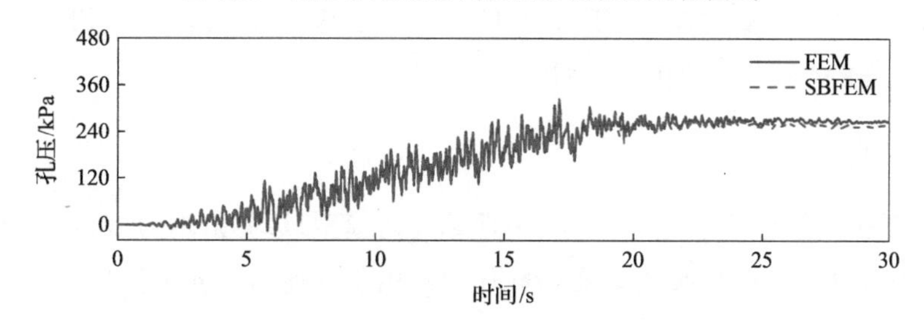

图 6.13　饱和砂土地基代表点 B 的孔压时程曲线

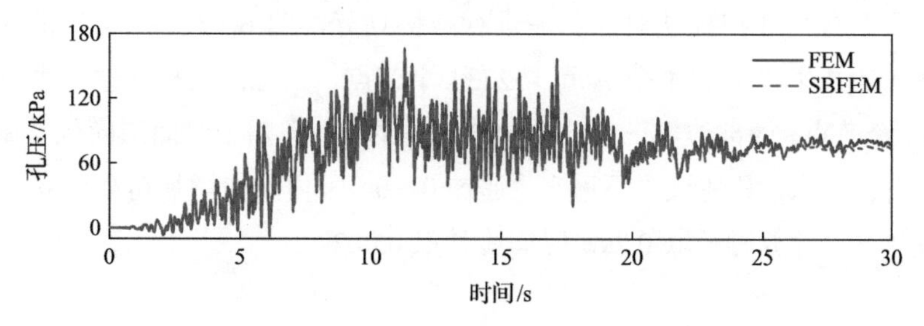

图 6.14　饱和砂土地基代表点 C 的孔压时程曲线

图 6.15 和图 6.16 分别给出了防波堤坡脚代表点 D 的水平向位移时程和坡顶代表点 E 的竖向位移时程曲线。可以看出，两种方法计算的位移随时间的变化趋势吻合良好。

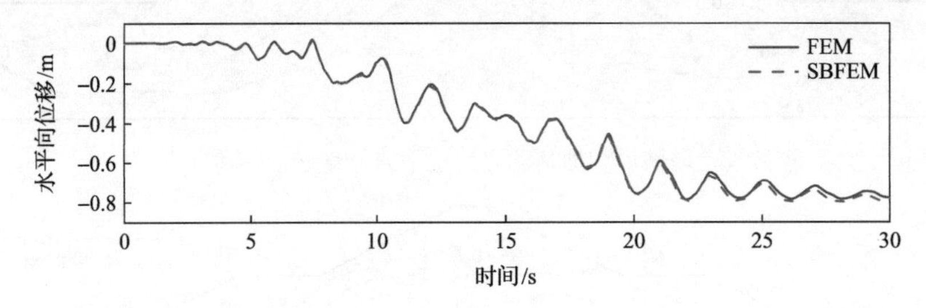

图 6.15　防波堤坡脚代表点 D 的水平向位移时程曲线

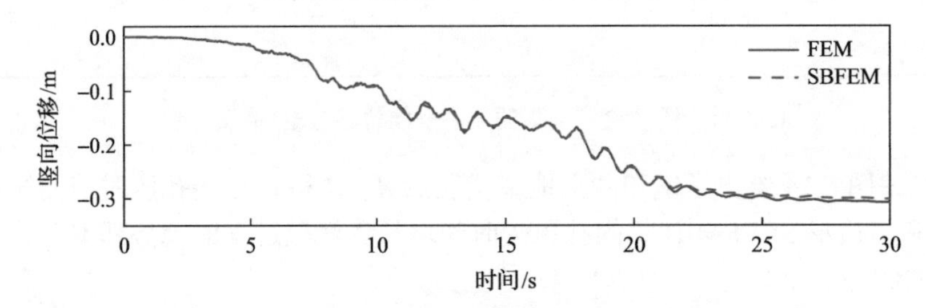

图 6.16　防波堤坡顶代表点 E 的竖向位移时程曲线

该数值算例分析表明，多边形 SBFEM 联合土体广义塑性本构模型可以合理地模拟饱和土地基承受地震荷载时的残余变形累积、分布及孔压积累和消散过程。此外，多边形网格的灵活性使其可为地基液化问题分析提供新的手段。

6.4.3　含地下隧洞的三维饱和地基动力分析

基于饱和多孔介质多面体 SBFEM，开展了饱和地基动力分析，并与 FEM 进行对比，以验证三维 SBFEM 数值分析的正确性。

1. 计算模型及参数

图 6.17 给出了含地下隧洞的三维饱和地基几何模型，边界范围为 20m×20m×10m，在基础顶面中心 2m×2m 区域受均布荷载作用。由于几何与边界条件具有对称性，选取 1/4 模型作为计算域，如图 6.18 所示。

分别采用八分树和扫掠法对计算域进行网格划分，图 6.19 给出了离散的网格示意图。八分树离散共生成 10084 个单元、12734 个节点，扫掠法网格离散共生成 20332 个单元、22344 个节点。底部边界三个方向位移施加约束，在四个侧面法向位移施加约束，顶部边界可自由排水，其他边界不透水。通过 0～0.01s 内均匀增加荷载至 q=10MPa，模拟阶跃荷载效果，计算时长取 0.2s，时间步长取 0.002s。

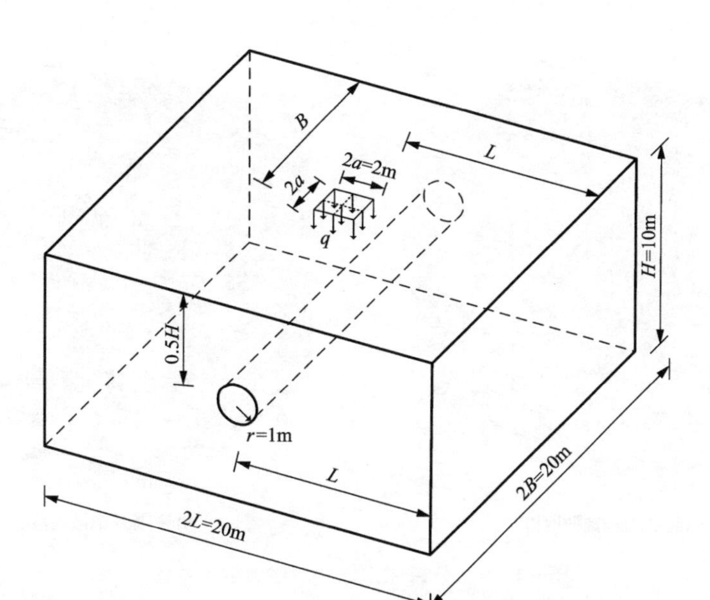

图 6.17　含地下隧洞的三维饱和地基几何模型

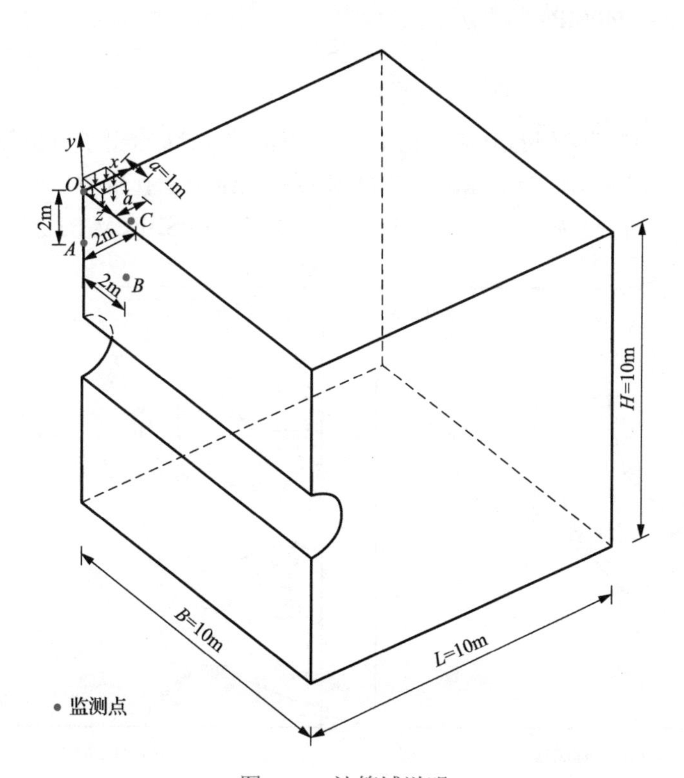

图 6.18　计算域说明

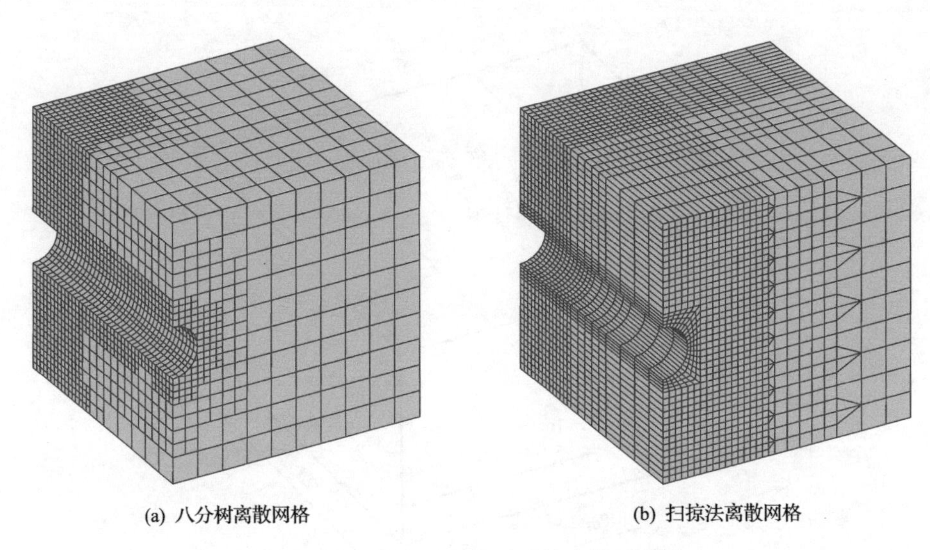

(a) 八分树离散网格　　(b) 扫掠法离散网格

图 6.19　八分树和扫掠法网格离散示意图

材料计算参数假定为：弹性模量 E=100MPa，泊松比 ν =0.33，渗透系数 k=0.001m/s，土体密度 ρ_s=2000kg/m^3，流体密度 ρ_f = 1000kg/m^3，孔隙率 n=0.33，土骨架体积模量 K_s=∞，流体体积模量 K_f = 2240MPa。

2. 计算结果

图 6.20 给出了典型时刻的地基土孔压分布规律，图 6.21 给出了典型位置处节点竖向位移时程曲线。可以看出，SBFEM 和 FEM 计算的三维地基孔压整体分布与竖向位移发展规律一致，数值吻合良好，验证了饱和多孔介质多面体 SBFEM 的正确性。

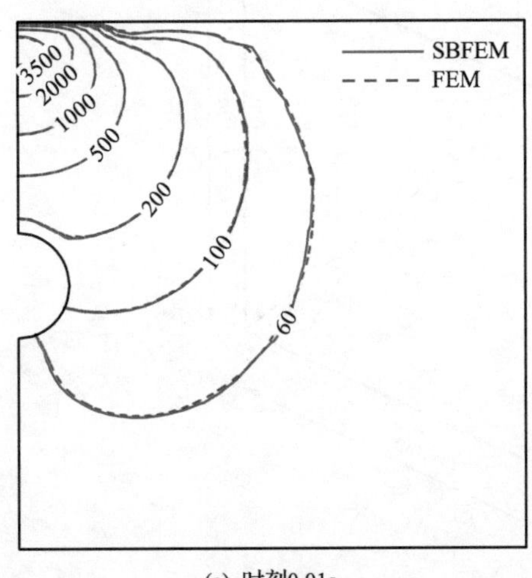

(a) 时刻0.01s

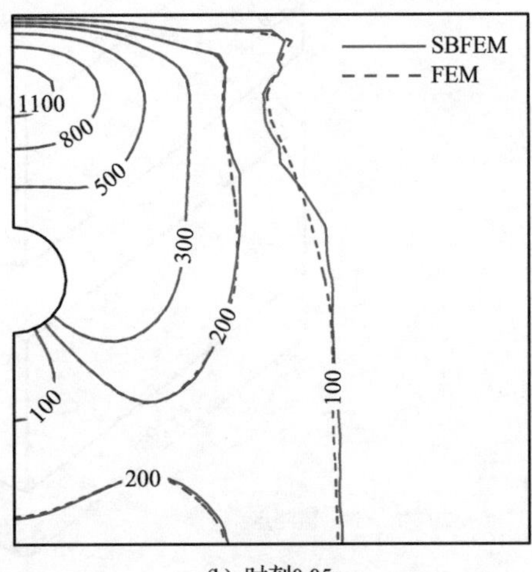

(b) 时刻0.05s

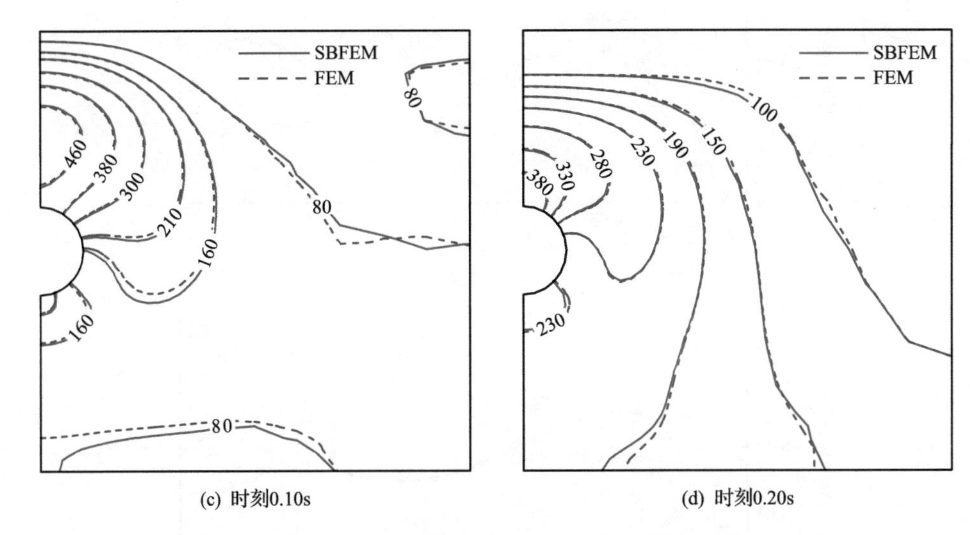

(c) 时刻0.10s　　　　(d) 时刻0.20s

图 6.20　典型时刻的地基土孔压分布(单位：kPa)

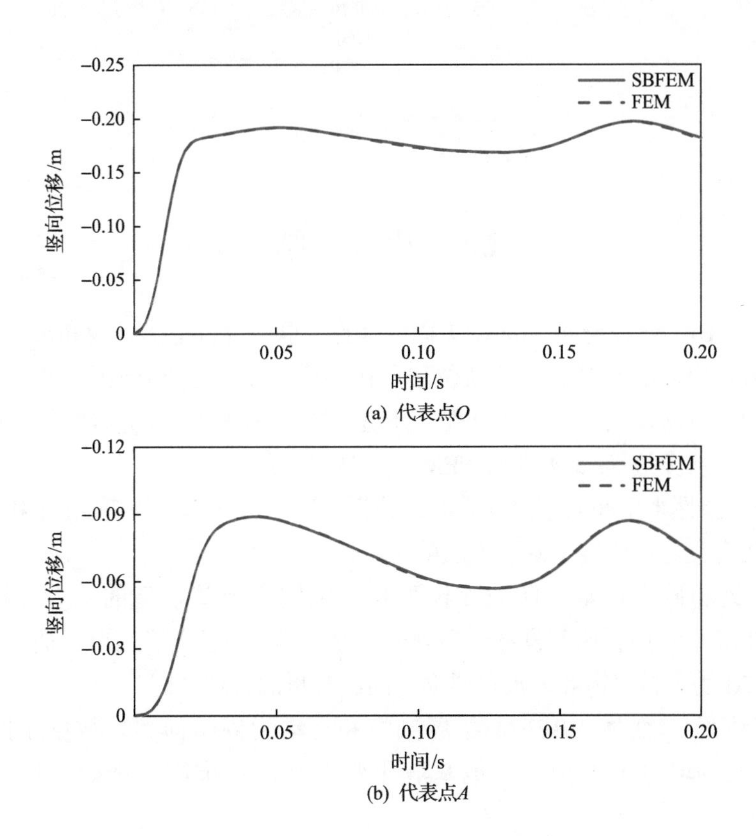

(a) 代表点O

(b) 代表点A

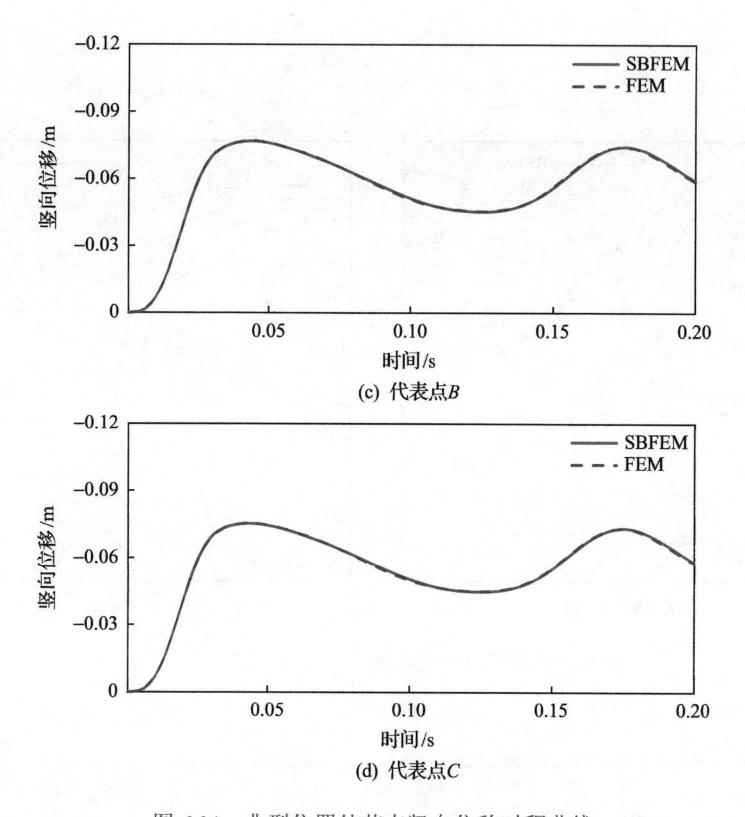

(c) 代表点B

(d) 代表点C

图 6.21 典型位置处节点竖向位移时程曲线

6.5 小 结

本章基于 SBFEM 理论和 Biot 动力固结理论，联合弹性静力问题和渗流问题的半解析特征值求解，构造了流-固两相介质位移和孔压相互独立的插值模式，在此基础上，基于伽辽金加权余量法离散动力固结方程，并通过域内分块数值积分方案，发展了 u-p 形式的饱和多孔介质多边形/多面体 SBFEM，主要结论有：

(1) 饱和土弹性半空间问题的动力固结分析表明，SBFEM 计算的孔压和位移时程曲线与理论解吻合良好，验证了发展方法的正确性。

(2) 二维饱和砂土地基上防波堤模型和三维饱和地基模型的动力分析均表明，SBFEM 与 FEM 计算的孔压和位移分布规律一致，典型位置的孔压时程曲线吻合良好，验证了 SBFEM 用于模拟饱和岩土材料动力固结分析的合理性。

(3) 将多边形/多面体 SBFEM 拓展到饱和土动力固结问题，放松了网格离散的限制，为高土石坝等土工构筑物地基液化变形分析和抗震措施效果评估提供了新的途径。

参考文献

Bazyar M H, Graili A. 2012. A practical and efficient numerical scheme for the analysis of steady state unconfined seepage flows[J]. International Journal for Numerical and Analytical Methods in Geomechanics, 36(16): 1793-1812.

Biot M A. 1956. Theory of propagation of elastic waves in a fluid-saturated porous solid. I. Low-frequency range[J]. Journal of the Acoustical Society of America, 28(2): 179-191.

Chen K, Zou D G, Kong X J, et al. 2017. A novel nonlinear solution for the polygon scaled boundary finite element method and its application to geotechnical structures[J]. Computers and Geotechnics, 82: 201-210.

de Boer R, Ehlers W, Liu Z F. 1993.One-dimensional transient wave propagation in fluid-saturated incompressible porous media[J]. Archive of Applied Mechanics, 63(1): 59-72.

Diebels S, Ehlers W. 1996. Dynamic analysis of a fully saturated porous medium accounting for geometrical and material non-linearities[J]. International Journal for Numerical Methods in Engineering, 39(1): 81-97.

Liu H B, Zou D G. 2013. Associated generalized plasticity framework for modeling gravelly soils considering particle breakage[J]. Journal of Engineering Mechanics, 139(5): 606-615.

Pastor M, Zienkiewicz O C, Chan A H C. 1990. Generalized plasticity and the modelling of soil behaviour[J]. International Journal for Numerical and Analytical Methods in Geomechanics, 14(3): 151-190.

Simon B R, Zienkiewicz O C, Paul D K. 1984. An analytical solution for the transient response of saturated porous elastic solids[J]. International Journal for Numerical and Analytical Methods in Geomechanics, 8(4): 381-398.

Wolf J P. 2003. The Scaled Boundary Finite Element Method[M]. Hoboken: John Wiley & Sons Ltd.

Zienkiewicz O C, Chan A H C, Pastor M, et al. 1999. Computational Geomechanics[M]. Chichester: John Wiley & Sons Ltd.

Zou D G, Xu B, Kong X J, et al. 2013. Numerical simulation of the seismic response of the Zipingpu concrete face rockfill dam during the Wenchuan earthquake based on a generalized plasticity model[J]. Computers and Geotechnics, 49: 111-122.

第 7 章

坝-库动力流固耦合的比例边界有限元方法

7.1 引　　言

地震荷载作用下，大坝与库水之间的动力相互作用将对大坝的动力响应产生重要影响。因此，准确地计算坝面动水压力对大坝的抗震安全设计和评价具有重要意义，这也是坝工界研究的热点和难点。SBFEM 仅需在环向离散大坝-库水交界面，降低了一个数值计算维度，在径向可通过求解控制方程直接求得高精度解析解，且在模拟半无限域库水时可严格满足无限域辐射条件，非常适用于求解库水的动水压力问题。

7.2 大坝-半无限域库水动力耦合 SBFEM

当采用棱柱形河谷假定时，可以采用 SBFEM 模拟半无限域库水，下面简要介绍其基本方程及求解过程(孔宪京和邹德高, 2016)。

7.2.1 流体力学基本控制方程与边界条件

假设库水满足不可压缩、无黏性、无旋、小扰动的条件，则地震作用下的动水压力波满足 Helmholtz 方程，即

$$\nabla^2 p - \frac{1}{c^2}\ddot{p} = 0 \tag{7.1}$$

式中，c 表示波在水中的传播速度；∇^2 为 Laplace 算子；p 为动水压力。

忽略表面波对动水压力的影响，大坝-库水交界面的边界条件满足

$$p_{,n} = -\rho\ddot{u}_n \tag{7.2}$$

水库库底和岸坡边界则满足

$$p_{,n} = -\rho\ddot{v}_n - q\dot{p} \tag{7.3}$$

式中，n 为库底和岸坡边界表面的内法向，指向水域；$p_{,n}$ 表示 p 对内法向 n 的方向导数；

$\dot{p}$ 表示 p 对时间的导数；$\ddot{u}_n$ 和 $\ddot{v}_n$ 分别为大坝-库水交界面与库底和岸坡边界加速度的法向分量；q 表示库底淤沙层的阻尼系数，计算式为

$$q = \frac{1-\alpha}{c(1+\alpha)} \tag{7.4}$$

其中，α 为波反射系数。

7.2.2 SBFEM 控制方程推导

图 7.1 给出了大坝-库水系统的 SBFEM 局部坐标示意图。假设库水可沿轴向延伸至上游无穷远处(Wang et al., 2015)。采用 SBFEM，仅需离散大坝表面，库水区可采用径向坐标 ξ 沿上游无穷远方向延伸来表示，其中 ξ 在坝面上取值为零。

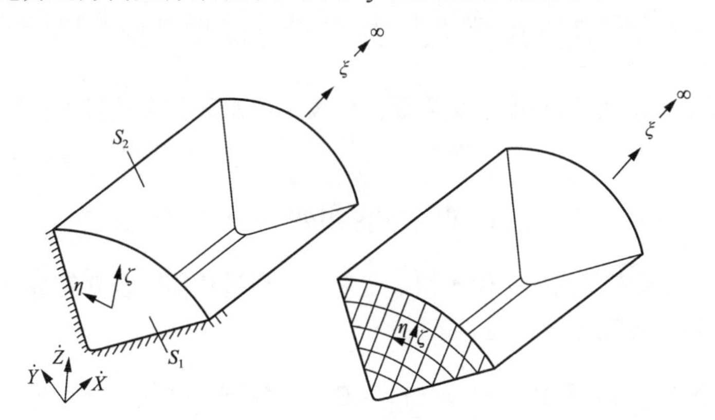

图 7.1　库水边界区域的比例边界坐标示意图

在整体坐标系下，用 $(\hat{x}, \hat{y}, \hat{z})$ 表示库水区域中任意点的坐标，大坝-库水交界面上的节点坐标用 (x, y, z) 来表示。根据 SBFEM 原理，对于库水区中所有 ξ 值相同的节点，采用与大坝-库水交界面相同的插值函数 $\boldsymbol{N}(\eta,\zeta)$ 来求解，则库水区任意点坐标的计算式可表示为

$$\begin{aligned}
\hat{x}(\xi,\eta,\zeta) &= x(\eta,\zeta) + \xi = \boldsymbol{N}(\eta,\zeta)\boldsymbol{x} + \xi \\
\hat{y}(\xi,\eta,\zeta) &= y(\eta,\zeta) = \boldsymbol{N}(\eta,\zeta)\boldsymbol{y} \\
\hat{z}(\xi,\eta,\zeta) &= z(\eta,\zeta) = \boldsymbol{N}(\eta,\zeta)\boldsymbol{z}
\end{aligned} \tag{7.5}$$

同理，采用相同的插值函数，库水区任意点 (ξ,η,ζ) 处的动水压力 $p(\xi,\eta,\zeta)$ 可用环向边界节点压力 $\boldsymbol{p}(\xi)$ 计算，即

$$p(\xi,\eta,\zeta) = \boldsymbol{N}(\eta,\zeta)\boldsymbol{p}(\xi) \tag{7.6}$$

为便于推导 SBFEM 控制方程，需采用雅可比矩阵进行整体坐标到局部坐标的变换操作，其中雅可比矩阵表达式为

$$\hat{\boldsymbol{J}}(\xi,\eta,\zeta)=\begin{bmatrix}\hat{x}_{,\xi} & \hat{y}_{,\xi} & \hat{z}_{,\xi}\\ \hat{x}_{,\eta} & \hat{y}_{,\eta} & \hat{z}_{,\eta}\\ \hat{x}_{,\zeta} & \hat{y}_{,\zeta} & \hat{z}_{,\zeta}\end{bmatrix}=\begin{bmatrix}1 & 0 & 0\\ \boldsymbol{N}_{,\eta}\boldsymbol{x} & \boldsymbol{N}_{,\eta}\boldsymbol{y} & \boldsymbol{N}_{,\eta}\boldsymbol{z}\\ \boldsymbol{N}_{,\zeta}\boldsymbol{x} & \boldsymbol{N}_{,\zeta}\boldsymbol{y} & \boldsymbol{N}_{,\zeta}\boldsymbol{z}\end{bmatrix}=\boldsymbol{J}(\eta,\zeta) \tag{7.7}$$

通过式(7.7)，可获得$(\hat{x},\hat{y},\hat{z})$对局部坐标$(\xi,\eta,\zeta)$的偏导数，即

$$\left[\frac{\partial}{\partial\hat{x}}\ \frac{\partial}{\partial\hat{y}}\ \frac{\partial}{\partial\hat{z}}\right]^{\mathrm{T}}=\boldsymbol{J}^{-1}\left\{\frac{\partial}{\partial\xi}\ \frac{\partial}{\partial\eta}\ \frac{\partial}{\partial\zeta}\right\}^{\mathrm{T}}=\boldsymbol{b}^1\frac{\partial}{\partial\xi}+\boldsymbol{b}^2\frac{\partial}{\partial\eta}+\boldsymbol{b}^3\frac{\partial}{\partial\zeta} \tag{7.8}$$

通过伽辽金加权余量法推导偏微分控制方程(7.1)及边界条件式(7.2)和式(7.3)，并使用分部积分公式，可获得体系的积分弱形式方程，即

$$\int_V \nabla w\nabla\boldsymbol{p}\mathrm{d}V+\frac{1}{c^2}\int_V w\ddot{\boldsymbol{p}}\mathrm{d}V+\rho\int_{S_1} w\ddot{\boldsymbol{u}}_n\mathrm{d}S+\int_{S_2} w(q\dot{\boldsymbol{p}}+\rho\ddot{\boldsymbol{v}}_n)\mathrm{d}S=0 \tag{7.9}$$

式中，w为权函数；S_1为大坝-库水交界面；S_2表示库水区其余边界面；微元的体积计算式为

$$\mathrm{d}V=\left|\boldsymbol{J}\right|\mathrm{d}\xi\mathrm{d}\eta\mathrm{d}\zeta \tag{7.10}$$

其中，$\left|\boldsymbol{J}\right|$为雅可比矩阵行列式。代入相关变量，并通过化简、合并等数学操作，最终可获得 SBFEM 时域的控制方程和边界条件：

$$\boldsymbol{E}^0\boldsymbol{p}(\xi)_{,\xi\xi}+((\boldsymbol{E}^1)^{\mathrm{T}}-\boldsymbol{E}^1)\boldsymbol{p}(\xi)_{,\xi}-\boldsymbol{E}^2\boldsymbol{p}-\boldsymbol{M}^0\ddot{\boldsymbol{p}}-q\boldsymbol{C}^0\dot{\boldsymbol{p}}-\rho\boldsymbol{C}^0\ddot{\boldsymbol{v}}_n=0 \tag{7.11}$$

$$\left.(\boldsymbol{E}^0\boldsymbol{p}(\xi)_{,\xi}+(\boldsymbol{E}^1)^{\mathrm{T}}\boldsymbol{p}+\boldsymbol{M}^1\ddot{\boldsymbol{u}}_n)\right|_{\xi=0}=0 \tag{7.12}$$

相应的频域控制方程和边界条件可写为

$$\begin{aligned}&\boldsymbol{E}^0\boldsymbol{p}(\xi,\omega)_{,\xi\xi}+((\boldsymbol{E}^1)^{\mathrm{T}}-\boldsymbol{E}^1)\boldsymbol{p}(\xi,\omega)_{,\xi}+\\&(\omega^2\boldsymbol{M}^0-\mathrm{i}\omega q\boldsymbol{C}^0-\boldsymbol{E}^2)\boldsymbol{p}(\xi,\omega)-\rho\boldsymbol{C}^0\ddot{\boldsymbol{v}}_n=0\end{aligned} \tag{7.13}$$

$$\left.(\boldsymbol{E}^0\boldsymbol{p}(\xi,\omega)_{,\xi}+(\boldsymbol{E}^1)^{\mathrm{T}}\boldsymbol{p}(\xi,\omega)+\boldsymbol{M}^1\ddot{\boldsymbol{u}}_n)\right|_{\xi=0}=0 \tag{7.14}$$

式(7.11)为关于径向坐标ξ的二阶线性常微分方程，且$\boldsymbol{E}^0$、$\boldsymbol{E}^1$、$\boldsymbol{E}^2$、$\boldsymbol{C}^0$、$\boldsymbol{M}^1$等系数矩阵只与坝体迎水面的有限元网格相关，与ξ无关。这些系数矩阵计算式可表示为

$$\begin{aligned}\boldsymbol{E}^0&=\int_{-1}^{1}\int_{-1}^{1}(\boldsymbol{B}^1)^{\mathrm{T}}\boldsymbol{B}^1\left|\boldsymbol{J}\right|\mathrm{d}\eta\mathrm{d}\zeta\\ \boldsymbol{E}^1&=\int_{-1}^{1}\int_{-1}^{1}(\boldsymbol{B}^2)^{\mathrm{T}}\boldsymbol{B}^1\left|\boldsymbol{J}\right|\mathrm{d}\eta\mathrm{d}\zeta\\ \boldsymbol{E}^2&=\int_{-1}^{1}\int_{-1}^{1}(\boldsymbol{B}^2)^{\mathrm{T}}\boldsymbol{B}^2\left|\boldsymbol{J}\right|\mathrm{d}\eta\mathrm{d}\zeta\end{aligned} \tag{7.15}$$

式中

$$\boldsymbol{B}^1=\boldsymbol{b}^1\boldsymbol{N},\quad \boldsymbol{B}^2=\boldsymbol{b}^2\boldsymbol{N}_{,\eta}+\boldsymbol{b}^3\boldsymbol{N}_{,\zeta} \tag{7.16}$$

$$\boldsymbol{M}^0=\frac{1}{c^2}\int_{-1}^{1}\int_{-1}^{1}\boldsymbol{N}^{\mathrm{T}}N|\boldsymbol{J}|\mathrm{d}\eta\mathrm{d}\zeta \tag{7.17}$$

$$\boldsymbol{M}^1=\rho\int_{-1}^{1}\int_{-1}^{1}\boldsymbol{N}^{\mathrm{T}}NA\mathrm{d}\eta\mathrm{d}\zeta \tag{7.18}$$

其中

$$A=\sqrt{(y_{,\eta}z_{,\zeta}-z_{,\eta}y_{,\zeta})^2+(z_{,\eta}x_{,\zeta}-x_{,\eta}z_{,\zeta})^2+(x_{,\eta}y_{,\zeta}-y_{,\eta}x_{,\zeta})^2} \tag{7.19}$$

$$\boldsymbol{C}^0=\int_{\Gamma^{\xi}}\boldsymbol{N}^{\mathrm{T}}\boldsymbol{N}\mathrm{d}\Gamma \tag{7.20}$$

这里，Γ^{ξ} 为水库四周轮廓线在 YZ 平面的投影，计算式为

$$\mathrm{d}\Gamma^{\xi}=\sqrt{y_{,\eta}^2+z_{,\eta}^2}\,\mathrm{d}\eta\Big|_{\zeta=-1} \tag{7.21}$$

对于二维问题，式(7.18)和式(7.20)可重写为

$$\boldsymbol{M}^1=\rho\int_{-1}^{1}\boldsymbol{N}^{\mathrm{T}}\boldsymbol{N}(x_{,\eta}^2+y_{,\eta}^2)^{1/2}\mathrm{d}\eta \tag{7.22}$$

$$\boldsymbol{C}^0=\boldsymbol{N}^{\mathrm{T}}\boldsymbol{N}\Big|_{\eta=-1} \tag{7.23}$$

7.2.3　SBFEM 控制方程求解

引入辅助变量 $\boldsymbol{r}(\xi,\omega)$，其具有力的量纲，可定义为由动水压力引起的节点力：

$$\boldsymbol{r}(\xi,\omega)=\boldsymbol{E}^0\boldsymbol{p}(\xi,\omega)_{,\xi}+(\boldsymbol{E}^1)^{\mathrm{T}}\boldsymbol{p}(\xi,\omega) \tag{7.24}$$

代入式(7.13)，则方程可转化为一阶线性常微分方程，即

$$\boldsymbol{X}(\xi,\omega)_{,\xi}=\boldsymbol{Z}(\omega)\boldsymbol{X}(\xi,\omega)+\boldsymbol{F}_0 \tag{7.25}$$

式中，相关变量表达式为

$$\boldsymbol{X}(\xi,\omega)=\begin{Bmatrix}\boldsymbol{p}(\xi,\omega)\\ \boldsymbol{r}(\xi,\omega)\end{Bmatrix},\quad \boldsymbol{F}_0=\begin{Bmatrix}0\\ -\rho\boldsymbol{C}^0\ddot{\boldsymbol{v}}_n\end{Bmatrix} \tag{7.26}$$

$\boldsymbol{Z}(\omega)$ 为 Hamilton 矩阵，表达式为

$$\boldsymbol{Z}(\omega)=\begin{bmatrix} -(\boldsymbol{E}^0)^{-1}(\boldsymbol{E}^1)^{\mathrm{T}} & (\boldsymbol{E}^0)^{-1} \\ \boldsymbol{E}^2-\boldsymbol{E}^1(\boldsymbol{E}^0)^{-1}(\boldsymbol{E}^1)^{\mathrm{T}}-\omega^2\boldsymbol{M}^0+\mathrm{i}\omega q\boldsymbol{C}^0 & \boldsymbol{E}^1(\boldsymbol{E}^0)^{-1} \end{bmatrix} \tag{7.27}$$

根据 SBFEM 理论，可采用特征值分解技术求解方程(7.25)，通过处理，可获得式(7.28)的等式关系：

$$\boldsymbol{Z\Phi}=\boldsymbol{\Phi\Lambda} \tag{7.28}$$

式中，$\boldsymbol{\Lambda}$ 为特征值组成的对角矩阵；$\boldsymbol{\Phi}$ 为与特征值 $\boldsymbol{\Lambda}$ 对应的特征向量矩阵。由于 Hamilton 矩阵特征值具有成对出现的特性，即存在正负两个特征值，可把特征值对角矩阵及相应的模态矩阵分块表达，即

$$\boldsymbol{\Lambda}=\begin{bmatrix} -\boldsymbol{\lambda}_i & 0 \\ 0 & \boldsymbol{\lambda}_i \end{bmatrix},\ \boldsymbol{\Phi}=\begin{bmatrix} \boldsymbol{\Phi}_{11} & \boldsymbol{\Phi}_{12} \\ \boldsymbol{\Phi}_{21} & \boldsymbol{\Phi}_{22} \end{bmatrix} \tag{7.29}$$

式中，$\boldsymbol{\lambda}_i$ 为对角矩阵，其对角元的实部为负值。

定义矩阵 $\boldsymbol{A}$ 为特征向量矩阵 $\boldsymbol{\Phi}$ 的逆，即

$$\boldsymbol{A}=\boldsymbol{\Phi}^{-1},\ \boldsymbol{A}=\begin{bmatrix} \boldsymbol{A}_{11} & \boldsymbol{A}_{12} \\ \boldsymbol{A}_{21} & \boldsymbol{A}_{22} \end{bmatrix} \tag{7.30}$$

代入边界条件式(7.14)，最后可解得坝面动水压力计算式(频域解)，即

$$\boldsymbol{p}(\xi=0)=-\boldsymbol{\Phi}_{12}\boldsymbol{\Phi}_{22}{}^{-1}\boldsymbol{M}^1\ddot{\boldsymbol{u}}_n-(\boldsymbol{\Phi}_{12}\boldsymbol{\Phi}_{22}{}^{-1}\boldsymbol{B}_1-\boldsymbol{B}_2)\rho\boldsymbol{C}^0\ddot{\boldsymbol{v}}_n \tag{7.31}$$

该式中前一部分表示坝体迎水面的贡献，后一部分表示库底与岸坡的贡献，且相关变量计算式为

$$\boldsymbol{B}_1=\boldsymbol{\Phi}_{21}(-\boldsymbol{\lambda}_i^{-1})\boldsymbol{A}_{12}+\boldsymbol{\Phi}_{22}\boldsymbol{\lambda}_i^{-1}\boldsymbol{A}_{22} \tag{7.32}$$

$$\boldsymbol{B}_2=\boldsymbol{\Phi}_{11}(-\boldsymbol{\lambda}_i^{-1})\boldsymbol{A}_{12}+\boldsymbol{\Phi}_{12}\boldsymbol{\lambda}_i^{-1}\boldsymbol{A}_{22} \tag{7.33}$$

7.2.4 时域问题分析

坝前时域动水压力 $\boldsymbol{p}(t)$ 可由频域解 $\boldsymbol{p}(\omega)$ 通过傅里叶逆变换计算而得，即

$$\boldsymbol{p}(t)=\boldsymbol{H}_p(\omega)\mathrm{e}^{\mathrm{i}\omega t} \tag{7.34}$$

式中，$\boldsymbol{H}_p(\omega)$ 为动水压力的复频响应函数，表达式为

$$\boldsymbol{H}_p(\omega)=-\boldsymbol{\Phi}_{12}\boldsymbol{\Phi}_{22}{}^{-1}\boldsymbol{M}^1\boldsymbol{L}_1-(\boldsymbol{\Phi}_{12}\boldsymbol{\Phi}_{22}{}^{-1}\boldsymbol{B}_1-\boldsymbol{B}_2)\rho\boldsymbol{C}^0\boldsymbol{L}_2 \tag{7.35}$$

式中，$\boldsymbol{L}_1$ 为整体坐标方向与坝面法向的转换矩阵；$\boldsymbol{L}_2$ 为整体坐标方向与河谷岸坡法向的转换矩阵。

根据动水压力的单位脉冲响应函数计算式：

$$\boldsymbol{h}_p(t)=\frac{1}{2\pi}\int_{-\infty}^{+\infty}\boldsymbol{H}_p(\omega)\mathrm{e}^{\mathrm{i}\omega t}\mathrm{d}\omega \tag{7.36}$$

可获得地震荷载作用下坝面的总体动水压力计算式，采用卷积形式表示为

$$\boldsymbol{p}(t)=\int_0^t\boldsymbol{h}_p(t-\tau)\ddot{\boldsymbol{u}}_g(\tau)\,\mathrm{d}\tau \tag{7.37}$$

当假定库水为不可压缩时，动水压力的作用可以表示为附加质量矩阵形式，即

$$\boldsymbol{M}_p=-\frac{1}{\rho}\boldsymbol{L}_1^{\mathrm{T}}(\boldsymbol{M}^1)^{\mathrm{T}}[\boldsymbol{\Phi}_{12}\boldsymbol{\Phi}_{22}^{-1}\boldsymbol{M}^1\boldsymbol{L}_1+(\boldsymbol{\Phi}_{12}\boldsymbol{\Phi}_{22}^{-1}\boldsymbol{B}_1-\boldsymbol{B}_2)\rho\boldsymbol{C}^0\boldsymbol{L}_2] \tag{7.38}$$

该式可化简为

$$\boldsymbol{M}_p=\frac{1}{\rho}\boldsymbol{L}_1^{\mathrm{T}}(\boldsymbol{m}_u\boldsymbol{L}_1+\boldsymbol{m}_v\boldsymbol{L}_2) \tag{7.39}$$

式中，$\boldsymbol{m}_u$和 $\boldsymbol{m}_v$分别为与坝体迎水面加速度和库底与岸坡迎水面加速度相关的附加质量矩阵：

$$\boldsymbol{m}_u=-(\boldsymbol{M}^1)^{\mathrm{T}}\boldsymbol{\Phi}_{12}\boldsymbol{\Phi}_{22}^{-1}\boldsymbol{M}^1 \tag{7.40}$$

$$\boldsymbol{m}_v=-(\boldsymbol{M}^1)^{\mathrm{T}}(\boldsymbol{\Phi}_{12}\boldsymbol{\Phi}_{22}^{-1}\boldsymbol{B}_1-\boldsymbol{B}_2)\rho\boldsymbol{C}^0 \tag{7.41}$$

大坝-库水动力耦合分析中，只需将库水区产生的附加质量矩阵$\boldsymbol{M}_p$叠加到坝体有限元动力方程的质量阵中，即可考虑不同方向地震动输入时库区动水压力的作用。

7.3　附加质量矩阵稀疏化

对于坝体迎水面激振引起的动水压力，由于坝面某一节点的动水压力与坝面所有节点的加速度激励 $\ddot{\boldsymbol{u}}_n$都相关，该部分附加质量矩阵 $\boldsymbol{m}_u$是满阵，即所有元素都是非零的。对于基岩河谷激振引起的动水压力，由于坝面某一节点的动水压力仅与坝面-河谷交界线上的节点加速度激励$\ddot{\boldsymbol{v}}_n$相关，该部分附加质量矩阵 $\boldsymbol{m}_v$是稀疏矩阵，包含大量的零元素。

因此，由于附加质量矩阵$\boldsymbol{m}_u$的存在，库水区附加质量矩阵$\boldsymbol{M}_p$为满阵，导致动力分析中等效刚度矩阵求解耗时较大，尤其对于高面板坝等大规模非线性(弹塑性)数值计算问题，求解方程耗时将极为严重。

针对该问题，本节通过将附加质量矩阵简化为稀疏矩阵以提高 SBFEM-FEM 的耦合计算效率，并以典型面板坝非线性动力计算为例，讨论动水压力的分布规律、面板动应力响应及计算耗时的差异，验证简化方法的计算精度和效率。

7.3.1　附加质量的物理意义与分布特点

当附加质量矩阵 $\boldsymbol{m}_u$ 为 n 阶时(即坝体迎水面水位线以下有 n 个节点)，其元素$(\boldsymbol{m}_u)_{ij}$的物理意义为：单位法向加速度激励下，迎水面节点 j 引起的、作用于节点 i 上的动水压力。选取 $\boldsymbol{m}_u$ 中的第 i 行，即$(\boldsymbol{m}_u)_{i1}$, $(\boldsymbol{m}_u)_{i2}$,⋯, $(\boldsymbol{m}_u)_{ii}$,⋯, $(\boldsymbol{m}_u)_{in}$，则该行元素就表示坝体迎水面(水位线以下)所有节点对 i 处动水压力的贡献。

通过等腰梯形垂直坝面模型，研究附加质量矩阵 $\boldsymbol{m}_u$ 的分布特点。如图 7.2 所示，坝体高度为 200m，坝顶和坝底长度分别为 600m 和 200m。考虑在面板法向作用单位加速度，提取附加质量矩阵 $\boldsymbol{m}_u$ 中与迎水面节点 A(图 7.2)相关的所有元素，并与 A 处元素作商，得到归一化的相对值(图 7.3)。可以看出，远离 A 点的区域对该处动水压力贡献较小。因此，可以考虑只留下对其影响相对较大的元素，其余元素值取零。

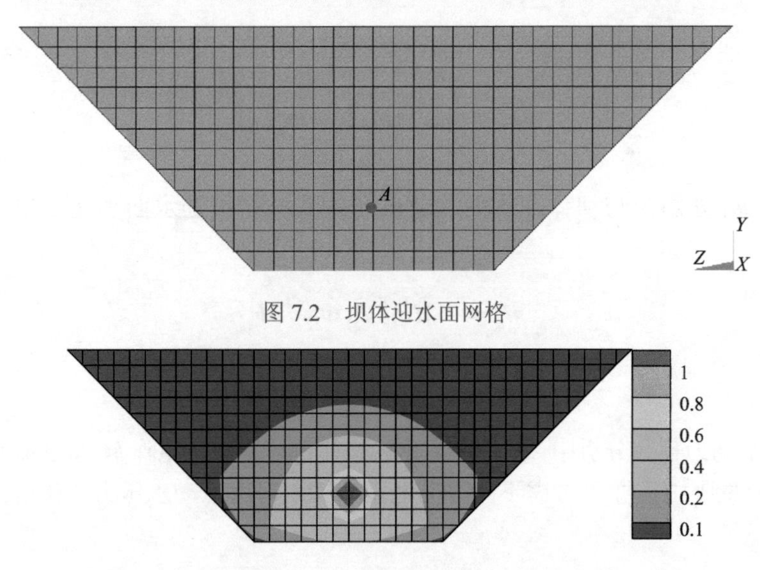

图 7.2　坝体迎水面网格

图 7.3　坝面所有节点对 A 处动水压力的贡献分布(归一化)

7.3.2　矩阵稀疏化处理方法

根据上述方案，本节介绍一种便捷、实用的矩阵稀疏化算法，实现过程如下：

(1)提取动水压力附加质量矩阵 $\boldsymbol{m}_u$ 的第 i 行元素，按元素值从大到小排列，并对该行元素进行累加，其和记为 S_i。

(2)定义保留系数 $\beta=S_{Li}/S_i$，其中 S_{Li} 为该行需保留的元素之和，通过 $\beta(0\leqslant\beta\leqslant1.0)$ 确定保留的元素。其中 $\beta=1.0$ 表示附加质量矩阵完全保留，没有化简；$\beta=0$ 表示附加质量矩阵完全删除，不考虑动水压力。

(3)按照上述原则，从第 1 行开始处理，直到最后 1 行。

下面以典型面板坝的非线性动力流固耦合分析为例，讨论保留系数 β 的取值范围及其影响。

7.3.3 数值算例分析

1. 模型信息与参数

面板坝计算模型如图 7.4 所示，其最大坝高为 275m，上下游坡度分别为 1∶1.4 和 1∶1.6，坝底宽 95m，库区水深 265m，面板厚度为 0.3+0.0035h(h 为面板距坝顶高度，单位为 m)。采用六面体及其退化网格离散，共计生成 37860 个单元，在坝体底部和两岸施加三个方向位移约束。

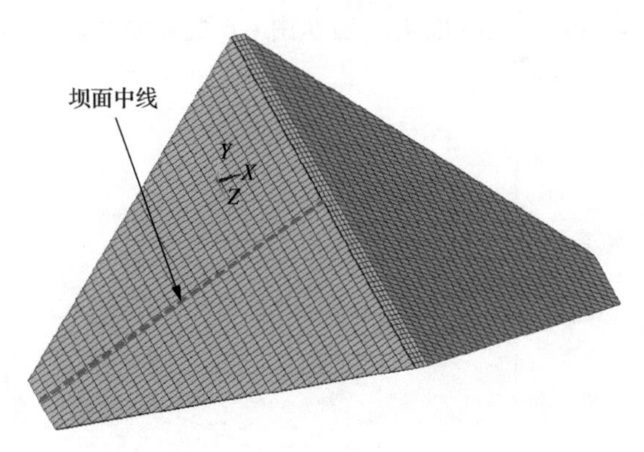

图 7.4 面板坝计算模型

图 7.5 给出了库水区网格离散示意图，可直接采用坝体迎水面网格作为棱柱形半无限域库水的边界面网格。

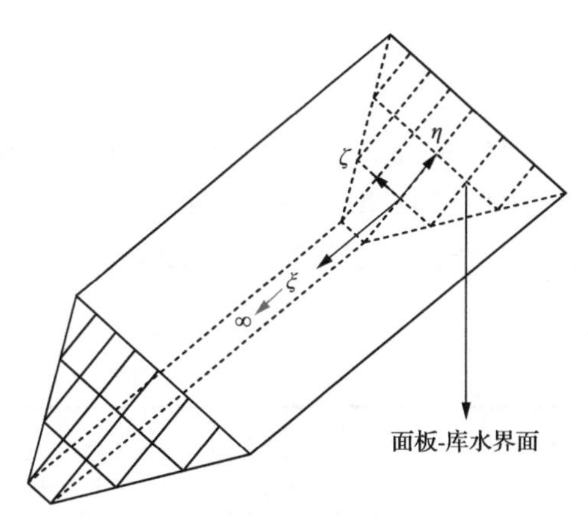

图 7.5 库水区离散网格示意图

2. 保留系数与保留率

根据上述离散模型，坝体迎水面水位以下共有 2329 个节点，则附加质量矩阵 $\boldsymbol{m}_u$ 包含 2329×2329=5424241 个元素。本节讨论保留系数 β=1.0、0.8、0.6、0.4 四种工况，表 7.1 列出了不同条件下，保留元素的个数及其占总量的比例(定义为保留率)。

表 7.1　附加质量阵稀疏化效果

保留系数 β	留下元素/个	保留率/%
1.0	5424241	100
0.8	888242	16.4
0.6	380948	7.0
0.4	148384	2.7

图 7.6 给出了保留率与保留系数的关系曲线。可以看出，随着保留系数的降低，当 β 由 1.0 变化至 0.8 时，保留率降低速度很快；当 β 由 0.6 变化至 0 时，保留率降低速度较慢。

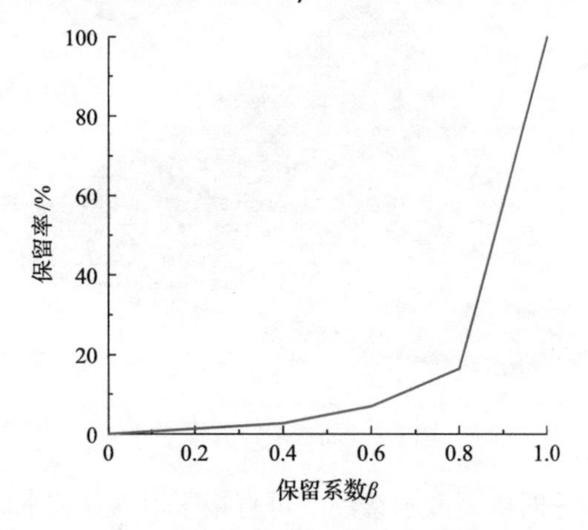

图 7.6　保留率与保留系数的关系曲线

3. 计算参数

堆石料采用广义塑性模型(Ling and Liu. , 2003; Zou et al. , 2013; Liu and Zou, 2013)，参数如表 7.2 所示。面板采用线弹性模型，弹性模量 E 取 30GPa，泊松比 ν 为 0.167。面板与垫层之间接触面采用理想弹塑性模型(刘京茂等, 2015; 刘京茂, 2015)，参数如表 7.3 所示。

表 7.2　堆石料广义塑性模型参数

G_0	K_0	m_s	m_v	M_g	M_f	α_f	α_g	H_0
2400	2500	0.2	0.28	1.75	1.5	0.45	0.45	2900
m_l	β_0	β_1	H_{u0}	m_u	r_d	γ_{DM}	γ_u	
0.2	50	0.023	2900	0.25	105	70	7.0	

表 7.3　理想弹塑性接触面模型参数(刘京茂等, 2015; 刘京茂, 2015)

k_1	k_2/(kPa/m)	n	φ/(°)	c/kPa
300	10^7	0.8	41.5	0

采用两向地震波输入，加速度时程曲线如图 7.7 所示，其中顺河向和竖向峰值加速

度分别为 1.5m/s^2 和 1.0m/s^2。

本次计算所用台式计算机的处理器型号为 Intel(R) Xeon(R) CPU E5-2697 V2，主频为 2.7GHz。

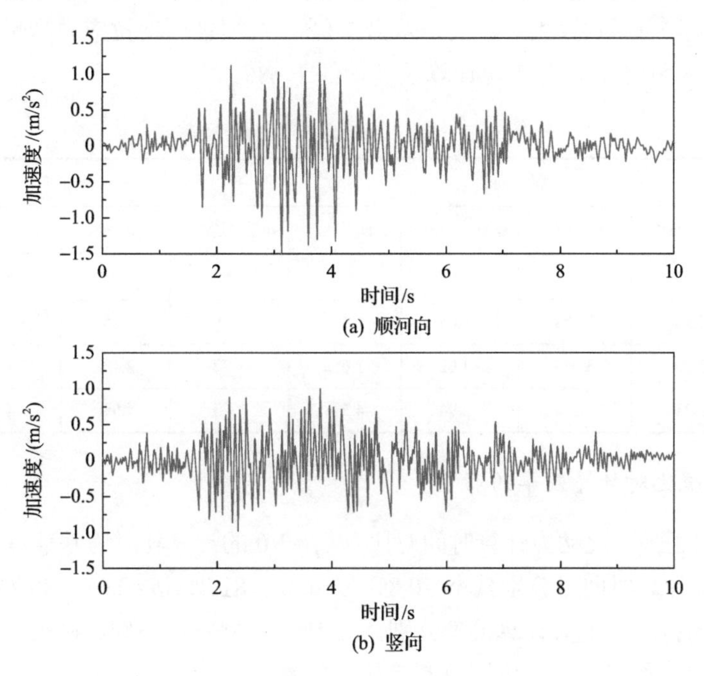

图 7.7 输入加速度时程曲线

4. 矩阵稀疏化对动水压力的影响

地震作用下，动水压力绝对值沿坝面中线(图 7.4)的分布包络线如图 7.8 所示。可以看出，随 β 减小，动水压力逐渐减小，且不同工况所得结果基本一致。

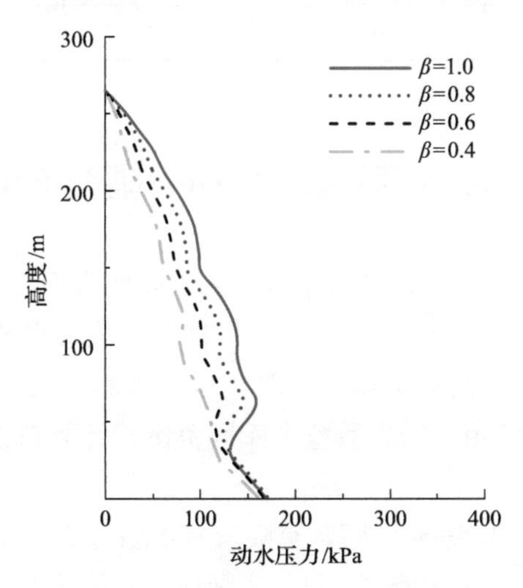

图 7.8 坝面中线动水压力包络线

5. 矩阵稀疏化对面板动应力的影响

表 7.4 列出了面板动应力极值及误差情况(以 β=1.0 的计算结果为基准)。可以看出，β 对顺坡向动拉应力影响较大，最大误差为 7.1%；对坝轴向动拉应力影响较小，最大误差为 4.9%；当 β>0.6 时，各工况计算误差均低于 5%。

表 7.4　各工况下面板动应力极值及误差

保留系数 β	顺坡向				坝轴向			
	拉应力/MPa	误差/%	压应力/MPa	误差/%	拉应力/MPa	误差/%	压应力/MPa	误差/%
1.0	2.38	—	−3.07	—	1.82	—	−4.99	—
0.8	2.33	2.1%	−3.04	1.0%	1.79	1.6%	−4.97	0.4%
0.6	2.29	3.8%	−3.02	1.6%	1.77	2.7%	−4.98	0.2%
0.4	2.21	7.1%	−2.94	4.2%	1.73	4.9%	−4.94	1.0%

6. 矩阵稀疏化对计算效率的影响

表 7.5 列出了各工况动力计算时间对比(以 β=1.0 的计算耗时为基准)。可以看出，当 β 取不同值时，计算时间可分别减小 70.8%(β=0.8)、81.8%(β=0.6)、86.7%(β=0.4)，对应的面板顺坡向拉应力最大计算误差分别为 2.1%、3.8%和 7.1%。显然，在保证求解精度的条件下，矩阵稀疏化处理可有效改善计算效率。

表 7.5　各工况计算耗时对比

	保留系数 β			
	1.0	0.8	0.6	0.4
计算耗时/min	1490.2	434.4	271.4	197.9
计算耗时减小比例/%	100	70.8	81.8	86.7

7.4　大坝-有限域库水动力耦合 SBFEM

为便于工程枢纽布置、降低建造成本等，我国多座大坝工程选址于河谷拐弯处(洪家渡、紫坪铺等，见图 7.9)。大坝-无限域库水耦合方法采用棱柱形河谷假定，不适用于坝前拐弯库区等复杂形状的动水压力计算，通常将其当成有限域问题进行分析，其中 FEM 应用最为广泛，但由于需离散整个库区范围，计算自由度过多(许贺，2019)，求解效率低。

针对这个问题，作者团队发展了大坝-有限域库水动力耦合 SBFEM。如图 7.10 所示，将相似中心 O 选取在库水自由表面，则只需离散库水与固体的交界面以及库水的截断边界，径向解析计算，即可获得动水压力数值解。

(a) 棱柱形河谷库区

(b) 拐弯河谷库区

图 7.9　坝前河谷库区形状

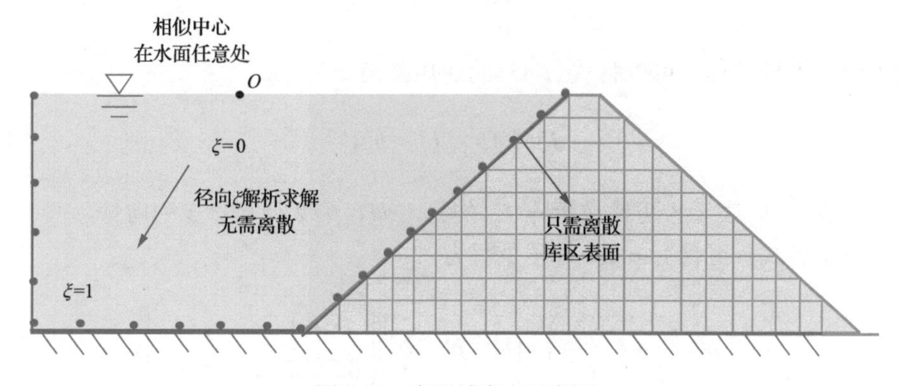

图 7.10　有限域库水示意图

7.4.1　SBFEM 控制方程推导

采用加权余量法对坝前有限域库区动水压力的基本方程和边界条件进行离散，可得到弱积分形式的等式方程，即

$$\int_V \nabla w \nabla \boldsymbol{p} \mathrm{d}V + \rho \int_S w \ddot{\boldsymbol{u}}_n \mathrm{d}S + \rho \int_S w \ddot{\boldsymbol{v}}_n \mathrm{d}S = 0 \tag{7.42}$$

下面介绍该方程的推导过程，首先说明整体坐标与 SBFEM 局部坐标的转换关系。假定相似中心 O 位于坐标原点，则库区内任意点的位置可表示为

$$\begin{aligned} \hat{\boldsymbol{x}}(\xi,\eta,\zeta) &= \xi\, \boldsymbol{x}(\eta,\zeta) = \xi \boldsymbol{N}(\eta,\zeta)\, \overline{\boldsymbol{x}} \\ \hat{\boldsymbol{y}}(\xi,\eta,\zeta) &= \xi\, \boldsymbol{y}(\eta,\zeta) = \xi \boldsymbol{N}(\eta,\zeta)\, \overline{\boldsymbol{y}} \\ \hat{\boldsymbol{z}}(\xi,\eta,\zeta) &= \xi\, \boldsymbol{z}(\eta,\zeta) = \xi \boldsymbol{N}(\eta,\zeta)\, \overline{\boldsymbol{z}} \end{aligned} \tag{7.43}$$

式中，$\overline{\boldsymbol{x}}$、$\overline{\boldsymbol{y}}$、$\overline{\boldsymbol{z}}$ 为环向边界单元的节点坐标向量；$\boldsymbol{N}(\eta,\zeta)$ 为边界面单元的插值函数，只与环向局部坐标 ζ 和 η 相关，与径向坐标 ξ 无关。

将式(7.43)代入微分算子公式，可得

$$\begin{Bmatrix} \dfrac{\partial}{\partial \hat{x}} \\ \dfrac{\partial}{\partial \hat{y}} \\ \dfrac{\partial}{\partial \hat{z}} \end{Bmatrix} = \hat{\boldsymbol{J}}^{-1} \begin{Bmatrix} \dfrac{\partial}{\partial \xi} \\ \dfrac{\partial}{\partial \eta} \\ \dfrac{\partial}{\partial \zeta} \end{Bmatrix} = \boldsymbol{J}^{-1} \begin{Bmatrix} \dfrac{\partial}{\partial \xi} \\ \dfrac{1}{\xi}\dfrac{\partial}{\partial \eta} \\ \dfrac{1}{\xi}\dfrac{\partial}{\partial \zeta} \end{Bmatrix} \tag{7.44}$$

其中，整体坐标和局部坐标之间的雅可比矩阵为

$$\hat{\boldsymbol{J}}(\xi,\eta,\zeta) = \begin{bmatrix} 1 & & \\ & \xi & \\ & & \xi \end{bmatrix} \begin{bmatrix} \hat{x}_{,\xi} & \hat{y}_{,\xi} & \hat{z}_{,\xi} \\ \hat{x}_{,\eta} & \hat{y}_{,\eta} & \hat{z}_{,\eta} \\ \hat{x}_{,\zeta} & \hat{y}_{,\zeta} & \hat{z}_{,\zeta} \end{bmatrix} = \begin{bmatrix} 1 & & \\ & \xi & \\ & & \xi \end{bmatrix} \boldsymbol{J} \tag{7.45}$$

为了简化推导过程，可以将式(7.45)的逆矩阵简记为

$$\boldsymbol{J}^{-1} = [\boldsymbol{b}^1 \quad \boldsymbol{b}^2 \quad \boldsymbol{b}^3] \tag{7.46}$$

式中，$\boldsymbol{b}^1$、$\boldsymbol{b}^2$、$\boldsymbol{b}^3$表示雅可比逆矩阵$\boldsymbol{J}^{-1}$的第1列、第2列和第3列向量。

基于以上各式，可将Laplace算子重写为

$$\nabla = \boldsymbol{b}^1 \frac{\partial}{\partial \xi} + \frac{1}{\xi}\left(\boldsymbol{b}^2 \frac{\partial}{\partial \eta} + \boldsymbol{b}^3 \frac{\partial}{\partial \zeta}\right) = [\boldsymbol{b}^1 \quad \boldsymbol{b}^2 \quad \boldsymbol{b}^3]\left[\frac{\partial}{\partial \xi} \quad \frac{1}{\xi}\frac{\partial}{\partial \eta} \quad \frac{1}{\xi}\frac{\partial}{\partial \zeta}\right]^{\mathrm{T}} \tag{7.47}$$

通过雅可比矩阵，可以在SBFEM局部坐标系中将微元体积表示为

$$\mathrm{d}V = \xi^2 \left|\boldsymbol{J}\right| \mathrm{d}\xi \mathrm{d}\eta \mathrm{d}\zeta \tag{7.48}$$

采用与坐标插值相同的形函数$\boldsymbol{N}(\eta,\zeta)$，可将动水压力和权函数表示为

$$\boldsymbol{p}(\xi,\eta,\zeta) = \boldsymbol{N}(\eta,\zeta)\boldsymbol{p}(\xi) \tag{7.49}$$

$$\boldsymbol{w}(\xi,\eta,\zeta) = \boldsymbol{N}(\eta,\zeta)\boldsymbol{w}(\xi) \tag{7.50}$$

将式(7.46)～式(7.50)代入动水压力积分方程(7.42)，并利用格林公式进行分部积分，最终可以得到动水压力频域控制方程和边界条件，即

$$\boldsymbol{E}^0 \xi^2 \boldsymbol{p}(\xi)_{,\xi\xi} + (2\boldsymbol{E}^0 + (\boldsymbol{E}^1)^{\mathrm{T}} - \boldsymbol{E}^1)\xi \boldsymbol{p}(\xi)_{,\xi} + ((\boldsymbol{E}^1)^{\mathrm{T}} - \boldsymbol{E}^2)\boldsymbol{p}(\xi) = 0 \tag{7.51}$$

$$\left.(\boldsymbol{E}^0 \boldsymbol{p}(\xi)_{,\xi} + (\boldsymbol{E}^1)^{\mathrm{T}} \boldsymbol{p}(\xi) + \boldsymbol{M}^1 \ddot{\boldsymbol{u}}_n + \boldsymbol{M}^2 \ddot{\boldsymbol{v}}_n)\right|_{\xi=1} = 0 \tag{7.52}$$

式中，各系数计算式为

$$
\begin{aligned}
\boldsymbol{E}^0 &= \int_{-1}^{1}\int_{-1}^{1}(\boldsymbol{B}^1)^{\mathrm{T}}\boldsymbol{B}^1\left|\boldsymbol{J}\right|\mathrm{d}\eta\mathrm{d}\zeta \\
\boldsymbol{E}^1 &= \int_{-1}^{1}\int_{-1}^{1}(\boldsymbol{B}^2)^{\mathrm{T}}\boldsymbol{B}^1\left|\boldsymbol{J}\right|\mathrm{d}\eta\mathrm{d}\zeta \\
\boldsymbol{E}^2 &= \int_{-1}^{1}\int_{-1}^{1}(\boldsymbol{B}^2)^{\mathrm{T}}\boldsymbol{B}^2\left|\boldsymbol{J}\right|\mathrm{d}\eta\mathrm{d}\zeta
\end{aligned} \tag{7.53}
$$

$$
\begin{aligned}
\boldsymbol{M}^1 &= \rho\int_{-1}^{1}\int_{-1}^{1}\boldsymbol{N}^{\mathrm{T}}\boldsymbol{N}A\mathrm{d}\eta\mathrm{d}\zeta \\
\boldsymbol{M}^2 &= \rho\int_{-1}^{1}\int_{-1}^{1}\boldsymbol{N}^{\mathrm{T}}\boldsymbol{N}A\mathrm{d}\eta\mathrm{d}\zeta
\end{aligned} \tag{7.54}
$$

$$
A=\sqrt{(y_{,\eta}z_{,\zeta}-z_{,\eta}y_{,\zeta})^2+(z_{,\eta}x_{,\zeta}-x_{,\eta}z_{,\zeta})^2+(x_{,\eta}y_{,\zeta}-y_{,\eta}x_{,\zeta})^2} \tag{7.55}
$$

$$
\begin{aligned}
\boldsymbol{B}^1 &= \boldsymbol{b}^1\boldsymbol{N}(\eta,\zeta) \\
\boldsymbol{B}^2 &= \boldsymbol{b}^2\boldsymbol{N}(\eta,\zeta)_{,\eta}+\boldsymbol{b}^3\boldsymbol{N}(\eta,\zeta)_{,\zeta}
\end{aligned} \tag{7.56}
$$

从式(7.53)～式(7.56)可以看出，各个系数矩阵都与径向坐标ξ无关，可直接通过库水边界面单元求得，然后再按自由度组装集成总系数矩阵。

7.4.2 SBFEM 控制方程求解

引入动水压力节点力矩阵和刚度矩阵$\boldsymbol{S}(\xi)$，则可获得有限域库水任意断面动水压力应力平衡方程，即

$$
\boldsymbol{Q}(\xi)=\boldsymbol{E}^0\xi^2\boldsymbol{p}(\xi)_{,\xi}+(\boldsymbol{E}^1)^{\mathrm{T}}\xi\boldsymbol{p}(\xi) \tag{7.57}
$$

$$
\boldsymbol{S}(\xi)\boldsymbol{p}(\xi)=\boldsymbol{Q}(\xi)=\boldsymbol{E}^0\xi^2\boldsymbol{p}(\xi)_{,\xi}+(\boldsymbol{E}^1)^{\mathrm{T}}\xi\boldsymbol{p}(\xi) \tag{7.58}
$$

在方程两边同时对径向坐标ξ求导数，可得

$$
\begin{aligned}
&\boldsymbol{S}(\xi)_{,\xi}\boldsymbol{p}(\xi)+\boldsymbol{S}(\xi)\boldsymbol{p}(\xi)_{,\xi}-\boldsymbol{E}^0\xi^2\boldsymbol{p}(\xi)_{,\xi\xi} \\
&-(2\boldsymbol{E}^0+(\boldsymbol{E}^1)^{\mathrm{T}})\xi\boldsymbol{p}(\xi)_{,\xi}-(\boldsymbol{E}^1)^{\mathrm{T}}\boldsymbol{p}(\xi)=0
\end{aligned} \tag{7.59}
$$

将式(7.59)代入式(7.51)，经过整理、合并、化简，可获得动水压力动刚度控制方程，即

$$
(\boldsymbol{S}(\xi)-\xi\boldsymbol{E}^1)(\xi\boldsymbol{E}^0)^{-1}(\boldsymbol{S}(\xi)-\xi(\boldsymbol{E}^1)^{\mathrm{T}})+\boldsymbol{S}(\xi)-\xi^2\boldsymbol{E}^2=0 \tag{7.60}
$$

为获取坝体迎水面的动水压力，即环向边界处，可直接取$\xi=1$，则式(7.60)及边界条件可重写为

$$(\boldsymbol{S}-\boldsymbol{E}^1)(\boldsymbol{E}^0)^{-1}(\boldsymbol{S}-(\boldsymbol{E}^1)^{\mathrm{T}})+\boldsymbol{S}-\boldsymbol{E}^2=0 \tag{7.61}$$

$$\boldsymbol{Sp}=-\boldsymbol{M}^1\ddot{\boldsymbol{u}}_n-\boldsymbol{M}^2\ddot{\boldsymbol{v}}_n \tag{7.62}$$

Song 和 Wolf(1997)给出了动刚度 $\boldsymbol{S}$ 的求解方法，根据 SBFEM 理论，代入边界条件，可解得坝前库水动水压力为

$$\boldsymbol{p}=-\boldsymbol{S}^{-1}(\boldsymbol{M}^1\ddot{\boldsymbol{u}}_n+\boldsymbol{M}^2\ddot{\boldsymbol{v}}_n) \tag{7.63}$$

然后将其代入 SBFEM-FEM 的大坝-库水系统动力流固耦合方程(7.64)：

$$\boldsymbol{M}_s\ddot{\boldsymbol{u}}_r(t)+\boldsymbol{C}_s\dot{\boldsymbol{u}}_r(t)+\boldsymbol{K}_s\boldsymbol{u}_r(t)=-\boldsymbol{M}_s\ddot{\boldsymbol{u}}_g(t)-\frac{1}{\rho}(\boldsymbol{M}^1)^{\mathrm{T}}\boldsymbol{p}(\xi=0) \tag{7.64}$$

式中，$\boldsymbol{M}_s$、$\boldsymbol{C}_s$ 和 $\boldsymbol{K}_s$ 分别为坝体(和地基)的质量、阻尼和刚度矩阵；$\ddot{\boldsymbol{u}}_r(t)$ 、$\dot{\boldsymbol{u}}_r(t)$ 和 $\boldsymbol{u}_r(t)$ 分别为相对加速度、速度和位移向量；$\ddot{\boldsymbol{u}}_g(t)$ 为输入系统的地震加速度向量。

对于刚性地基的情况，可解得动水压力的质量矩阵为

$$\begin{aligned}&(\boldsymbol{M}_s+\boldsymbol{M}_{pu})\ddot{\boldsymbol{u}}_r(t)+\boldsymbol{C}_s\dot{\boldsymbol{u}}_r(t)+\boldsymbol{K}_s\boldsymbol{u}_r(t)\\&=-(\boldsymbol{M}_s+\boldsymbol{M}_{pu})\ddot{\boldsymbol{u}}_g(t)-\boldsymbol{M}_{pv}\ddot{\boldsymbol{u}}_g(t)\end{aligned} \tag{7.65a}$$

$$\begin{aligned}\boldsymbol{M}_{pu}&=-\frac{1}{\rho}\boldsymbol{L}_1^{\mathrm{T}}(\boldsymbol{M}^1)^{\mathrm{T}}\boldsymbol{S}^{-1}\boldsymbol{M}^1\boldsymbol{L}_1\\\boldsymbol{M}_{pv}&=-\frac{1}{\rho}\boldsymbol{L}_1^{\mathrm{T}}(\boldsymbol{M}^1)^{\mathrm{T}}\boldsymbol{S}^{-1}\boldsymbol{M}^2\boldsymbol{L}_2\end{aligned} \tag{7.65b}$$

式中，$\boldsymbol{M}_{pu}$ 和 $\boldsymbol{M}_{pv}$ 分别为动水压力质量矩阵的坝面分量与河谷分量，且 $\boldsymbol{M}_{pv}\ddot{\boldsymbol{u}}_g(t)$ 可以提前计算，故只需将动水压力附加质量矩阵 $\boldsymbol{M}_{pu}$ 叠加到坝体动力有限元方程的质量矩阵中，即可建立有限域坝-库动力耦合分析方法。

7.5 有限域库水坝面动水压力分析

下面通过刚性坝(只有刚体位移，无坝体变形)算例，讨论坝前库水区截断长度、库水区网格离散方案对坝面动水压力计算精度的影响。

7.5.1 库水区截断长度的影响

如图 7.11 所示，坝体迎水面的高度和宽度均为 250m，假定库水区截断长度分别为 500m (2 倍水深)、375m(1.5 倍水深)、250m(1 倍水深)。库水模型采用坝体迎水面网格生成，其中紫色为河谷边界，红色为库水区截断边界。采用两向地震波单独输入，时程曲线为 $f(t)$=sin(2πt)的正弦波。

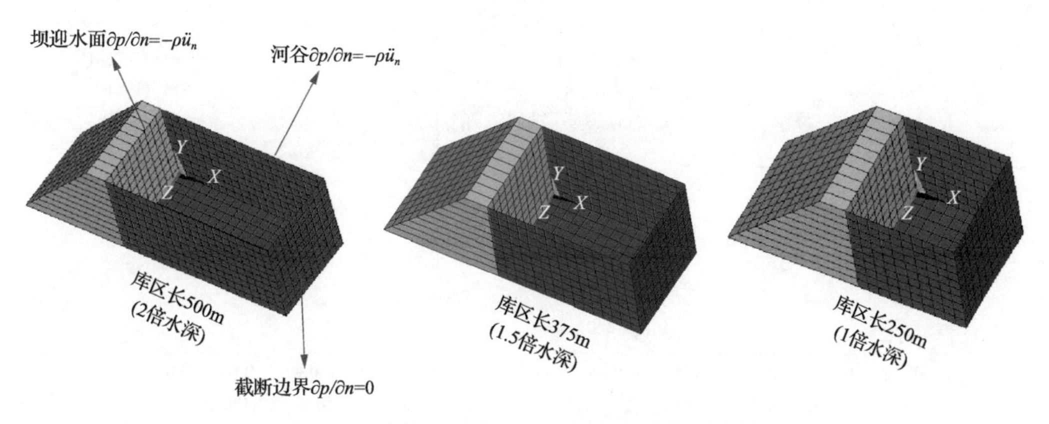

图 7.11　坝体和有限域库水区网格离散示意图

图 7.12～图 7.14 给出了不同工况的计算值与理论值(肖天铎和周淦明, 1965)对比情况，图中单位采用标准化动水压力，即通过密度 ρ、加速度峰值 a 和水深 H 获得标准化的动水压力。可以看出，顺河向地震下，当截断长度(即库区长度)为 250m 时，存在明显的计算误差，当截断长度为 500m 时，计算值与理论值吻合良好；竖向地震下，各工

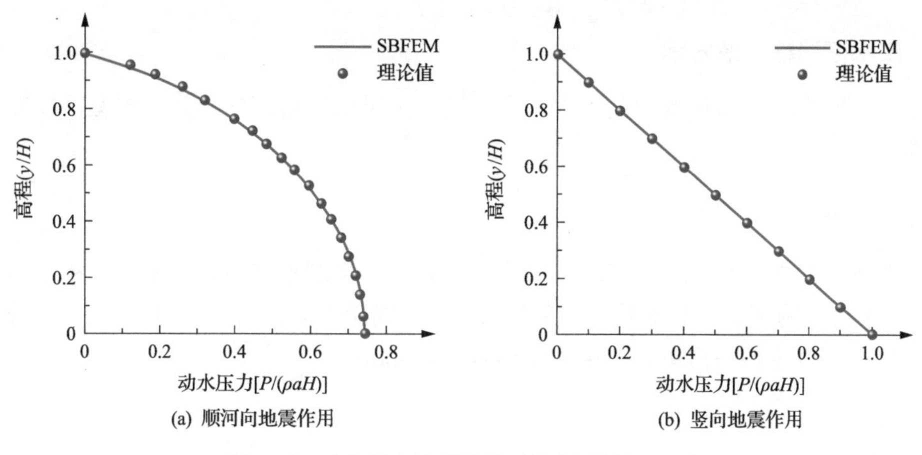

图 7.12　动水压力计算结果对比(库区长 500m)

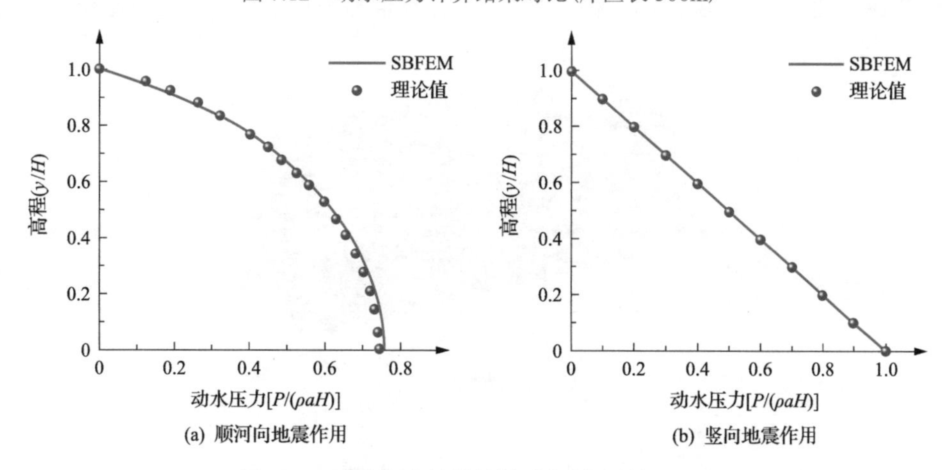

图 7.13　动水压力计算结果对比(库区长 375m)

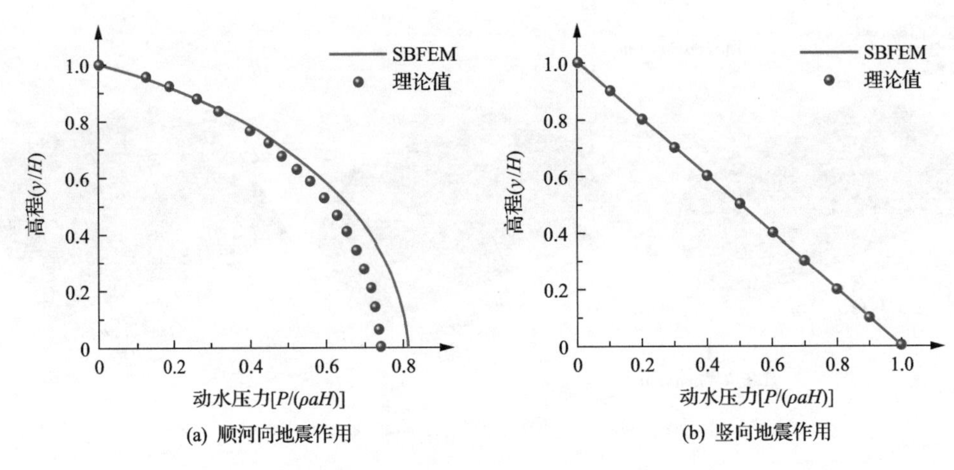

图 7.14　动水压力计算结果对比(库区长 250m)

况计算值均与理论值吻合良好。

因此，有限域库水 SBFEM 分析时，当截断长度为 2 倍水深时，可以满足无穷远处边界辐射条件，保证较高的计算精度。

7.5.2　库水区网格离散方案

在确定库水区截断长度的基础上，本节进一步讨论网格简化的处理方案，以提高分析效率。

1. 计算模型

图 7.15～图 7.17 给出了矩形、等腰直角三角形和半圆形三组不同库水区模型离散示意图，其中坝面附近采用相对较细的网格离散，远端库水区采用长条形单元划分(长宽比为 10 : 1)，即设定的条形单元长度为 1 倍水深(250m)。

2. 计算结果

图 7.18～图 7.22 给出了不同库区动水压力计算值与理论值对比。可以看出，各工况

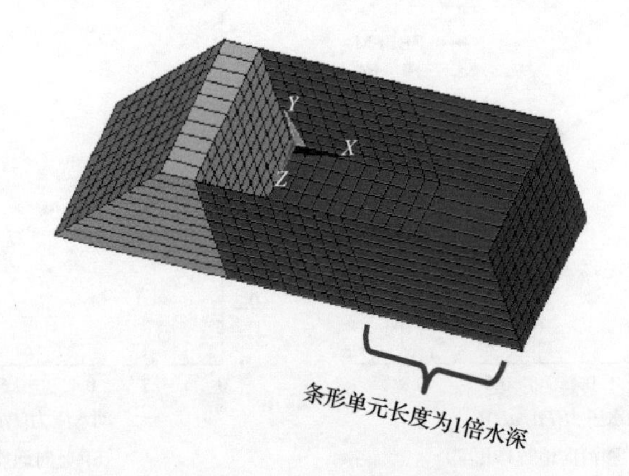

图 7.15　矩形河谷的垂直坝面

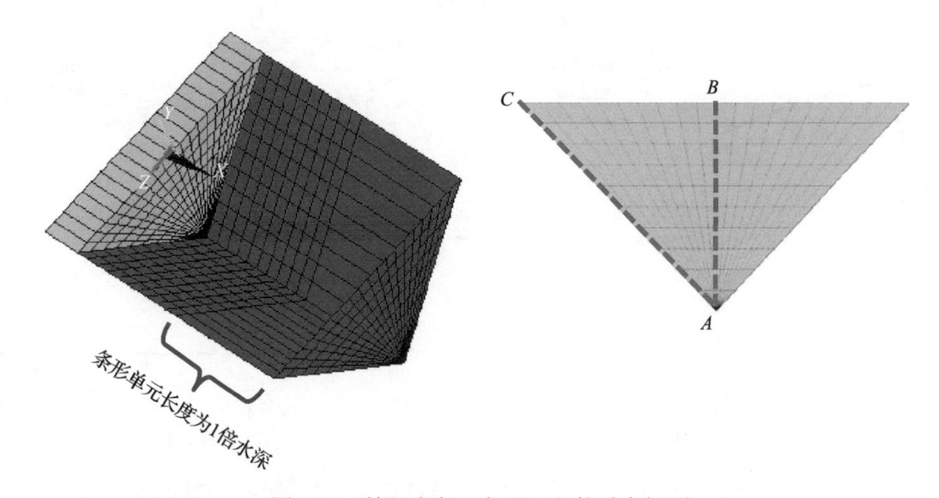

图 7.16　等腰直角三角形河谷的垂直坝面

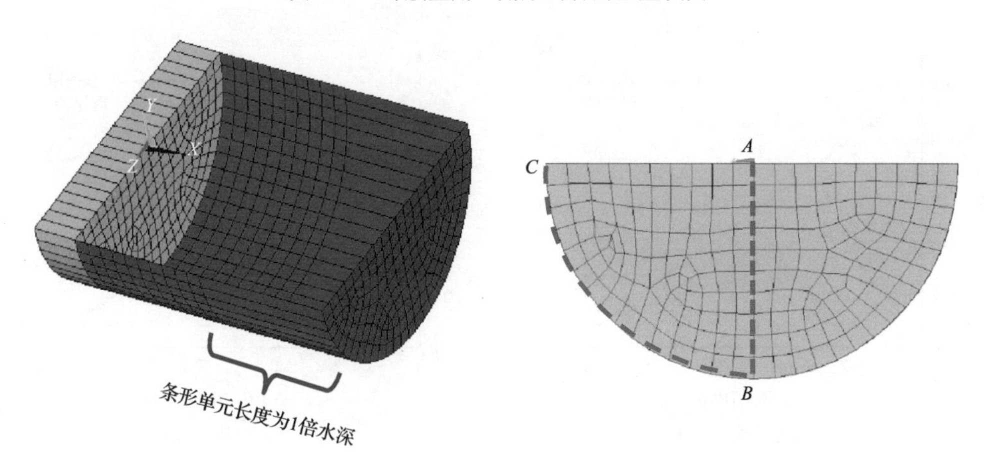

图 7.17　半圆形河谷的垂直坝面

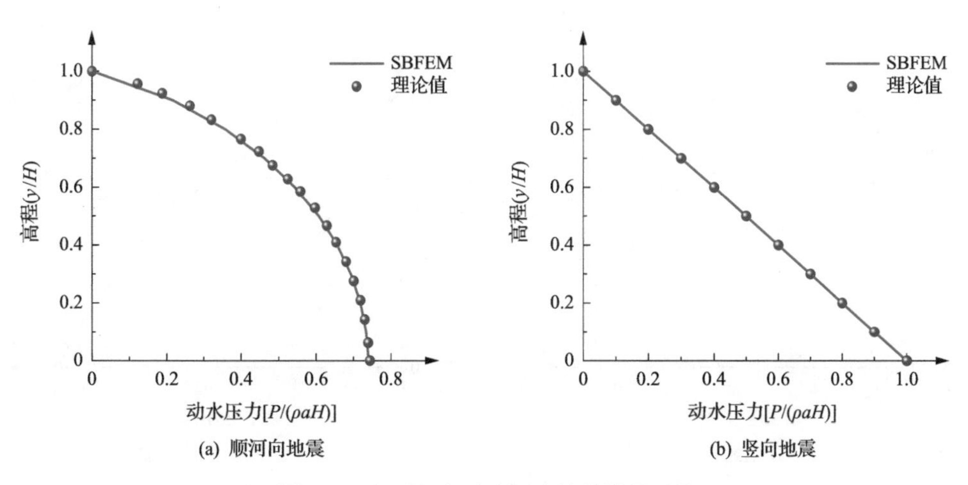

图 7.18　矩形河谷动水压力计算结果对比

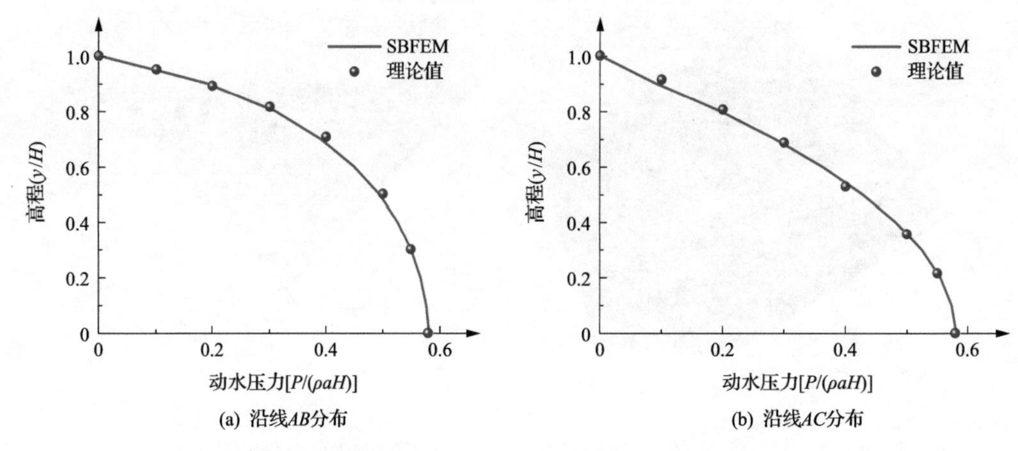

图 7.19 顺河向地震下三角形河谷动水压力计算结果对比

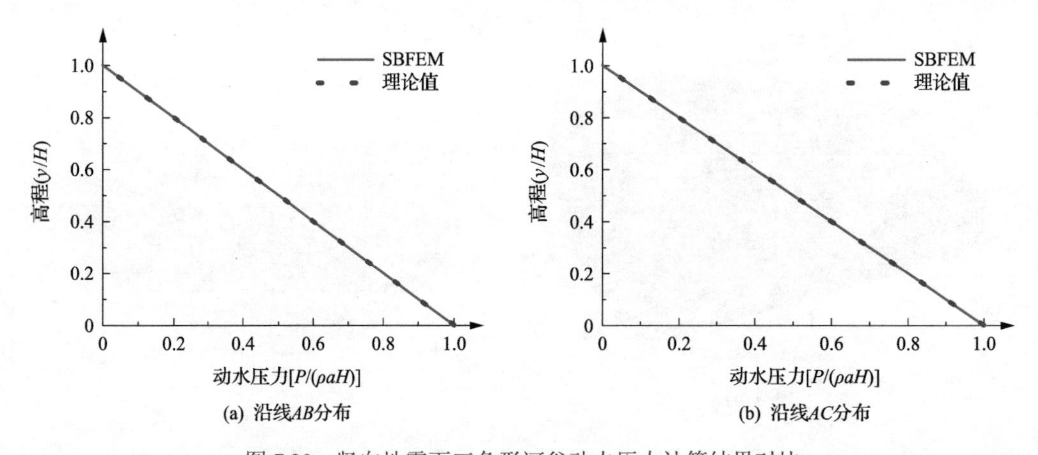

图 7.20 竖向地震下三角形河谷动水压力计算结果对比

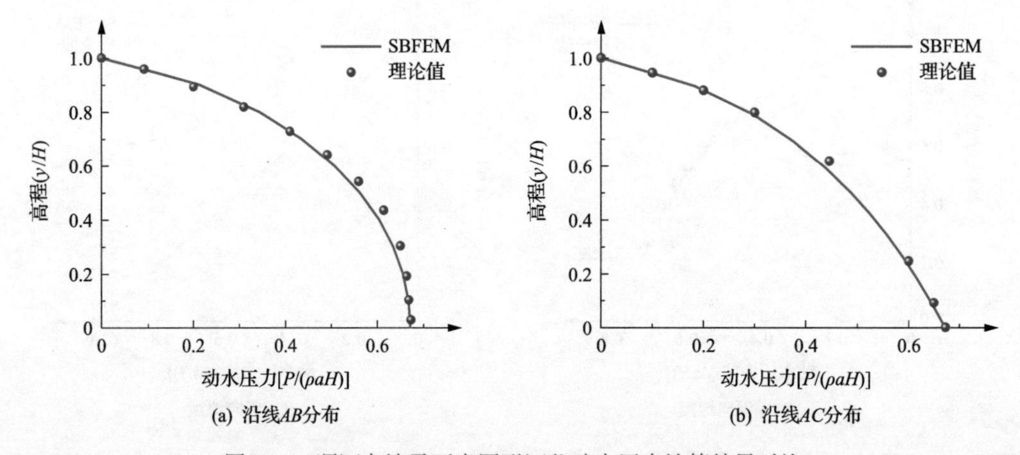

图 7.21 顺河向地震下半圆形河谷动水压力计算结果对比

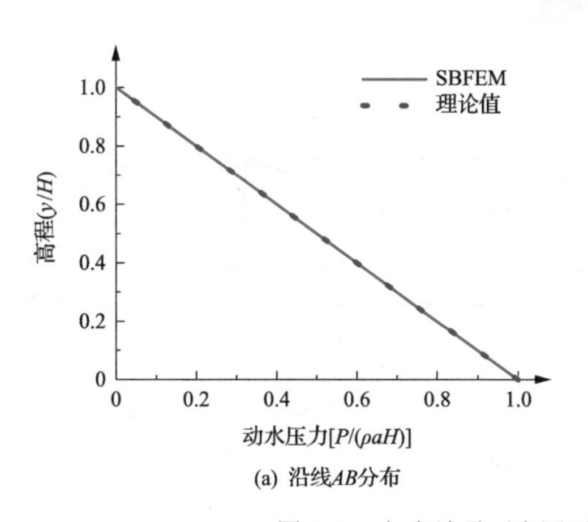

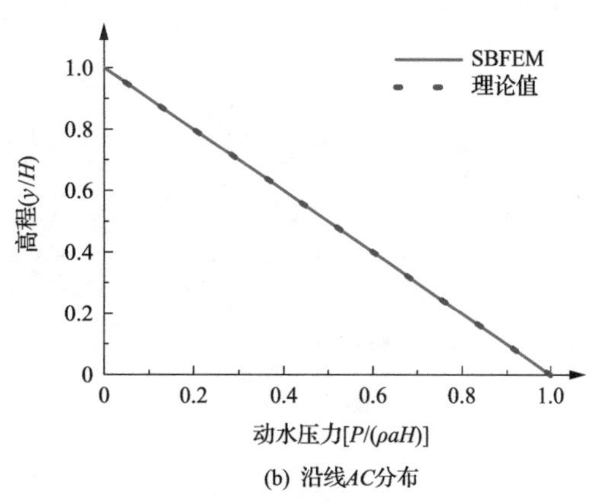

图 7.22　竖向地震下半圆形河谷动水压力计算结果对比

下，计算值与理论值（肖天铎和周淦明, 1965; Chwang, 1978）吻合良好，表明采用长度为 1 倍水深的条形单元离散远端库水区，不会影响求解精度，可以提高计算效率。

7.6　拐弯河谷库水区对坝面动水压力的影响

基于上述研究，本节以典型面板坝动力分析为例，讨论拐弯河谷库水区的坝面动水压力分布特点和采用棱柱形河谷假定的求解误差。

7.6.1　计算模型参数和地震动输入

几何模型：坝体最大高度为 240m，上下游坡度分别为 1∶1.4 和 1∶1.6，坝底宽 100m，库区水深 228m；面板厚度为 0.3+0.0035h（h 为面板距坝顶的高度，单位为 m）。

坝体网格：如图 7.23 所示，采用六面体及其退化网格离散，共计 13656 个单元，在坝体底部和两岸施加三个方向位移约束。

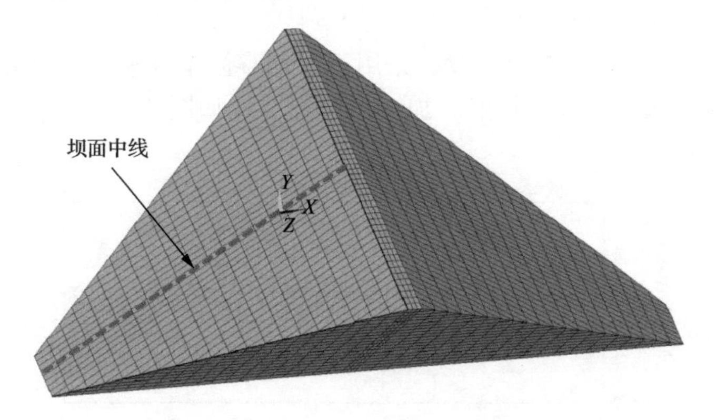

图 7.23　典型面板坝有限元网格

库水网格：①采用无限域分析方法，直接利用坝体迎水面网格表面信息生成库水网格，如图 7.24 所示；②采用有限域分析方法，库水网格如图 7.25 所示，包括坝体迎水面

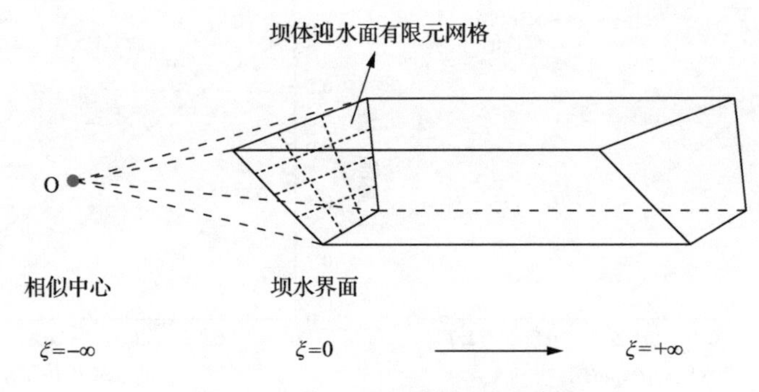

图 7.24　半无限域库水网格示意图

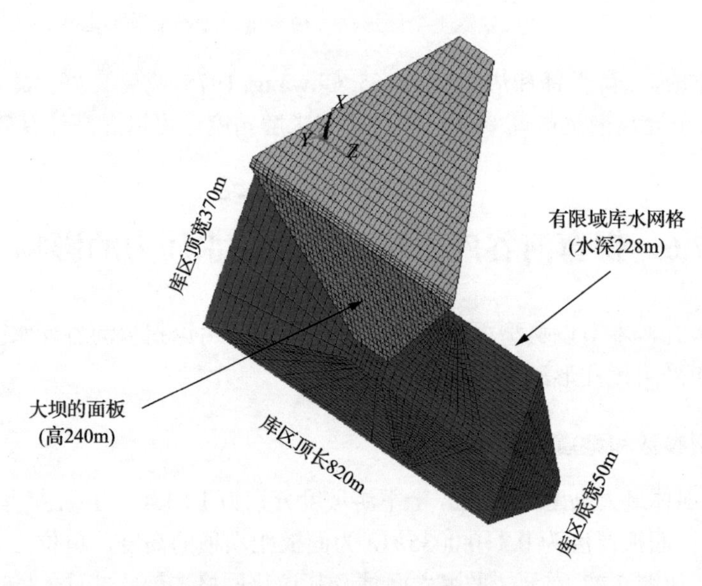

图 7.25　拐弯库区网格离散示意图

(绿色)、库水区边界(紫色)、截断边界(红色)。

采用 7.3.3 节中的材料参数计算。采用三向地震波单独输入，研究不同方向地震作用下库水区动水压力的分布特点。加速度时程曲线如图 7.26 所示，峰值加速度均为 $2m/s^2$。

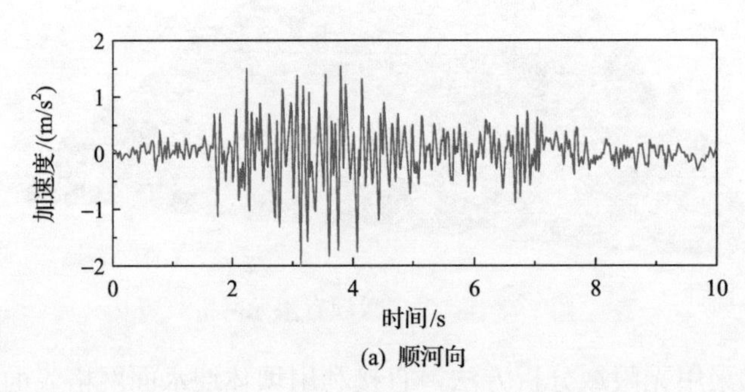

(a) 顺河向

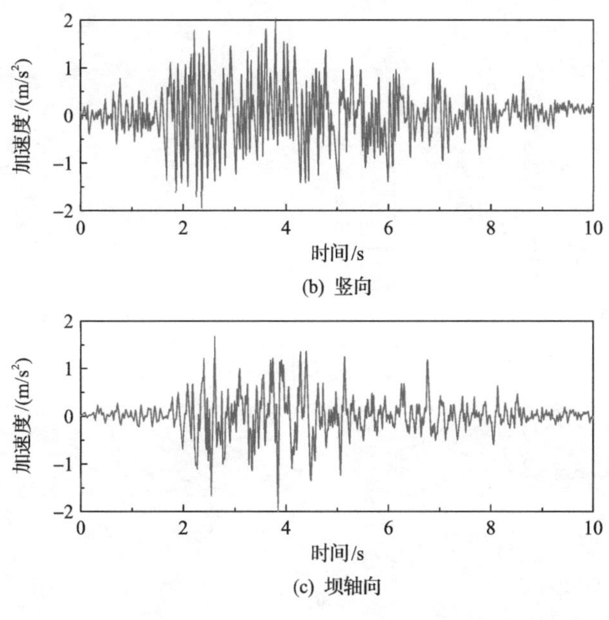

图 7.26　输入加速度时程曲线

7.6.2　动水压力分布规律

图 7.27～图 7.29 给出了两种方法计算结果对比情况(以指向面板作用为正)，总体规律总结如下：

(1) 采用无限域分析方法(棱柱形河谷假定)时，动水压力分布完全对称，其中顺河向地震下，最大值出现在距坝基 1/3 水深处；坝轴向地震下，最大值出现在面板两侧。

(2) 采用有限域分析方法时，动水压力分布不对称，其中顺河向地震下，最大值出现在坝基附近；坝轴向地震下，最大值出现在面板左侧。

(3) 竖向地震下，两种方法所得动水压力分布规律基本一致。

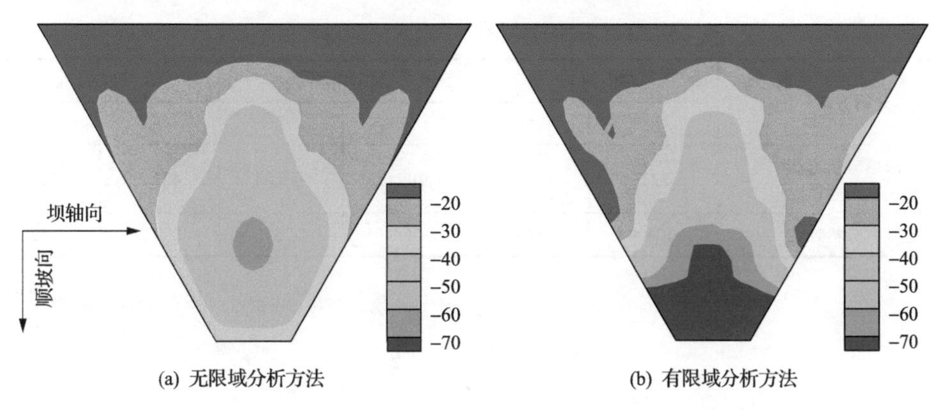

图 7.27　顺河向地震下负动水压力最大值(单位：kPa)

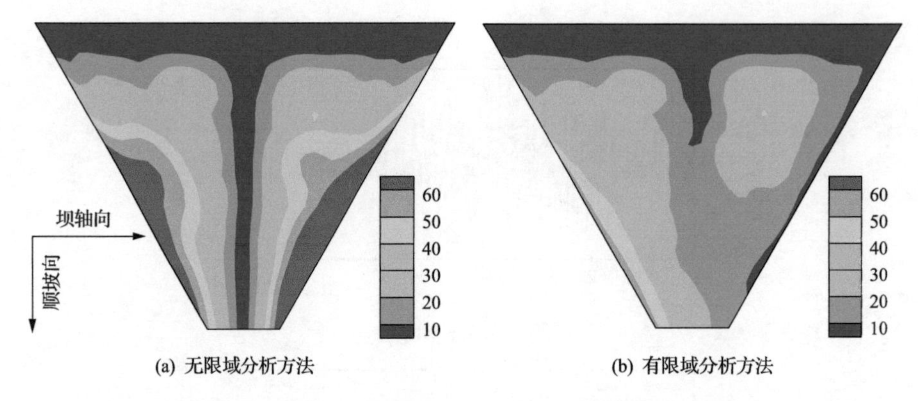

(a) 无限域分析方法　　(b) 有限域分析方法

图 7.28　坝轴向地震下正动水压力最大值(单位：kPa)

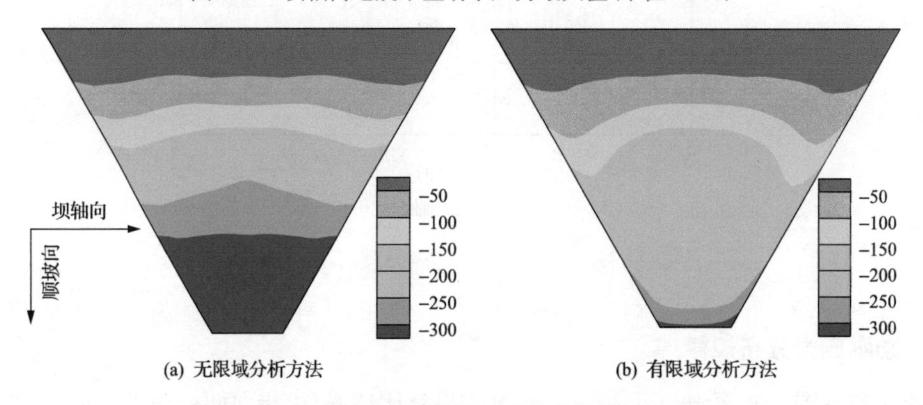

(a) 无限域分析方法　　(b) 有限域分析方法

图 7.29　竖向地震下负动水压力最大值(单位：kPa)

表 7.6 列出了不同工况所得动水压力的最大值。可以看出，顺河向地震下，无限域分析方法(棱柱形河谷假定)计算结果偏小 52.6%(负)；坝轴向和竖向地震下，无限域分析方法(棱柱形河谷假定)分别偏大 48.7%(负)和 48.5%(负)。因此，对于转弯河谷库区情况下，动水压力计算采用棱柱形假定是不准确的，采用基于有限域库水的 SBFEM 进行大坝-库水的动力相互作用分析是必要的。

表 7.6　不同方向地震下动水压力最大值

分析方法	顺河向/kPa		坝轴向/kPa		竖向/kPa	
	正	负	正	负	正	负
无限域分析方法(棱柱形河谷假定)	72.5	−66.8	109.0	−107.4	422.7	−488.6
有限域分析方法	104.4	−140.9	55.9	−75.6	298.2	−329.1

7.7　小　　结

本章分别介绍了基于无限域和有限域的面板坝-库水动力耦合 SBFEM，并通过数值算例进行了验证，主要结论有：

(1)针对半无限域库水模拟时动水压力附加质量矩阵为满阵的问题，提出了稀疏化矩阵的方法，在保证计算精度的情况下，计算效率明显提高。

(2)讨论了库水区截断长度对动水压力计算精度的影响，在有限域坝-库水动力耦合SBFEM分析中，建议库水区截断长度为2倍水深，可满足无穷远处边界辐射条件，保证了计算精度和效率。

(3)以典型面板坝为例，研究了棱柱形河谷假定对拐弯库区面板动水压力的计算误差，建议可采用基于有限域库水的SBFEM进行复杂河谷条件的大坝-库水动力相互作用分析。

参考文献

孔宪京, 邹德高. 2016. 高土石坝地震灾变模拟与工程应用[M]. 北京: 科学出版社.

刘京茂. 2015. 堆石料和接触面弹塑性本构模型及其在面板堆石坝中的应用研究[D]. 大连: 大连理工大学.

刘京茂, 孔宪京, 邹德高. 2015. 接触面模型对面板与垫层间接触变形及面板应力的影响[J]. 岩土工程学报, 37(4): 700-710.

肖天铎, 周淦明. 1965. 河谷断面形式对铅直坝面上地震动水压力的影响[J]. 水利学报, (1): 1-15.

许贺. 2019. 高面板堆石坝与库水系统动力流固耦合分析方法研究[D]. 大连: 大连理工大学.

Chwang A T. 1978. Hydrodynamic pressures on sloping dams during earthquakes. Part 2. Exact theory[J]. Journal of Fluid Mechanics, 87(2): 343-348.

Ling H I, Liu H B. 2003. Pressure-level dependency and densification behavior of sand through generalized plasticity model[J]. Journal of Engineering Mechanics, 129(8): 851-860.

Liu H B, Zou D G. 2013. Associated generalized plasticity framework for modeling gravelly soils considering particle breakage[J]. Journal of Engineering Mechanics, 139(5): 606-615.

Song C M, Wolf J P. 1997. The scaled boundary finite—element method—alias consistent infinitesimal finite—element cell method-for elastodynamics[J]. Computer Methods in Applied Mechanics and Engineering, 147(3-4): 329-355.

Wang Y, Lin G, Hu Z Q. 2015. Novel nonreflecting boundary condition for an infinite reservoir based on the scaled boundary finite-element method[J]. Journal of Engineering Mechanics, 141(5): 4014150.

Zou D G, Xu B, Kong X J, et al. 2013. Numerical simulation of the seismic response of the Zipingpu concrete face rockfill dam during the Wenchuan earthquake based on a generalized plasticity model[J]. Computers and Geotechnics, 49: 111-122.

第8章

比例边界有限元和多数值耦合的集成

8.1 引　　言

高土石坝等大型土工构筑物数值模拟涉及多场耦合、非连续变形、强非线性、跨尺度等复杂难点，仅采用单一数值方法较难满足分析需求。目前广泛应用的 FEM 理论成熟、算法高效稳定。SBFEM 支持复杂多面体单元，易于跨尺度精细化分析。无网格方法(MFM)无需构造单元，灵活性强，适宜非连续、大变形分析等。不同计算方法的结合更能充分发挥优势互补的作用，是解决高土石坝精细化分析的有效途径。

目前国际上还没有将 SBFEM、FEM、MFM 耦合到一起的商用软件，本章基于作者团队开发的 GEODYNA 有限元软件系统，采用面向对象的 C++语言，设计构造了超单元类(super elements，S-elements)数据结构，在同一框架内集成了多边形/多面体 SBFEM 单元算法、无网格界面模拟方法。集成的超单元类可直接调用 GEODYNA 丰富的材料库、荷载库和算法库等，实现了 SBFEM-FEM-MFM 的无缝耦合分析。在此基础上，采用相似加速等技术提高了大规模动力分析的效率。

8.2 GEODYNA 软件系统简介

没有软件，新知识无法集成，难以解决重大工程问题。作者团队从 20 世纪 90 年代开始，通过整合“七五”、“八五”、“九五”、“十五”期间开发的有限元分析程序，在 10 多项国家自然科学基金面上项目、7 项国家自然科学基金重点和重大项目的资助下，自主研发了 GEODYNA 软件系统(孔宪京和邹德高, 2016)，其源代码超过 40 万行，软件特色包括：

(1)采用一致的命令输入方法、单元激活方法、应变势作用方法、时间积分方法、强度折减方法，集成填筑、开挖、湿化、蠕变、地震永久变形、固结、动力、稳定等全过程分析，建立了大型土工构筑物统一分析的软件开发模型。

(2)基于 Visual Studio C++开发平台和 MFC 开发环境，采用类型抽象、继承、重载和多态等面向对象设计方法，对有限元分析中的材料本构模型、孔隙水渗流模型、地震孔隙水压力模型、单元类型、荷载类型、求解器进行类型封装和设计，建立功能强大的岩土工程有限元分析模型的类库。

(3)集成了高土石坝等大型土工构筑物地震破坏研究的成果，包括堆石料的广义塑性模型、混凝土的塑性损伤模型、接触面的三维弹塑性模型、地震波动输入方法等，实现了高土石坝破坏全过程的数值仿真分析。

截至目前，GEODYNA 软件已应用于国内外 60 多个水利水电、核电、水运工程，也在多个设计和科研单位推广(包括中国电建集团成都勘测设计研究院有限公司、中国电建集团华东勘测设计研究院有限公司、中水东北勘测设计研究有限责任公司、天津市海岸带工程有限公司、郑州大学等)，其中，7 度以上地震区 200m 以上高土石坝应用率约 90%，百万千瓦级的核电厂应用率约 85%，主要的土石坝工程见表 8.1。

表 8.1　GEODYNA 软件应用的代表性工程

项目名称	坝型	坝高/m	覆盖层厚度/m	设防地震加速度/g
如美	心墙坝	315	—	0.44
双江口	心墙坝	314	60	0.205
两河口	心墙坝	295	—	0.288
大石峡	面板坝	247	—	0.365
猴子岩	面板坝	223	—	0.297
长河坝	心墙坝	240	70	0.40
拉哇	面板坝	239	—	0.37
吉林台	面板坝	157	—	0.462
糯扎渡	心墙坝	261.5	—	0.283
下板地	心墙坝	80	148	0.30
泸定	心墙坝	84	148.6	0.325
卡拉贝利	心墙坝	92.5	—	0.359
温泉	面板坝	102	—	0.17
五一	心墙坝	102.5	—	0.218
旁多	心墙坝	72.3	150	0.42
凉风台	面板坝	100	48	0.149
吉音	面板坝	125	—	0.20
阿尔塔什	面板坝	164.8	100	0.321
茨哈峡	面板坝	266	—	0.266
国外 005 坝	面板坝	138.5	—	0.33

8.3 基于 SBFEM 的单元类集成

8.3.1 SBFEM 和 FEM 单元构造

采用面向对象的程序设计思想，首先抽象概括出 SBFEM 和 FEM 单元构造的共同属性(如构造单元形函数，求解偏导矩阵、应变矩阵、质量矩阵、刚度矩阵、阻尼矩阵等)，然后制定通用的成员函数、外部调用接口、内部继承关系等，进而统一两种算法在程序内部的实现过程。图 8.1 给出了两种算法的程序求解流程，其中 SBFEM 的具体实现过程如下：

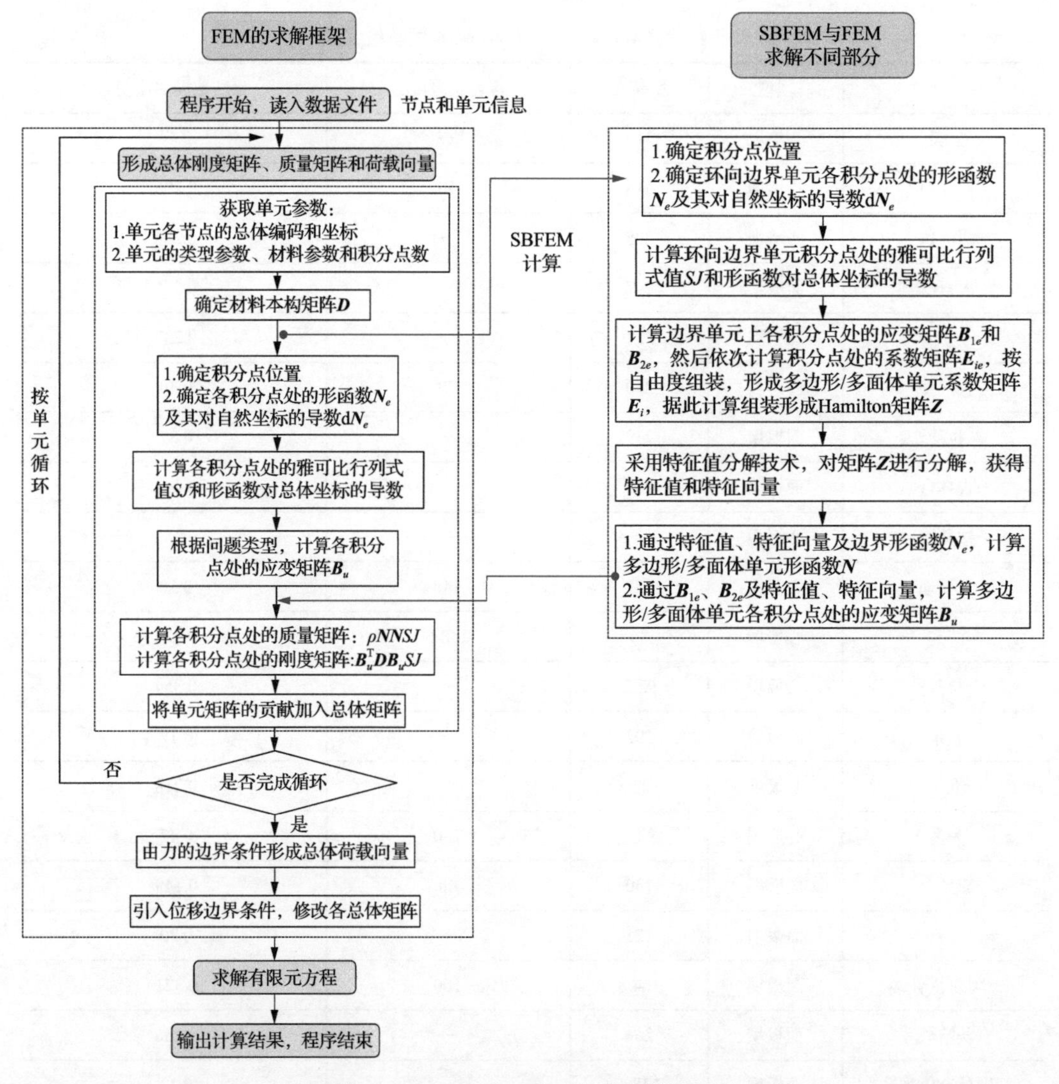

图 8.1 SBFEM 与 FEM 程序求解流程图

(1)程序开始，读入数据文件。

(2)形成总体刚度矩阵、质量矩阵和荷载向量。

①从读入的数据文件中获取单元参数，即单元各节点的总体编号和坐标，单元的类型参数、材料参数及积分点数。

②调用本构模块，获取材料本构矩阵 $\boldsymbol{D}$。

③按积分点循环，计算单元矩阵中被积函数值。

A. 确定积分点位置，以此确定各积分点处的环向边界单元形函数 $\boldsymbol{N}_e$ 及其对自然坐标的导数 $\mathrm{d}\boldsymbol{N}_e$;

B. 环向边界单元上计算各积分点处的雅可比行列式值 SJ;

C. 计算边界单元上各积分点处的应变矩阵 $\boldsymbol{B}_{1e}$ 和 $\boldsymbol{B}_{2e}$，然后依次计算积分点处的系数矩阵 $\boldsymbol{E}_{ie}$，按自由度组装，形成多边形/多面体单元系数矩阵 $\boldsymbol{E}_i$，据此计算组装形成 Hamilton 矩阵 $\boldsymbol{Z}$;

D. 采用特征值分解技术，对 $\boldsymbol{Z}$ 矩阵进行分解，获得特征值和特征向量;

E. 通过 $\boldsymbol{B}_{1e}$、$\boldsymbol{B}_{2e}$ 及特征值、特征向量，计算多边形/多面体单元各积分点处的应变矩阵 $\boldsymbol{B}_u$;

F. 通过特征值、特征向量及边界形函数 $\boldsymbol{N}_e$，计算多边形/多面体单元形函数 $\boldsymbol{N}$;

G. 计算各积分点处的质量矩阵 $\rho\boldsymbol{N}\boldsymbol{N}SJ$ 和刚度矩阵 $\boldsymbol{B}_u^{\mathrm{T}}\boldsymbol{D}\boldsymbol{B}_uSJ$;

H. 将各积分点加权求和，得到单元矩阵。

④将单元矩阵的贡献加入总体矩阵。

⑤由边界条件形成总体荷载向量。

⑥引入位移边界条件，修改各总体矩阵。

(3)求解方程(静力分析、动力响应分析等)。

(4)输出计算结果，程序结束。

可以看出，本书实现的 SBFEM 与 FEM(王勖成, 2002)的差别在于单元形函数和应变矩阵的求解，其余计算步骤都一致。因此，可以通过适当的扩展，统一两种单元的程序设计方法，实现 SBFEM 与 FEM 的无缝耦合分析。

8.3.2 多边形/多面体单元编码规则

为便于程序统一和维护修改，GEODYNA 设计时，规定了相应的编码规则。如图 8.2(a)所示，可根据单元类型号实现不同的求解功能，如平面固体等参四边形单元为 1，用于多孔介质求解的等参单元则为 2。同理，图 8.3 给出了八节点六面体等参单元的编码规则，单元号、材料号等与二维一致，仅节点编号有所区别，该编码方式数据结构固定、简单。

为与 FEM 数据结构兼容，便于程序使用和修改，本节针对多边形/多面体单元节点数、面数任意导致整体数据结构不固定的问题，增加了动态的面数、节点数和节点编号，制定了多边形/多面体单元的编码格式[图 8.2(b)和图 8.4]。

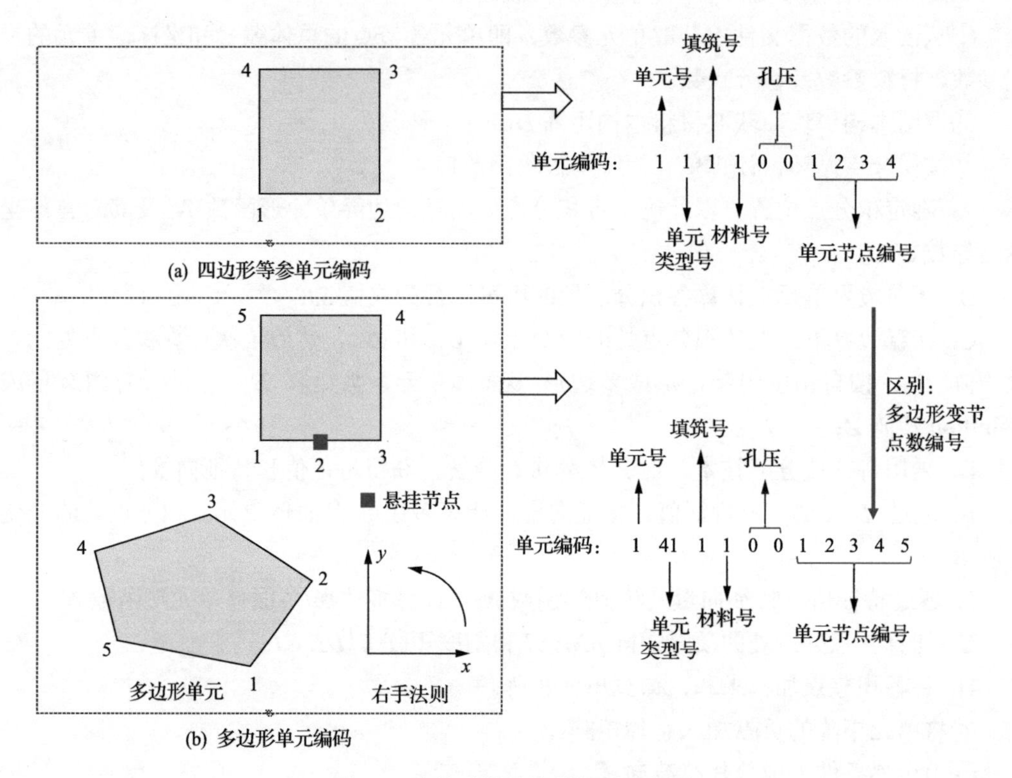

图 8.2　多边形单元编码规则示意图

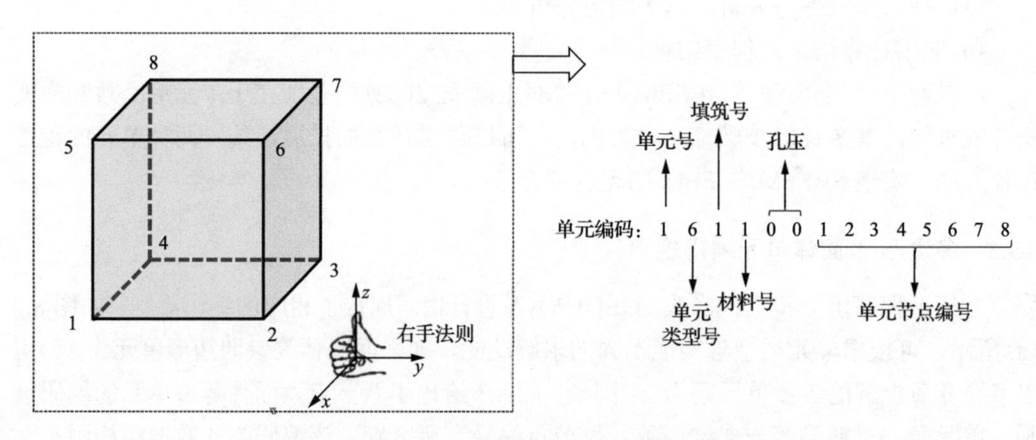

图 8.3　八节点六面体等参单元编码规则示意图

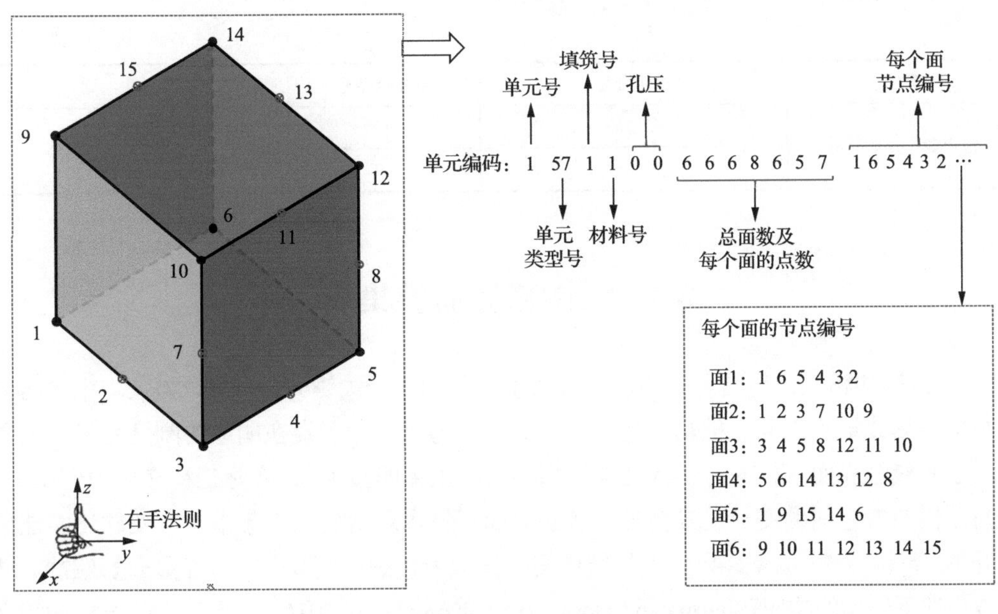

图 8.4　多面体单元节点编码规则示意图

8.3.3　多边形/多面体单元类集成

基于上述程序框架和单元编码规则，作者在 GEODYNA 软件系统上集成了前述章节发展的多种多边形/多面体单元类，本书将其统称为超单元类，表 8.2 列出了单元的基本信息和适用特点。实际计算中，只需根据读入的单元信息，通过单元类型号，自动识别分配对应的单元求解方案，可实现多种数值方法的无缝耦合计算，提高了数值分析的灵活性。

表 8.2　集成的多边形/多面体 SBFEM 超单元类

求解功能	单元命名	单元类型号	备注
弹性分析	多边形	41	支持任意凸多边形 环向边界积分
	多面体	48	边界面限制为 三角形或四边形
		53	边界面可为多边形
弹塑性分析	多边形	44	支持任意凸多边形 域内分块积分
	多面体	54	边界面限制为 三角形或四边形
		55	边界面可为多边形 域内积分方案 1
		56	边界面可为多边形 域内积分方案 2
		57	边界面可为多边形 域内积分方案 3

续表

求解功能	单元命名	单元类型号	备注
饱和多孔介质分析	多边形	47	引入孔压自由度 拓展用于饱和土分析
	多面体	80	

8.4 无网格界面类集成

土-结构的相互作用是土木和水利等大型工程的一个关键共性问题，如大坝中的防渗体与堆石体或地基之间、桩基与地基之间等。土与结构由于存在明显的刚度差异，两种介质之间接触界面(带)的力学特性与远离界面的土体明显不同。实际工程在外力作用下，土与结构两者之间的变形差异会导致接触界面(带)出现剪切应变集中、应变软化、法向张开-闭合等，这些现象会导致土与结构间的接触力传递机制复杂，进而显著影响静、动荷载条件下结构的响应(Sharma and Desai, 1982; Kong et al., 2016)。因此，土-结构的相互作用分析是揭示工程中结构损伤破坏机理的重要环节(孔宪京等, 2021)。

目前在分析土-结构间接触问题时，常用方法是将其等效为特殊单元和对应的力学特性问题进行分析，即接触界面单元方法，代表性的有 Goodman 单元(Goodman et al., 1968)和薄层单元(Zienkiewicz et al., 1970)等。但这类方法只能满足节点-节点一一对应的情况，对于高土石坝等岩土工程中土-结构间尺度差异较大的问题，难以实现土-结构间网格尺寸高效跨越，不便于精细研究结构的力学特性(邹德高等, 2018)。

8.4.1 无网格界面分析算法

为此，作者团队基于常规界面单元理论(Goodman et al., 1968)和无网格分析方法思想(Liu and Gu, 2002)，并将上述超单元类设计思想拓展于界面分析，开发了无网格界面算法(mesh-free method interface, MFMI)(邹德高等, 2018; Gong et al., 2019, 2020a, 2020b)。如图 8.5 所示，该界面算法在结构侧节点采用线性插值，在土体侧节点采用径向基函数插值(Liu and Gu, 2001, 2002)，摆脱了常规界面单元两侧需严格点对点的束缚。下面简要介绍该算法的关键方程。

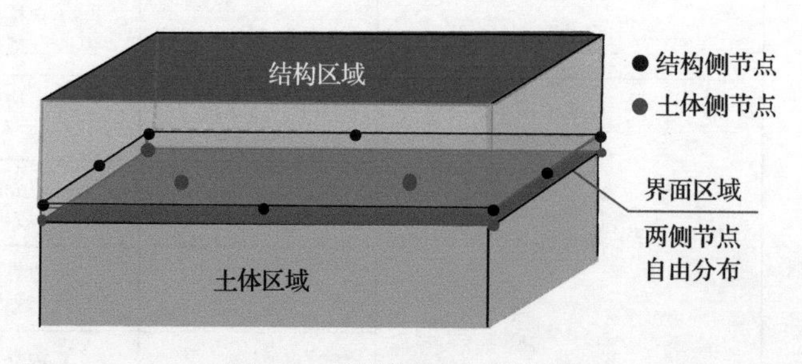

图 8.5　无网格界面示意说明

结构侧采用的线性插值模式为

$$u_{\text{stru}}(x)=\phi_{1,\text{stru}}u_1+\phi_{2,\text{stru}}u_2+\phi_{3,\text{stru}}u_3+\phi_{4,\text{stru}}u_4 \tag{8.1}$$

$$\begin{aligned}
&\phi_{1,\text{stru}}=\frac{1}{4}\left(1-\frac{x}{L_x}\right)\left(1-\frac{y}{L_y}\right),\quad \phi_{2,\text{stru}}=\frac{1}{4}\left(1-\frac{x}{L_x}\right)\left(1+\frac{y}{L_y}\right)\\
&\phi_{3,\text{stru}}=\frac{1}{4}\left(1+\frac{x}{L_x}\right)\left(1-\frac{y}{L_y}\right),\quad \phi_{4,\text{stru}}=\frac{1}{4}\left(1+\frac{x}{L_x}\right)\left(1+\frac{y}{L_y}\right)
\end{aligned} \tag{8.2}$$

土体侧采用的径向基函数插值模式为

$$u_{\text{soil}}(x)=\sum_{i=1}^{n}B(r_{i,j})a_i+\sum_{k=1}^{m}p(l_k)b_k \tag{8.3}$$

$$B(r_{i,j})=(r_{i,j}^2+C^2)^q \tag{8.4}$$

式(8.1)～式(8.4)中，$u_{\text{stru}}(x)$、$u_{\text{soil}}(x)$分别为结构、土体侧位移场；x、y分别为积分点局部坐标；$B(r_{i,j})$为径向基(采用复合2次：MQ)；C、q为形状参数，可取C=3, q=1.03(Liu and Gu, 2002)；n为土体侧支持域内节点个数；$p(l_k)$为在径向基函数中增加的多形式基函数；m为增加的多形式基函数个数；a_i和b_k为待求常数。

联立式(8.3)和式(8.4)，可得到如下矩阵方程：

$$\begin{bmatrix}u\\0\end{bmatrix}=\begin{bmatrix}\boldsymbol{R}_n & \boldsymbol{P}_3\\ \boldsymbol{P}_3^{\text{T}} & 0\end{bmatrix}\times\begin{bmatrix}\boldsymbol{A}\\ \boldsymbol{B}\end{bmatrix} \tag{8.5}$$

求解式(8.5)可得

$$\boldsymbol{A}=\boldsymbol{R}_n^{-1}\left[1-\boldsymbol{P}_2\left[\boldsymbol{P}_2^{\text{T}}\boldsymbol{R}_n^{-1}\boldsymbol{P}_2\right]^{-1}\boldsymbol{P}_2^{\text{T}}\boldsymbol{R}_n^{-1}\right]u_e \tag{8.6}$$

$$\boldsymbol{B}=\left[\boldsymbol{P}_2^{\text{T}}\boldsymbol{R}_n^{-1}\boldsymbol{P}_2\right]^{-1}\boldsymbol{P}_2^{\text{T}}\boldsymbol{R}_n^{-1}u_e \tag{8.7}$$

式中，$\boldsymbol{R}_n$是径向基矩阵：

$$\boldsymbol{R}_n=\begin{bmatrix}B(r_{1,1}) & B(r_{1,2}) & \ldots & B(r_{1,n})\\ B(r_{2,1}) & B(r_{2,2}) & \ldots & B(r_{2,n})\\ \vdots & \vdots & \ldots & \vdots\\ B(r_{n,1}) & B(r_{n,2}) & \ldots & B(r_{n,n})\end{bmatrix}$$

$\boldsymbol{P}_3$是附加线性基矩阵：

$$\boldsymbol{P}_3^{\text{T}}=\begin{bmatrix}1 & 1 & \ldots & 1\\ l_{1x} & l_{2x} & \ldots & l_{nx}\\ l_{1y} & l_{2y} & \ldots & l_{ny}\end{bmatrix}$$

采用结构侧的密网格作为无网格方法的背景网格，用于确定积分点坐标，然后通过式(8.1)～式(8.7)可计算界面各积分点处的相对位移，即

$$\Delta u=u_{\text{stru}}(x)-u_{\text{soil}}(x)=\left\{\phi_{1,\text{stru}}\quad\cdots\quad\phi_{4,\text{stru}}\right\}\begin{Bmatrix}u_{1,\text{stru}}\\ \vdots\\ u_{n,\text{stru}}\end{Bmatrix}-\left\{\phi_{1,\text{soil}}\quad\phi_{2,\text{soil}}\quad\cdots\quad\phi_{n,\text{soil}}\right\}\begin{Bmatrix}u_{1,\text{soil}}\\ u_{2,\text{soil}}\\ \vdots\\ u_{n,\text{soil}}\end{Bmatrix}\tag{8.8}$$

进而得到应变矩阵 $\boldsymbol{B}$ 及刚度矩阵 $\boldsymbol{K}$，即

$$\boldsymbol{B}=\begin{bmatrix}\phi_{1,\text{stru}} & 0 & 0 & \dots & \phi_{4,\text{stru}} & 0 & 0 & -\phi_{1,\text{soil}} & 0 & 0 & \dots & -\phi_{n,\text{soil}} & 0 & 0\\ 0 & \phi_{1,\text{stru}} & 0 & \dots & 0 & \phi_{4,\text{stru}} & 0 & 0 & -\phi_{1,\text{soil}} & 0 & \dots & 0 & -\phi_{n,\text{soil}} & 0\\ 0 & 0 & \phi_{1,\text{stru}} & \dots & 0 & 0 & \phi_{4,\text{stru}} & 0 & 0 & -\phi_{1,\text{soil}} & \dots & 0 & 0 & -\phi_{n,\text{soil}}\end{bmatrix}\tag{8.9}$$

$$\boldsymbol{K}=\int_{A}\boldsymbol{B}^{\mathrm{T}}\boldsymbol{D}\boldsymbol{B}\mathrm{d}A\tag{8.10}$$

式中，$\boldsymbol{D}$ 为接触面的本构矩阵。

8.4.2 无网格界面算法构造

采用 8.3 节发展的超单元类设计思想，基于常规节点对节点的界面单元算法构造和求解过程，首先抽象出其与无网格界面分析算法的共同属性(如单元形函数、位移应力转化矩阵、质量矩阵、刚度矩阵、阻尼矩阵、坐标转化矩阵等)，以此制定通用的成员函数、外部调用接口、内部继承关系等，进而统一两种算法在 GEODYNA 软件系统内部的实现过程。图 8.6 给出了求解流程对比，其中无网格界面分析算法具体实现过程如下：

(1)程序开始，读入数据文件。

(2)形成总体刚度矩阵、质量矩阵和荷载向量。

①从读入的数据文件中获取单元参数，即单元各节点的总体编号和坐标，单元的类型参数、材料参数及积分点数。

②调用本构模块，获取材料本构矩阵 $\boldsymbol{D}$。

③根据节点坐标生成背景网格，据此获得积分点位置坐标。

④按积分点循环，计算无网格界面算法矩阵中的被积函数值。

A. 根据积分点位置，计算单元雅可比行列式值 SJ；

B. 计算各积分点处近结构侧的形函数值 $\boldsymbol{N}_1$(线性插值)；

C. 确定积分点支持域半径，计算各积分点支持域内近土体侧节点个数 n；

D. 计算各积分点支持域内复合二次径向基矩阵 $\boldsymbol{R}$ 及线性附加基矩阵 $\boldsymbol{P}$，并按自由度组装；

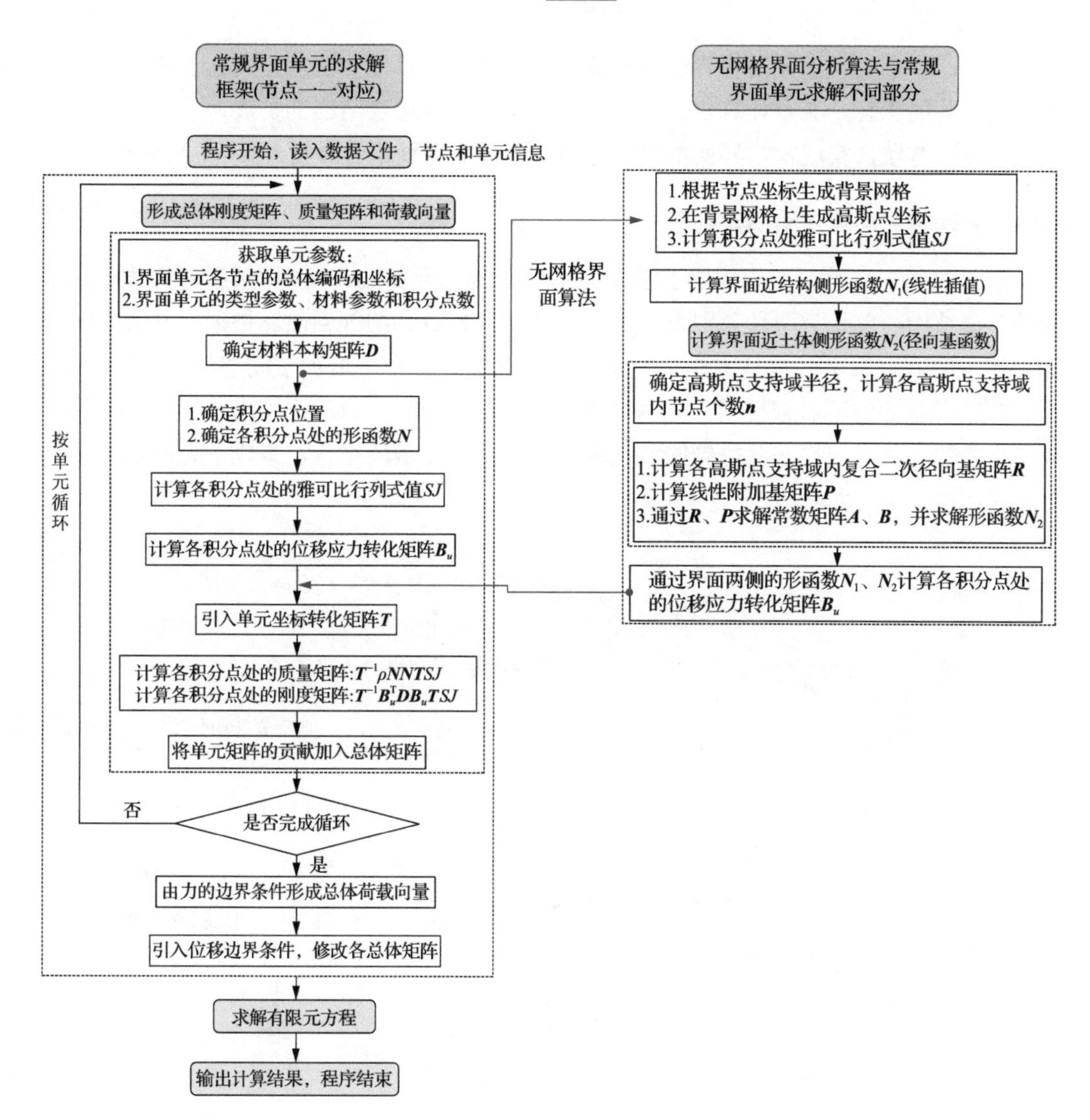

图 8.6 无网格界面分析算法的求解流程

E. 通过 $\boldsymbol{R}$、$\boldsymbol{P}$ 求解常数矩阵 $\boldsymbol{A}$ 和 $\boldsymbol{B}$，并计算积分点近土体侧的形函数 $\boldsymbol{N}_2$;

F. 通过界面两侧的形函数 $\boldsymbol{N}_1$、$\boldsymbol{N}$ 计算积分点处的位移应力转化矩阵 $\boldsymbol{B}_u$;

G. 引入单元坐标转化矩阵 $\boldsymbol{T}$;

H. 计算各积分点处的质量矩阵 $\boldsymbol{T}^{-1}\rho\boldsymbol{NNTSJ}$ 及刚度矩阵 $\boldsymbol{T}^{-1}\boldsymbol{B}_u^{\mathrm{T}}\boldsymbol{DB}_u\boldsymbol{TSJ}$;

I. 将各积分点加权求和，得到单元矩阵的数值。

⑤将无网格界面算法中各矩阵的贡献加入总体矩阵。

⑥由边界条件形成总体荷载向量。

⑦引入位移边界条件，修改各总体矩阵。

(3) 求解方程(静力分析、动力响应分析等)。

(4) 输出计算结果，程序结束。

综上，本书实现的无网格界面分析算法与常规界面单元算法的差别在于单元形函数和应变矩阵的求解，其余计算步骤都一致。因此，可以通过适当的扩展，统一两种算法的程序设计方法，实现常规界面单元与无网格界面的无缝耦合分析。

8.4.3 无网格界面算法编码规则

GEODYNA 软件系统中规定了常规 2D/3D 界面单元的编码规则，采用与实体单元相同的数据结构，单元类型号分别为 4 和 9，见图 8.7(a)和图 8.8(a)。根据无网格界面分析算法两侧节点数不固定且不相等的特点，在其编码规则中增加了动态的节点数，见图 8.7(b)和图 8.8(b)。根据读入无网格界面超单元的信息，自动识别出该界面两侧各自的节点总数，然后依次获取每侧的节点编号。根据上述编码结构，集成了无网格界面分析算法，实现了界面处的跨尺度精细分析。

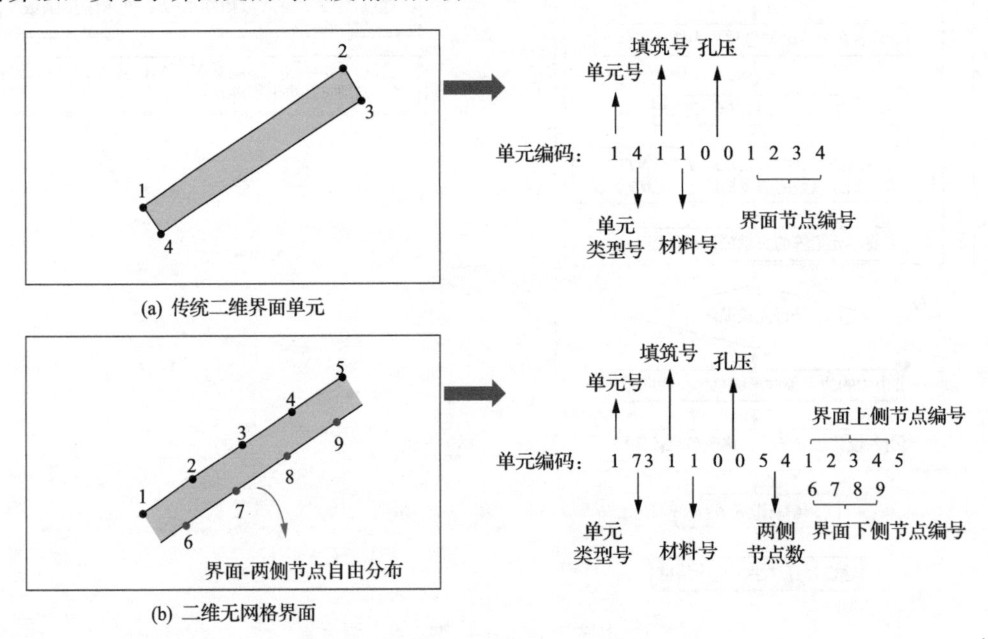

(a) 传统二维界面单元

(b) 二维无网格界面

图 8.7　界面算法编码规则示意图(二维)

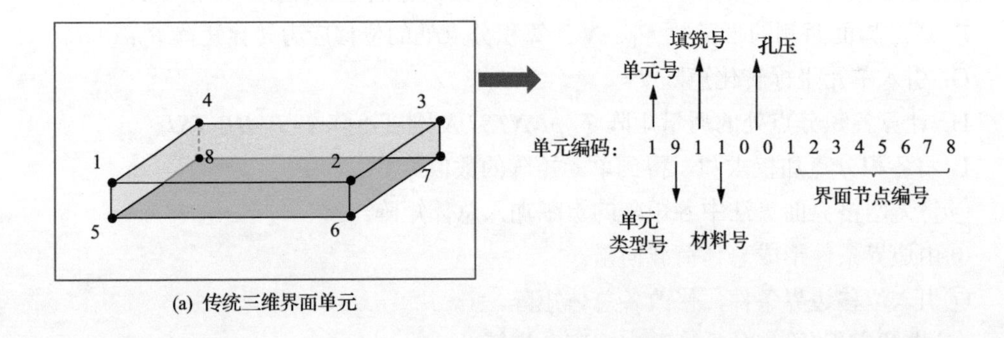

(a) 传统三维界面单元

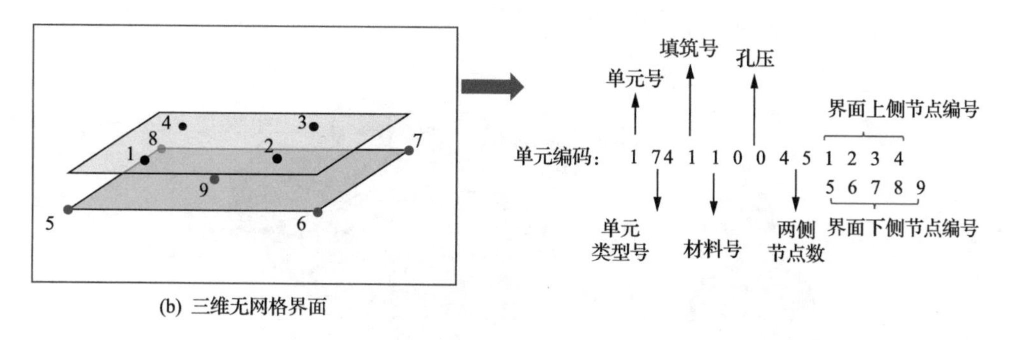

(b) 三维无网格界面

图 8.8 界面算法编码规则示意图(三维)

8.5 高效分析算法研究

8.5.1 相似单元加速算法

对于有限元中的空间八节点等参单元，每个单元的刚度矩阵计算式为 $\boldsymbol{K}=\sum_{i=1}^{8}\boldsymbol{B}_i^{\mathrm{T}}\boldsymbol{D}_i\boldsymbol{B}_iV_i$，计算式展开为 $\left[\boldsymbol{B}_i\right]_{24\times6}^{\mathrm{T}}\times\left[\boldsymbol{D}_i\right]_{6\times6}\times\left[\boldsymbol{B}_i\right]_{6\times24}$，求解一次单元刚度矩阵，将需要 32832 次加法运算和 35136 次乘法运算。同样，饱和多孔介质分析中的质量矩阵、渗透矩阵、压缩矩阵、耦合矩阵等都需要多次算数运算。当进行百万甚至千万自由度的大规模计算时，单元运算量是非常大的。

采用八分树进行网格离散，正方体单元占比大是网格的显著特点之一。如图 8.9 所示，离散的代表模型中，有 50%～65%的正方体单元。对正方体单元来说，其形状完全一致，仅相差一个尺寸系数，故该单元是几何相似的。若给定单位尺寸正方体的单元矩阵，则容易描述相同材料其他正方体的单元矩阵。下面分别以弹性模型、混凝土塑性损伤模型和广义塑性模型为例，进行具体说明。

对于弹性问题，单元刚度计算时，边长为 l 的正方体单元与单位尺寸单元的应变位移矩阵 $\boldsymbol{B}$、材料本构矩阵 $\boldsymbol{D}$ 和单元体积 V 存在图 8.10 所示的关系。代入刚度矩阵计算公式，可容易地得出 $\boldsymbol{K}_l$ 与 $\boldsymbol{K}_1$ 的比例关系，其中比例系数 S_c 为单元边长 l 的倒数。因此，可以预先计算并存储单位正方体单元的刚度矩阵 $\boldsymbol{K}_1$，然后通过比例系数 S_c，即可获得任意尺寸的正方体单元刚度矩阵 $\boldsymbol{K}_l$。根据统计，单元刚度矩阵计算采用单元相似加速后，无需加法运算，且可以减少 98.4%的乘法运算量，大幅度提高了单元矩阵的计算效率。同理，质量矩阵、阻尼矩阵等亦可通过此思路求解。

从弹性相似单元算法中可以看出，比例系数 S_c 主要与单元尺寸和材料的弹性模量(不同材料时)有关。在 Lee-Fenves 塑性损伤模型和土体广义塑性模型中，当单元开始损伤或土体进入塑性时，每个积分点处材料模量的取值是不同的，故整体单元不具有相似性。

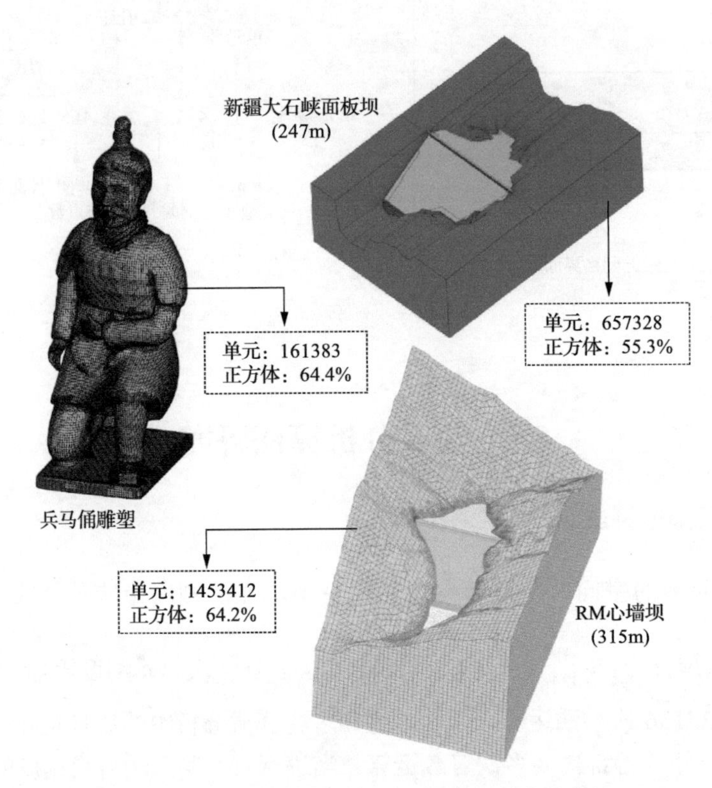

图 8.9　八分树离散模型中正方体单元数占比统计

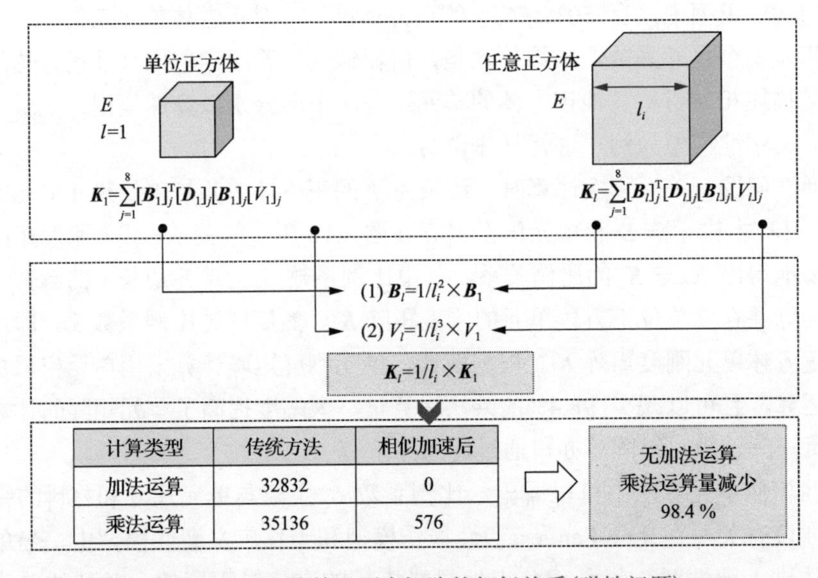

计算类型	传统方法	相似加速后
加法运算	32832	0
乘法运算	35136	576

图 8.10　正方体单元刚度矩阵的相似关系(弹性问题)

但局部坐标相同的积分点 j 处，材料模量具有相似性，故该处刚度矩阵存在相似性，因此可预存单位尺寸单元积分点处的刚度矩阵$[\boldsymbol{K}_l]_j$，然后采用每个积分点处的比例系数 S_{cj} 计算任意单元的刚度矩阵(图 8.11)。通过统计，每个单元刚度矩阵求解中，采用相似单元加速后可减少 86.0%的加法运算量和 88.5%的乘法运算量，效果比较显著。

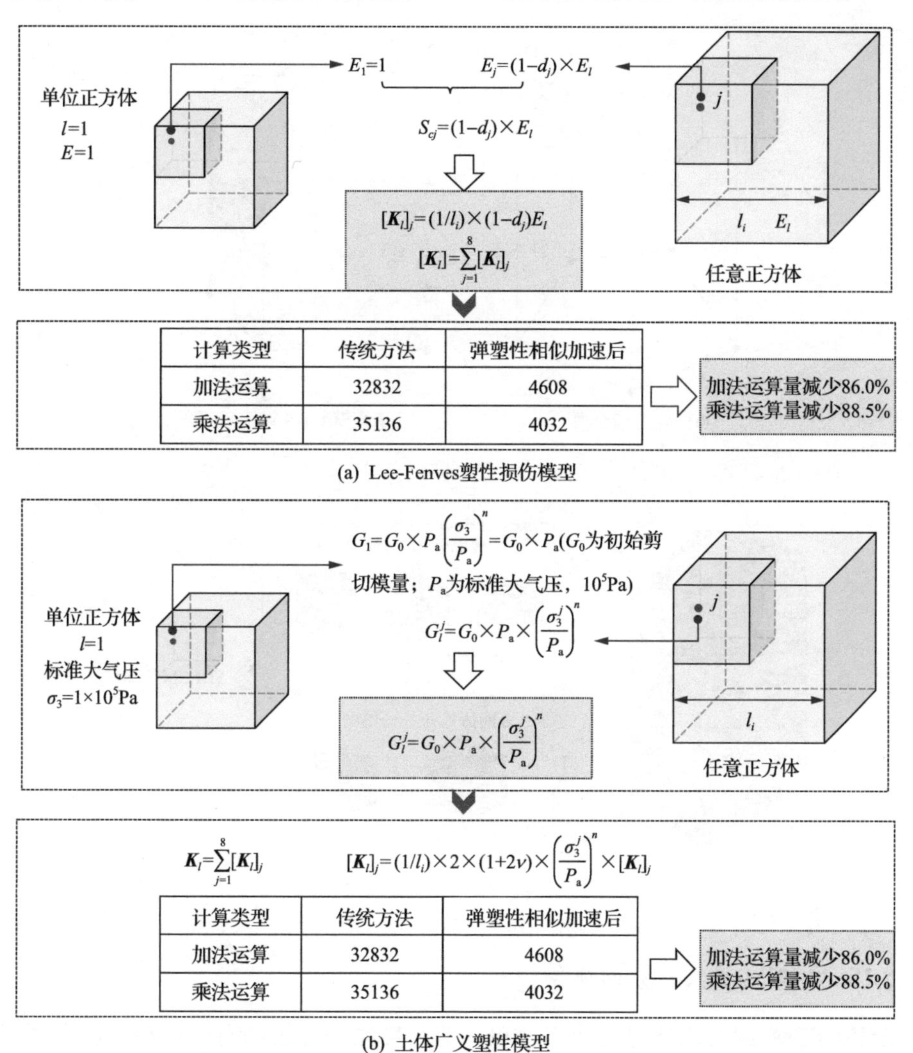

图 8.11　正方体单元刚度矩阵的相似关系(弹塑性问题)

8.5.2　多数值方法耦合求解

1. SBFEM-FEM 耦合

由第 2 章可知，八分树生成的网格中存在少量用于网格尺度跨越和裁剪边界的复杂多面体单元(某些边界面的节点数超过 4，如图 8.12 所示)，同时，还生成了大量的六面体(包括正方体)和四面体等常规单元。

由前述介绍可知，SBFEM 是求解多面体单元的有效途径，但 FEM 数据结构简单、算法高效。因此，可以通过 SBFEM 计算模型中的复杂多面体单元，采用 FEM 计算常规单元，且对于正方体单元，可进一步采用相似加速算法，以充分发挥各算法的优势，改善大规模数值分析效率，如图 8.13 所示。

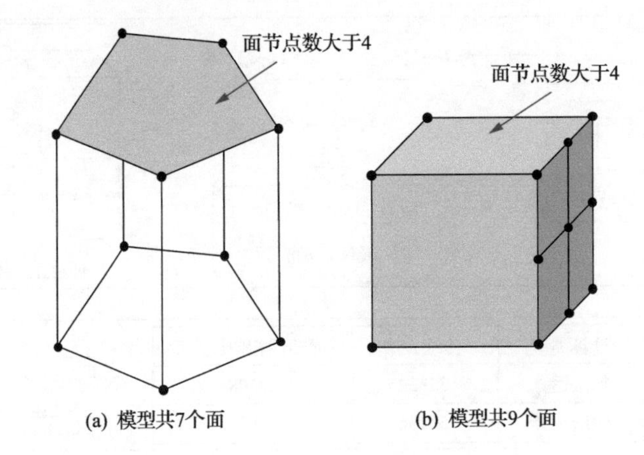

图 8.12　典型多面体单元

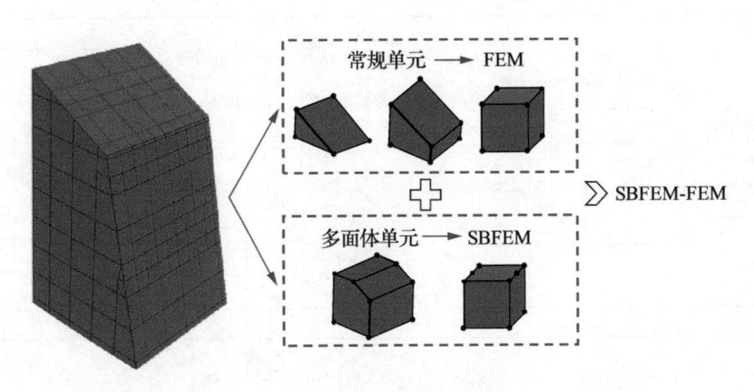

图 8.13　耦合计算示意图

2. SBFEM-FEM-无网格界面耦合

SBFEM-FEM 耦合求解是解决实体单元跨尺度精细分析的有效途径，但高面板坝挤压破损等呈现典型的局部性和浅层性，其潜在薄弱区往往需要更加精细的网格，全局加密将带来严重的计算负担和大量不必要的计算资源浪费，故对易损区局部网格二次细化是行之有效的解决方案。但该方案导致与实体单元连接的界面单元两侧节点无法一一对应，使得 Goodman 等常规界面分析方法不再适用。

因此，集成 SBFEM-FEM-无网格界面的多数值耦合算法，可以实现高面板坝面板局部破坏的跨尺度精细化模拟，图 8.14 给出了耦合方案的示意说明。

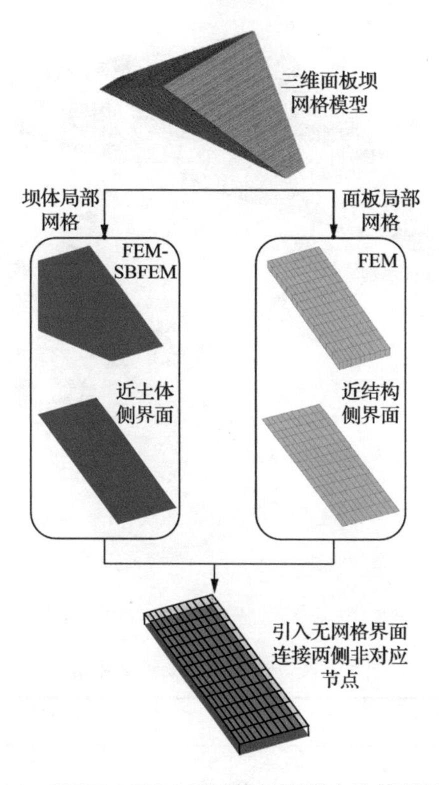

图 8.14 SBFEM-FEM-无网格界面耦合计算图解说明

8.6 SBFEM-FEM 耦合求解分析应用

1. 计算模型信息

以典型心墙坝工程的静动力分析为例，验证 SBFEM-FEM 耦合求解方案的可行性。图 8.15 给出了坝体的几何尺寸及材料分布情况，图 8.16 给出了三维土石坝-地基的实体模型。采用八分树建立跨尺度分析模型，设定最小和最大单元尺寸为 3m 和 18m，共计生成 215441 个单元、233802 个节点，整体模型如图 8.17 所示。表 8.3 列出了网格模型

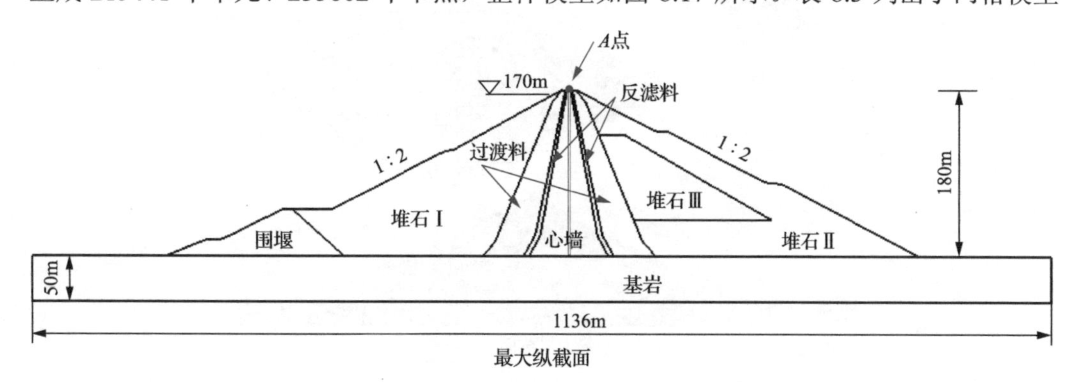

图 8.15 典型心墙坝几何尺寸和材料分区

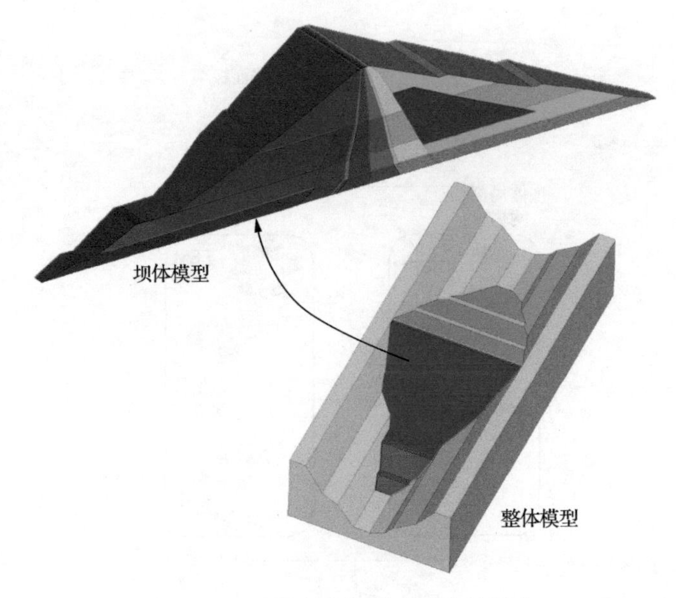

图 8.16 三维土石坝-地基的实体模型

表 8.3 心墙坝八分树网格信息统计

单元类型	单元面数	单元个数	占比/%	总计/%
常规单元	4	477	0.22	91.41
	5	28544	13.25	
	6	167914	77.94	
多面体单元(单元面数大于 6 或某个面边数大于 4)		18506	8.59	8.59

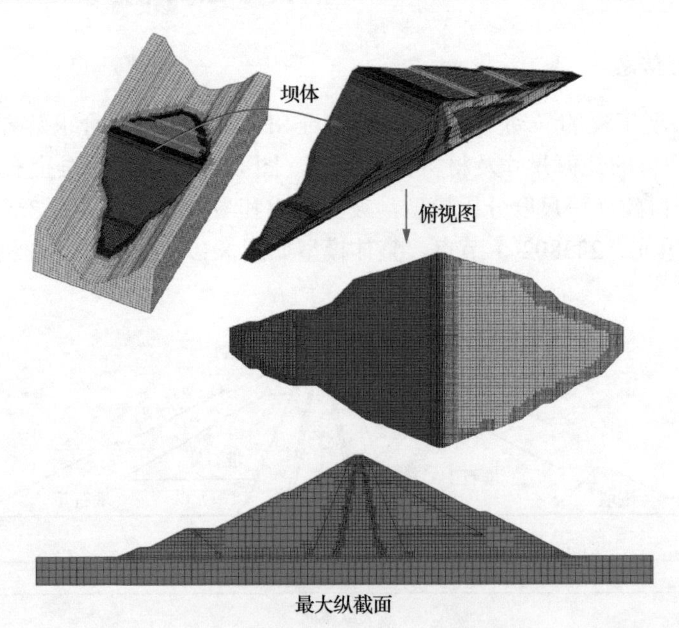

图 8.17 心墙坝的八分树网格

的单元类型及其占比，可以看出，六面体、四面体等常规单元占比为 91.41%(采用 FEM 分析)，其中正方体单元占比为 53.7%(采用相似单元加速)，其余少量多面体单元采用 SBFEM 求解。

2. 计算参数

表 8.4～表 8.7 给出了心墙料、反滤料、过渡料和主堆石料的广义塑性模型参数。坝体分 54 步填筑完成，分 34 步蓄水至高程 170m。

采用三向地震动输入，地震加速度时程和时间积分参数见 5.8.2 节和图 5.30。

表 8.4 心墙料广义塑性模型参数

G_0	K_0	M_g	M_f	α_f	α_g	H_0	H_{U0}	m_s
800	900	1.12	1.12	0.45	0.45	1800	3000	0.5
m_v	m_l	m_u	r_d	γ_{DM}	γ_u	β_0	β_1	
0.5	0.2	0.5	100	50	4	10	0.008	

表 8.5 反滤料广义塑性模型参数

G_0	K_0	M_g	M_f	α_f	α_g	H_0	H_{U0}	m_s
1200	1400	1.69	1.25	0.38	0.37	1200	2300	0.5
m_v	m_l	m_u	r_d	γ_{DM}	γ_u	β_0	β_1	
0.5	0.3	0.5	50	50	4	40	0.023	

表 8.6 过渡料广义塑性模型参数

G_0	K_0	M_g	M_f	α_f	α_g	H_0	H_{U0}	m_s
1200	1400	1.77	0.99	0.45	0.5	900	3000	0.5
m_v	m_l	m_u	r_d	γ_{DM}	γ_u	β_0	β_1	
0.5	0.4	0.5	50	50	4	24	0.045	

表 8.7 堆石料广义塑性模型参数

G_0	K_0	M_g	M_f	α_f	α_g	H_0	H_{U0}	m_s
1000	1400	1.8	1.38	0.45	0.4	800	1200	0.5
m_v	m_l	m_u	r_d	γ_{DM}	γ_u	β_0	β_1	
0.5	0.2	0.2	180	50	4	35	0.022	

3. 计算结果

图 8.18 和图 8.19 给出了 SBFEM-FEM 耦合与仅采用 SBFEM 计算得到的坝体位移和应力分布情况。图 8.20 和图 8.21 给出了震后坝体位移和整体变形图。从图中可以看出，两种算法计算结果分布规律一致，数值接近，说明 SBFEM-FEM 耦合求解的精度可以满足心墙坝的静动力分析要求。

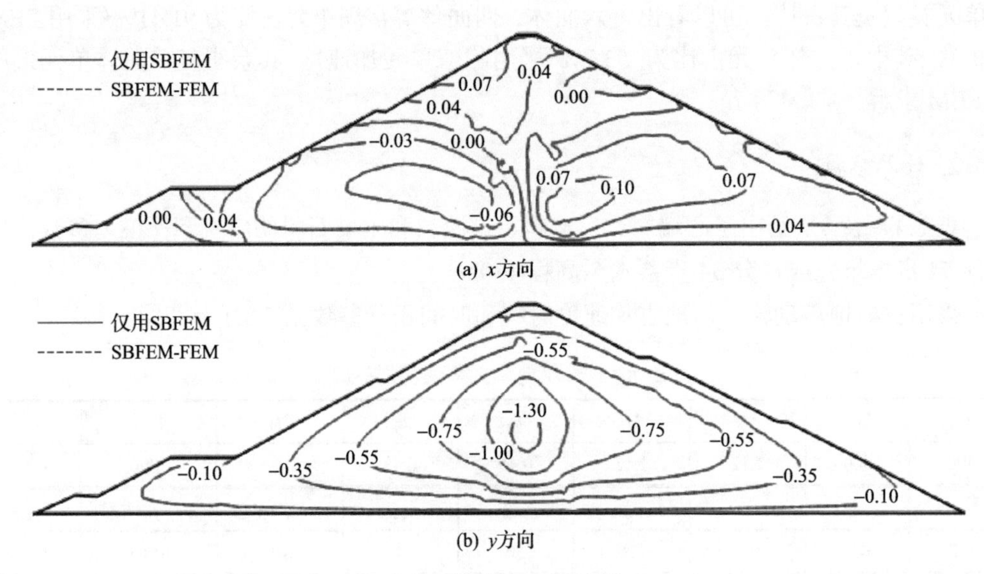

(a) *x*方向

(b) *y*方向

图 8.18　满蓄期坝体位移分布(单位：m)

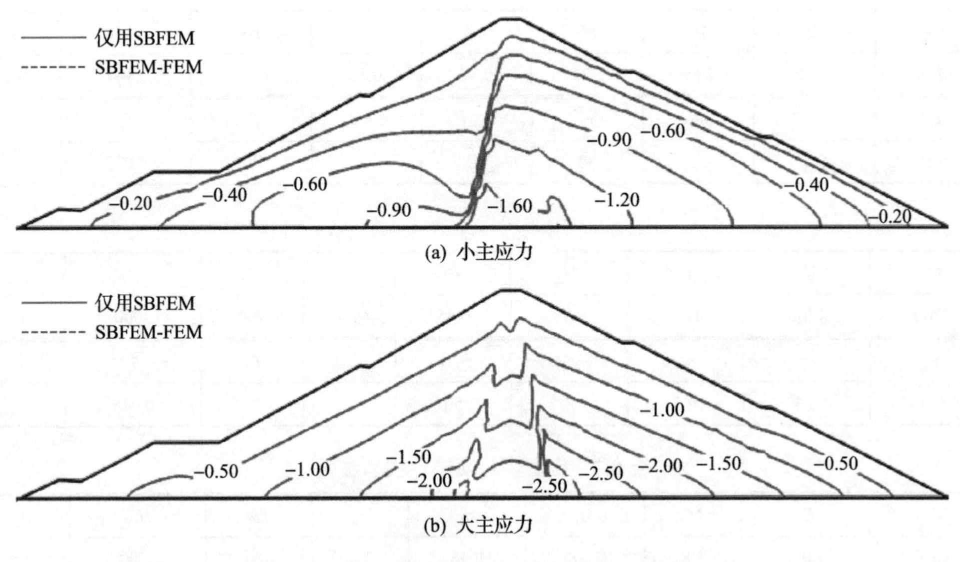

(a) 小主应力

(b) 大主应力

图 8.19　满蓄期坝体应力分布(单位：MPa)

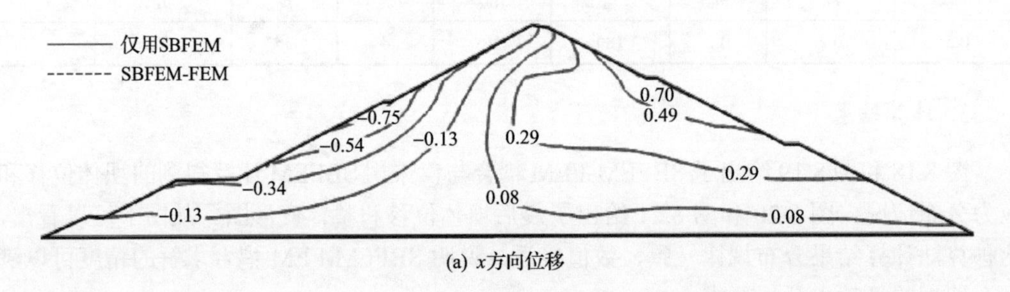

(a) *x*方向位移

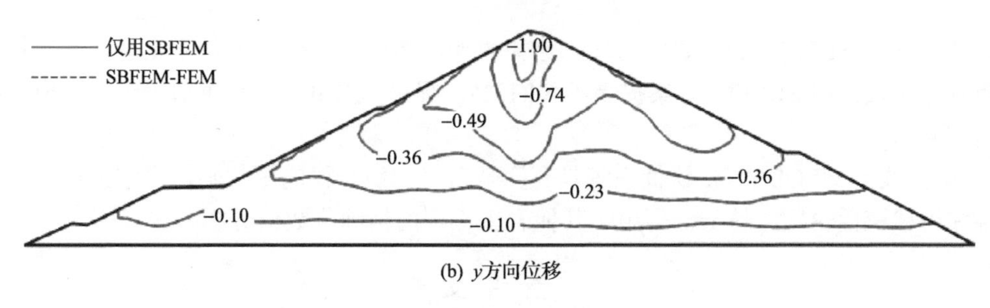

(b) y方向位移

图 8.20　震后坝体位移分布(单位：m)

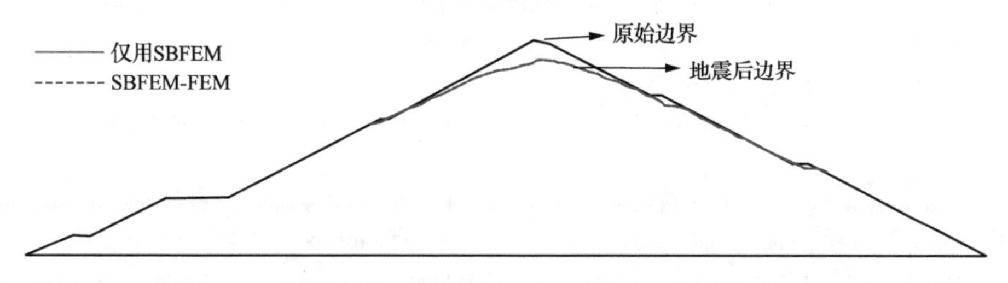

图 8.21　大坝的震后变形(放大 20 倍)

表 8.8 给出了计算时间对比。可以看出，联合采用相似单元加速算法和 SBFEM-FEM 耦合求解，可使计算时间减少 84.13%，大幅度提高了计算效率。

表 8.8　计算时间对比

方法	计算时间(归一化时间)
仅用 SBFEM	1.0000
SBFEM-FEM	0.1587
减少幅度/%	84.13

8.7　小　　结

本章基于面向对象的设计方法，在 GEODYNA 软件系统框架中设计了 SBFEM 和 MFM-I(无网格界面)超单元类，针对多边形/多面体单元数据结构和 MFMI 节点数不固定的问题，构造了复杂单元面数、节点数和节点编号的超单元编码格式及动态数据结构，统一了 FEM、SBFEM 和 MFMI 计算方法。在此基础上，集成了相似单元加速算法。通过算例验证了软件的精度和效率，主要结论有：

(1) 集成了 SBFEM 等分析方法，通过多种单元/超单元类型的组合，并调用 GEODYNA 丰富的材料库、荷载库和算法库等，可实现多数值耦合非线性分析，简捷实用，避免了多种软件互相调用导致效率低和接口复杂的问题。

(2) 采用相似单元加速算法，对于弹性问题、岩土材料非线性问题和混凝土材料损伤问题，均可以大幅度节省单元刚度矩阵的计算量。

(3) 采用耦合的 SBFEM-FEM 和相似单元加速算法，对典型心墙坝进行了静动力分析，并与仅用 SBFEM 分析进行对比。结果表明，两种算法计算的结果吻合良好，耦合分析效率比仅采用 SBFEM 方案提高了 84.13%，解决了 SBFEM 较难适用于大规模工程分析的问题。

(4)集成的 GEODYNA 软件系统具有完全自主知识产权的源代码，可维护性、可拓展性和可移植性较好，易于推广用于其他岩土工程的精细化数值分析。

参 考 文 献

孔宪京, 刘京茂, 邹德高, 等. 2021. 土-界面-结构体系计算模型研究进展[J]. 岩土工程学报: 43(3): 397-405.

孔宪京, 邹德高. 2016. 高土石坝地震灾变模拟与工程应用[M]. 北京: 科学出版社.

王勖成. 2002. 有限单元法[M]. 北京: 清华大学出版社.

邹德高, 龚瑾, 孔宪京, 等. 2018. 基于无网格界面模拟方法的面板坝防渗体跨尺度分析[J]. 水利学报, 50(12): 1446-1453, 1466.

Gong J, Zou D G, Kong X J, et al. 2019. An extended meshless method for 3D interface simulating soil-structure interaction with flexibly distributed nodes[J]. Soil Dynamics and Earthquake Engineering, 125: 105688.

Gong J, Zou D G, Kong X J, et al. 2020a. A coupled meshless-SBFEM-FEM approach in simulating soil-structure interaction with cross-scale model[J]. Soil Dynamics and Earthquake Engineering, 136: 106214.

Gong J, Zou D G, Kong X J, et al. 2020b. A non-matching nodes interface model with radial interpolation function for simulating 2D soil–structure interface behaviors[J]. International Journal of Computational Methods, 18(1): 2050023.

Goodman R E, Taylor R L, Brekke T L. 1968. A model for the mechanics of jointed rock[J]. Journal of the Soil Mechanics and Foundations Division, 94(3): 637-659.

Kong X J, Liu J M, Zou D G. 2016. Numerical simulation of the separation between concrete face slabs and cushion layer of Zipingpu dam during the Wenchuan earthquake[J]. Science China Technological Sciences, 59(4): 531-539.

Liu G R, Gu Y T. 2001. A local point interpolation method for stress analysis of two-dimensional solids[J]. Structural Engineering and Mechanics, 11(2): 221-236.

Liu G R, Gu Y T. 2002. Comparisons of two meshfree local point interpolation methods for structural analyses[J]. Computational Mechanics, 29(2): 107-121.

Sharma K G, Desai C S. 1992. Analysis and implementation of thin-layer element for interfaces and joints[J]. Journal of Engineering Mechanics, 118(12): 2442-2462.

Zienkiewicz O C, Best B, Dullage C, et al. 1970. Analysis of nonlinear problem in rock mechanics with paticular reference to jointed rock systems[J]. International Society for Rock Mechanics, 3(8-14): 501-509.

第 9 章

基于 SBFEM 多数值耦合方法的工程应用

9.1 引　　言

本章采用作者研发的 SBFEM 和多数值耦合的高性能软件系统 GEODYNA，联合土体广义塑性模型、混凝土塑性损伤模型/内聚力模型和地震波动输入方法等，开展高面板坝的静动力全过程精细化分析，重现大坝变形和防渗体局部损伤演化过程，揭示破坏模式和机理，定位薄弱区位置，量化抗震措施效果，为强震时高面板坝安全评估和抗震设计提供依据。

9.2 SBFEM-FEM 耦合的三维面板坝面板地震破损分析

9.2.1 基于 Lee-Fenves 塑性损伤模型的面板损伤演化分析

合理描述混凝土微观状态下裂纹的萌成及发展对准确模拟混凝土材料的宏观非线性特性至关重要(Lee and Fenves, 1998a)。为此，Hillerborg 等(1976)提出了虚拟裂纹模型，假定应力达到强度时裂缝出现，并引入了断裂能(Petersson, 1982)的概念来控制裂缝的发展。Lubliner 等(1989)结合塑性理论和损伤理论，提出了屈服函数在总应力空间的 Barcelona 塑性损伤模型。

基于此，Lee 和 Fenves(1998a)分别采用拉、压两个损伤变量描述混凝土的损伤断裂特性，并将屈服函数推至有效应力空间，提出了 Lee-Fenves 塑性损伤模型。该模型在模拟混凝土的力学特性方面具有较大优势且便于数值实现，目前已在混凝土坝工程中得到广泛应用(Lee and Fenves, 1998b; Pan et al., 2009)，但在土石坝工程中应用较少，部分学者开展了混凝土面板(Dakoulas, 2012; Xu et al., 2015; Qu et al., 2017)的动力损伤特性研究，但主要局限于二维分析。

本节基于该理论，开展混凝土面板堆石坝三维面板损伤演化分析。

1. Lee-Fenves 塑性损伤模型简介

1) 应力-应变关系

该模型的应力-应变关系可表示为

$$\varepsilon = \varepsilon^{\mathrm{e}} + \varepsilon^{\mathrm{p}} \tag{9.1}$$

$$\sigma = E:(\varepsilon - \varepsilon^{\mathrm{p}}) \tag{9.2}$$

式中，ε^{e}、ε^{p}和ε分别为弹性应变、塑性应变和总应变；σ为总应力；E为弹性模量。

根据等效应变理论假设，损伤后的总应力为

$$\sigma = (1-\bar{D})\bar{\sigma} = (1-\bar{D})E_0:(\varepsilon - \varepsilon^{\mathrm{p}}) \tag{9.3}$$

式中，$\bar{\sigma}$为有效应力；E_0为初始弹性模量；$\bar{D}$为模量退化因子，$\bar{D}=0$表示材料完好，$\bar{D}=1$表示材料完全破坏。拉、压损伤均会引起各自的刚度退化，引入权重变量s来综合反映拉、压状态下的刚度退化及循环荷载作用下微裂缝的张开和闭合对整体刚度的影响，即

$$\bar{D} = 1-(1-\bar{D}_{\mathrm{c}})(1-s\bar{D}_{\mathrm{t}}) \tag{9.4}$$

其中，下标 t 和 c 表示受拉和受压状态。为简化后续公式，采用$\Re$表示当前状态，$\Re$=t为受拉，$\Re$=c为受压。假定$\bar{D}_{\Re}$随塑性应变呈指数形式增长，表达式为

$$\bar{D}_{\Re} = 1-\exp(-d_{\Re}\varepsilon_{\Re}^{\mathrm{p}}) \tag{9.5}$$

式中，$d_{\Re}$为常数。

定义一个与总应力相关的损伤状态变量$\kappa_{\Re}$，即

$$\kappa_{\Re} = \frac{1}{g_{\Re}}\int_0^{\varepsilon^{\mathrm{p}}}\sigma_{\Re}\mathrm{d}\varepsilon^{\mathrm{p}}, \quad g_{\Re} = \int_0^{\infty}\sigma_{\Re}\mathrm{d}\varepsilon^{\mathrm{p}} \tag{9.6}$$

式中，$g_{\Re}$为混凝土的能量耗散密度，与断裂能$G_{\Re}$和断裂带宽度的特征长度$l_{\Re}$有关，$g_{\Re}=G_{\Re}/l_{\Re}$。

单轴状态下总应力与塑性应变的关系为

$$\sigma_{\Re}(\varepsilon^{\mathrm{p}}) = f_{\Re 0}[(1+a_{\Re})\exp(-b_{\Re}\varepsilon^{\mathrm{p}}) - a_{\Re}\exp(-2b_{\Re}\varepsilon^{\mathrm{p}})] \tag{9.7}$$

式中，$a_{\Re}$和$b_{\Re}$为常数；$f_{\Re 0}$为初始屈服应力。

联合式(9.6)和式(9.7)，可求得能量耗散密度$g_{\Re}$，即

$$g_{\Re} = \frac{f_{\Re 0}}{b_{\Re}}\left(1+\frac{a_{\Re}}{2}\right) \tag{9.8}$$

总应力函数表达式为

$$\begin{gathered}\sigma_{\Re} = f_{\Re}(\kappa_{\Re}) = \frac{f_{\Re 0}}{a_{\Re}}[(1+a_{\Re})\sqrt{\phi_{\Re}(\kappa_{\Re})} - \sqrt{\phi_{\Re}(\kappa_{\Re})}] \\ \phi_{\Re}(\kappa_{\Re}) = 1+\alpha_{\Re}(2+\alpha_{\Re})\kappa_{\Re}\end{gathered} \tag{9.9}$$

2) 屈服函数和流动法则

Lee 和 Fenves 将 Lubliner 提出的 Barcelons 屈服面推至有效应力空间，其中有效应力和损伤状态变量定义为

$$F(\bar{\sigma},\boldsymbol{\kappa})=\frac{1}{1-\alpha}\left(\alpha I_1+\sqrt{3J_2}+\beta(\boldsymbol{\kappa})\left\langle\hat{\bar{\sigma}}_{\max}\right\rangle\right)-c_{\mathrm{c}}(\kappa_{\mathrm{c}}) \tag{9.10a}$$

$$\alpha=\frac{f_{\mathrm{b0}}-f_{\mathrm{c0}}}{2f_{\mathrm{b0}}-f_{\mathrm{c0}}},\quad \beta(\boldsymbol{\kappa})=\frac{c_{\mathrm{c}}(\boldsymbol{\kappa})}{c_{\mathrm{t}}(\boldsymbol{\kappa})}(1-\alpha)-(1+\alpha) \tag{9.10b}$$

$$c_{\mathrm{c}}(\boldsymbol{\kappa})=-\bar{f}_{\mathrm{c}}(\kappa_{\mathrm{c}}),\quad c_{\mathrm{t}}(\boldsymbol{\kappa})=\bar{f}_{\mathrm{t}}(\kappa_{\mathrm{t}}) \tag{9.10c}$$

式中，I_1 与 J_2 分别为有效应力的第一主应力不变量和第二偏应力不变量；$\boldsymbol{\kappa}$ 为损伤内变量；κ_{t}、κ_{c} 分别为拉、压损伤变量；$\hat{\bar{\sigma}}_{\max}$ 为最大有效主应力；α 和 β 为无量纲的常数；c_{c}、c_{t} 为强度参数；f_{b0}、f_{c0} 分别为双轴、单轴受压状态下的屈服强度。当 $\beta=0$ 时，为 Drucker-Prager 屈服面，当 $\alpha=\beta=0$ 时，为 Mises 屈服面。图 9.1 给出了不同屈服函数的三维初始屈服面示意图。

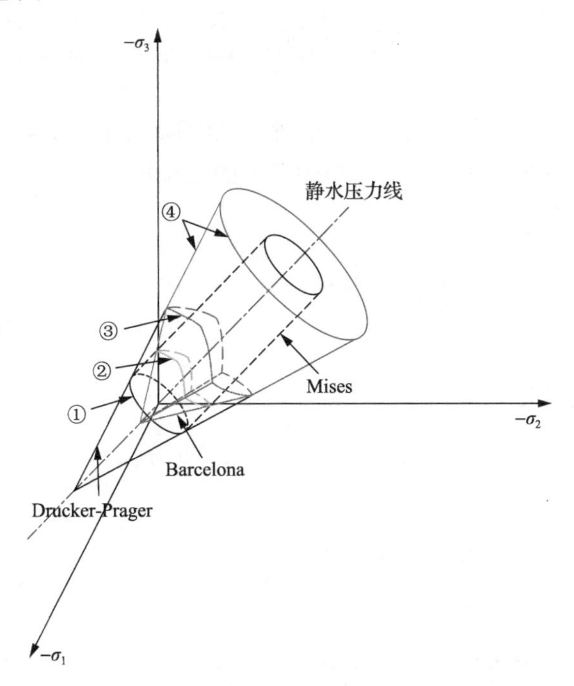

图 9.1　塑性损伤模型的三维初始屈服面

①-Drucker-Prager 模型与 Mises 模型交线；②-Barcelona 模型与 Mises 模型交线；③-Barcelona 模型与 Drucker-Prager 模型交线；④-Barcelona 模型与 Drucker-Prager 模型公共面

塑性势函数 $\boldsymbol{\Phi}$ 采用非相关的流动法则，即

$$\Phi(\bar{\sigma})=\sqrt{2J_2}+\alpha_{\mathrm{p}}I_1 \tag{9.11}$$

式中，α_{p} 为与混凝土体积膨胀特性相关的参数。

塑性应变率为

$$\dot{\boldsymbol{\varepsilon}}^{\mathrm{p}}=\dot{\lambda}\nabla_{\bar{\boldsymbol{\sigma}}}\Phi(\bar{\boldsymbol{\sigma}})=\dot{\lambda}\left(\frac{\bar{\boldsymbol{s}}}{\|\bar{\boldsymbol{s}}\|}+\alpha_{\mathrm{p}}\boldsymbol{I}\right) \tag{9.12}$$

式中，$\dot{\lambda}$ 为塑性乘子增量；$\boldsymbol{I}$ 为单位张量。

3) 内变量演化

由单轴受力状态下的定义，损伤状态变量的增量为

$$\dot{\kappa}_{\Re}=\frac{1}{g_{\Re}}f_{\Re}(\kappa_{\Re})\dot{\varepsilon}^{\mathrm{p}} \tag{9.13}$$

将单轴受力状态下的损伤状态变量扩展到多维受力状态，采用加权形式的塑性应变率表示标量的塑性应变率，即

$$\dot{\varepsilon}^{\mathrm{p}}=\delta_{\mathrm{t}\Re}r(\hat{\bar{\boldsymbol{\sigma}}})\hat{\dot{\varepsilon}}^{\mathrm{p}}_{\max}+\delta_{\mathrm{c}\Re}(1-r(\hat{\bar{\boldsymbol{\sigma}}}))\hat{\dot{\varepsilon}}^{\mathrm{p}}_{\min} \tag{9.14}$$

$$r(\hat{\bar{\boldsymbol{\sigma}}})=\sum_{i=1}^{3}\left\langle\hat{\bar{\sigma}}_i\right\rangle\Big/\sum_{i=1}^{3}\left|\hat{\bar{\sigma}}_i\right| \tag{9.15}$$

式中，$\hat{\dot{\varepsilon}}^{\mathrm{p}}_{\max}$ 和 $\hat{\dot{\varepsilon}}^{\mathrm{p}}_{\min}$ 分别为塑性应变率张量 $\dot{\boldsymbol{\varepsilon}}^{\mathrm{p}}$ 特征值的最大值和最小值；δ 为克罗内克函数；$r(\hat{\bar{\boldsymbol{\sigma}}})$ 为[0,1]的权系数，反映了当前应力状态的受拉程度。

将式(9.14)代入式(9.13)，可得

$$\dot{\boldsymbol{\kappa}}=\boldsymbol{h}(\hat{\bar{\boldsymbol{\sigma}}},\boldsymbol{\kappa}):\hat{\dot{\boldsymbol{\varepsilon}}}^{\mathrm{p}},\quad \boldsymbol{h}(\hat{\bar{\boldsymbol{\sigma}}},\boldsymbol{\kappa})=\begin{bmatrix} r(\hat{\bar{\boldsymbol{\sigma}}})f_{\mathrm{t}}(\kappa_{\mathrm{t}})/g_{\mathrm{t}} & 0 & 0\\ 0 & 0 & (1-r(\hat{\bar{\boldsymbol{\sigma}}}))f_{\mathrm{c}}(\kappa_{\mathrm{c}})/g_{\mathrm{c}}\end{bmatrix} \tag{9.16}$$

最终损伤状态变量为

$$\dot{\boldsymbol{\kappa}}=\dot{\lambda}\boldsymbol{H}(\bar{\boldsymbol{\sigma}},\boldsymbol{\kappa})=\dot{\lambda}\boldsymbol{h}(\hat{\bar{\boldsymbol{\sigma}}},\boldsymbol{\kappa})\cdot\nabla_{\hat{\bar{\boldsymbol{\sigma}}}}\Phi(\hat{\bar{\boldsymbol{\sigma}}}) \tag{9.17}$$

2. 混凝土面板堆石坝计算模型和参数

1) 模型信息

典型面板坝工程如图 9.2 所示，其最大坝高 150m，面板顶部厚 0.3m，底部厚 0.87m，坝顶宽 16m，坝体上下游坡度分别为 1 : 1.4 和 1 : 1.6，河谷两岸坡度均为 1 : 1，坝底宽 50m，基岩深度 100m，两岸基岩宽度为 150m。

采用六面体及其退化网格和多面体网格建立跨尺度 SBFEM-FEM 耦合分析模型，其中面板竖向和坝轴向网格尺寸为 1m，垫层竖向网格尺寸为 2m，堆石体网格尺寸为 4～8m，基岩网格尺寸为 2～16m。面板和垫层间设置接触面单元，面板与基岩间设置周边缝，面板的竖缝间距为 10m。共计生成 124991 个单元、162747 个节点。

计算中坝体分 20 个计算步模拟施工填筑过程，分 72 个计算步蓄水至高程 144m。

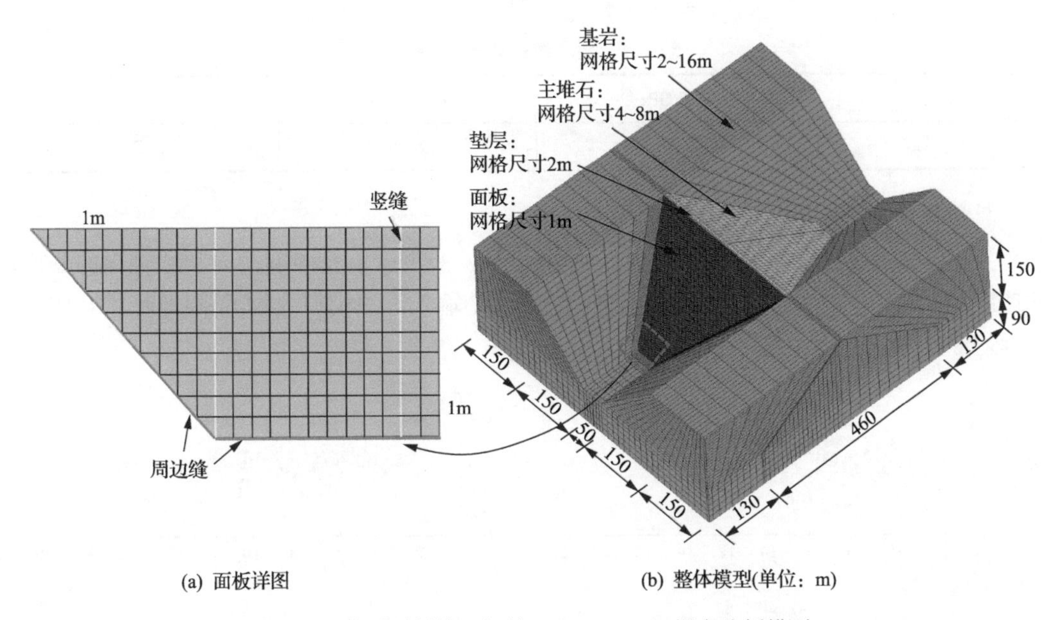

图 9.2 典型面板堆石坝的 SBFEM-FEM 耦合分析模型

2) 材料参数

垫层料和堆石料采用土体广义塑性模型，参数见表 9.1；面板与垫层间接触面采用状态相关的广义弹塑性接触面模型，参数见表 9.2；面板分别采用线弹性和混凝土塑性损伤模型，参数见表 9.3；基岩采用线弹性模型，参数见表 9.4。

表 9.1 土体广义塑性模型参数

名称	G_0	K_0	M_g	M_f	α_f	α_g	H_0	H_{U0}	m_s
主堆石	965	1288	1.68	1.3	0.10	–0.4	550	1100	0.23
垫层料	1021	1362	1.7	1.53	0.11	0.11	650	1300	0.44
名称	m_v	m_l	m_u	r_d	γ_{DM}	γ_u	β_0	β_1	
主堆石	0.44	0.5	0.5	110	50	5	30	0.025	
垫层料	0.23	0.45	0.45	110	50	5	20	0.02	

表 9.2 接触面状态相关广义塑性模型参数

D_{s0}/kPa	D_{n0}/kPa	M_c	e_r	λ	a/kPa$^{0.5}$	b	c
1000	1500	0.88	0.4	0.091	224	0.06	3.0
a	r_d	k_m	M_f	k	H_0/kPa	f_h	t/m
0.65	0.2	0.6	0.65	0.5	8500	2	0.1

表 9.3 混凝土塑性损伤模型参数

ρ/(kg/m^3)	E/GPa	ν	f_t/MPa	f_c/MPa	l_c/m	G_t/(N/m)
2450	31	0.167	3.48	27.6	1.0	325

表 9.4　基岩线弹性模型参数

名称	E/GPa	ρ/(kg/m^3)	ν
基岩	10	2400	0.25

3) 地震动输入

采用场地谱人工波三向输入，时程曲线如图 9.3 所示，其中顺河向和坝轴向的峰值加速度为 0.3g，竖向峰值加速度为 0.2g。采用波动输入方法模拟大坝-无限地基相互作用(周晨光, 2009；孔宪京等, 2019)。

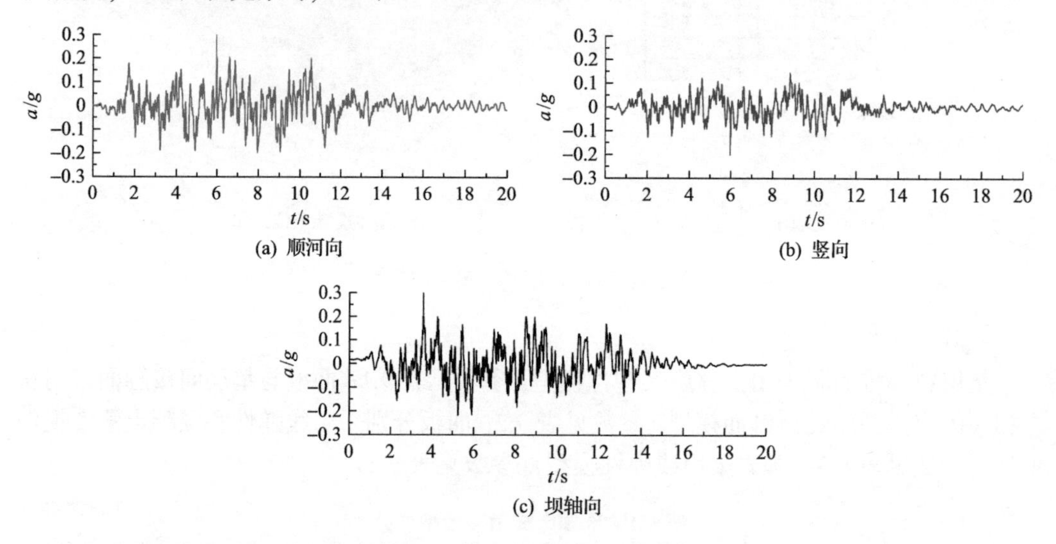

图 9.3　输入加速度时程曲线

3. 面板动力响应特性

1) 面板采用线弹性模型

首先开展了不考虑面板损伤的动力响应分析。图 9.4 给出了地震过程中面板最大拉应力分布规律(静应力和动应力叠加)。可以看出，位于河谷中上部 0.5H～0.9H 及两岸上

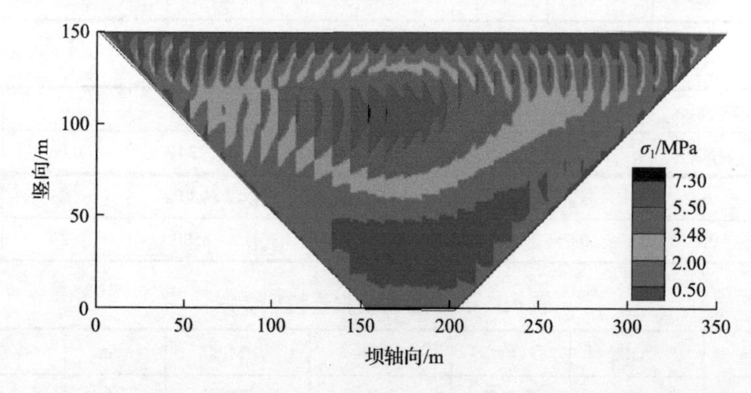

图 9.4　地震过程中面板最大拉应力分布规律(静应力和动应力叠加)

部 0.85H 附近（H 为坝高）大面积区域的应力超过了混凝土抗拉强度（3.48MPa），其中，最大拉应力为 7.30MPa。可以认为，线弹性模型难以反映混凝土损伤后的材料软化、应力重分布等特性，难以准确定位薄弱区域，不便于合理评价面板的抗震性能。

图 9.5 给出了地震过程中超过混凝土抗拉强度的最大拉应力方向（简称超拉应力方向），图 9.6 为该方向与面板顺坡向的夹角。可以看出，在地震荷载作用下，面板的超拉应力方向基本与面板顺坡向平行，夹角一般小于 3°。因此，面板易发生垂直于顺坡向的拉伸破坏。

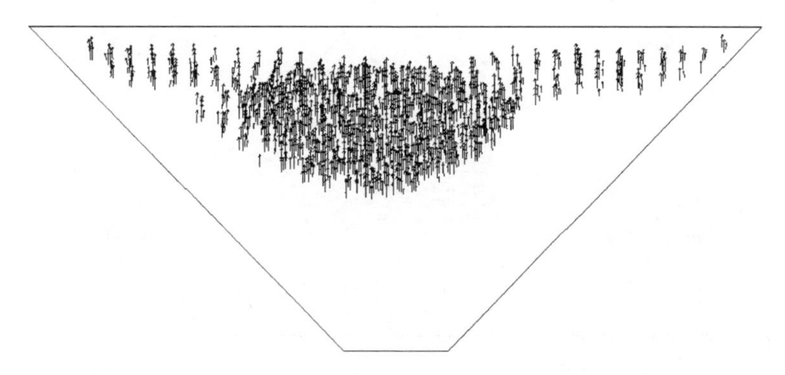

图 9.5　地震过程中超拉应力方向（静应力和动应力叠加）

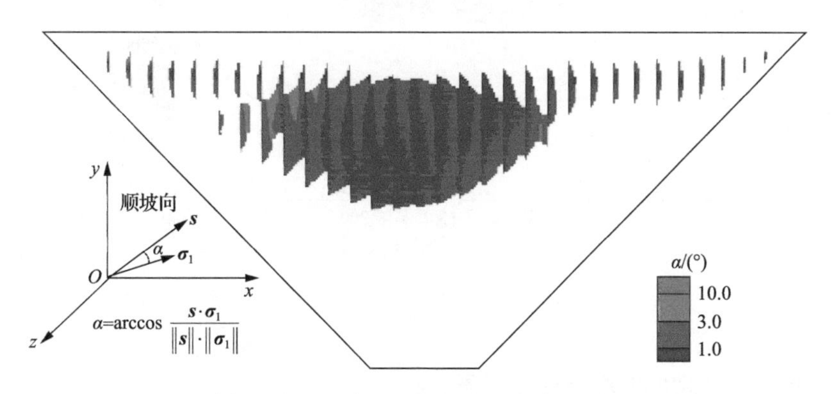

图 9.6　地震过程中超拉应力方向与面板顺坡向的夹角（静应力和动应力叠加）

2）面板采用塑性损伤模型

图 9.7 给出了几个典型时刻的面板拉损伤分布。在 t=4.94s 时，河谷中部面板首先发生轻微损伤；随着地震的发展，损伤范围逐渐扩大；在 t=8.20s 时，河谷两岸面板 0.85H 附近出现损伤。最终的损伤状态如图 9.8 所示。可以看出，面板在河谷中部 0.60H～0.85H 范围内发生贯通性损伤，其中轴向范围为 100～230m，最大损伤因子超过 0.8，位于 0.75H 附近。河谷两岸面板在 0.85H 附近发生非贯通性损伤，其中左岸轴向范围为 35～90m，最大损伤因子超过 0.8；右岸轴向范围为 295～310m，最大损伤因子超过 0.6。

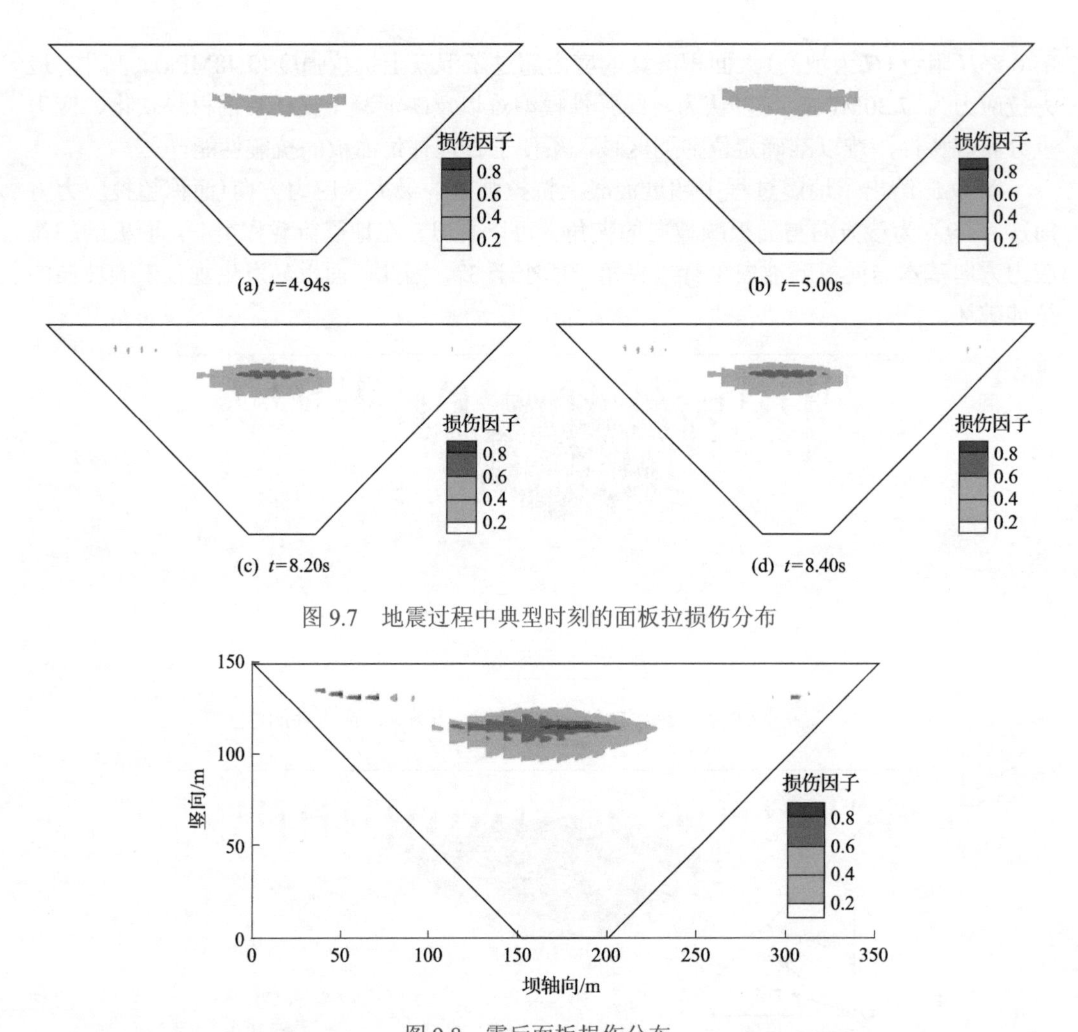

(a) t=4.94s (b) t=5.00s

(c) t=8.20s (d) t=8.40s

图 9.7 地震过程中典型时刻的面板拉损伤分布

图 9.8 震后面板损伤分布

9.2.2 基于内聚力模型的混凝土面板开裂分析

内聚力模型的概念最早由 Dugdale (1960) 和 Barenblatt (1962) 提出，随后 Hillerborg 等 (1976) 将其拓展应用于混凝土的开裂模拟。该模型认为在裂纹尖端存在一个微小的内聚力区 (fracture process zone)，其通过内聚力抵抗界面间的相对分离。在开裂过程中，界面上的应力为开裂位移的函数，避免了线弹性断裂力学中裂纹尖端应力奇异性问题 (Dai and Ng, 2014)。

目前该模型已在混凝土构件受拉断裂模拟中得到了较多的应用 (Kim et al., 2015; Trawinski et al., 2018)，并成功用于混凝土坝破坏模拟 (Pan et al., 2011; 徐海滨等, 2014)，但在面板堆石坝领域的研究及应用方面仍缺乏相关成果。鉴于此，本节引入内聚力模型，发展土石坝的动力显式求解算法，并模拟混凝土面板的破坏演化过程。

1. 内聚力模型实现

采用内聚力模型模拟开裂时，需在裂缝可能发生和扩展的区域布置界面单元(cohesive interface element, CIE)，如图 9.9 所示。随着荷载的增加，界面单元的应力达到起裂准则，刚度逐渐下降，承载能力减弱，直至单元失效，新的裂缝出现。鉴于线性内聚力模型适用于描述脆性材料的断裂，且拥有较高的计算效率(Alfano, 2006)，本节采用线性内聚力模型描述牵引力-位移关系，如图 9.10 所示。

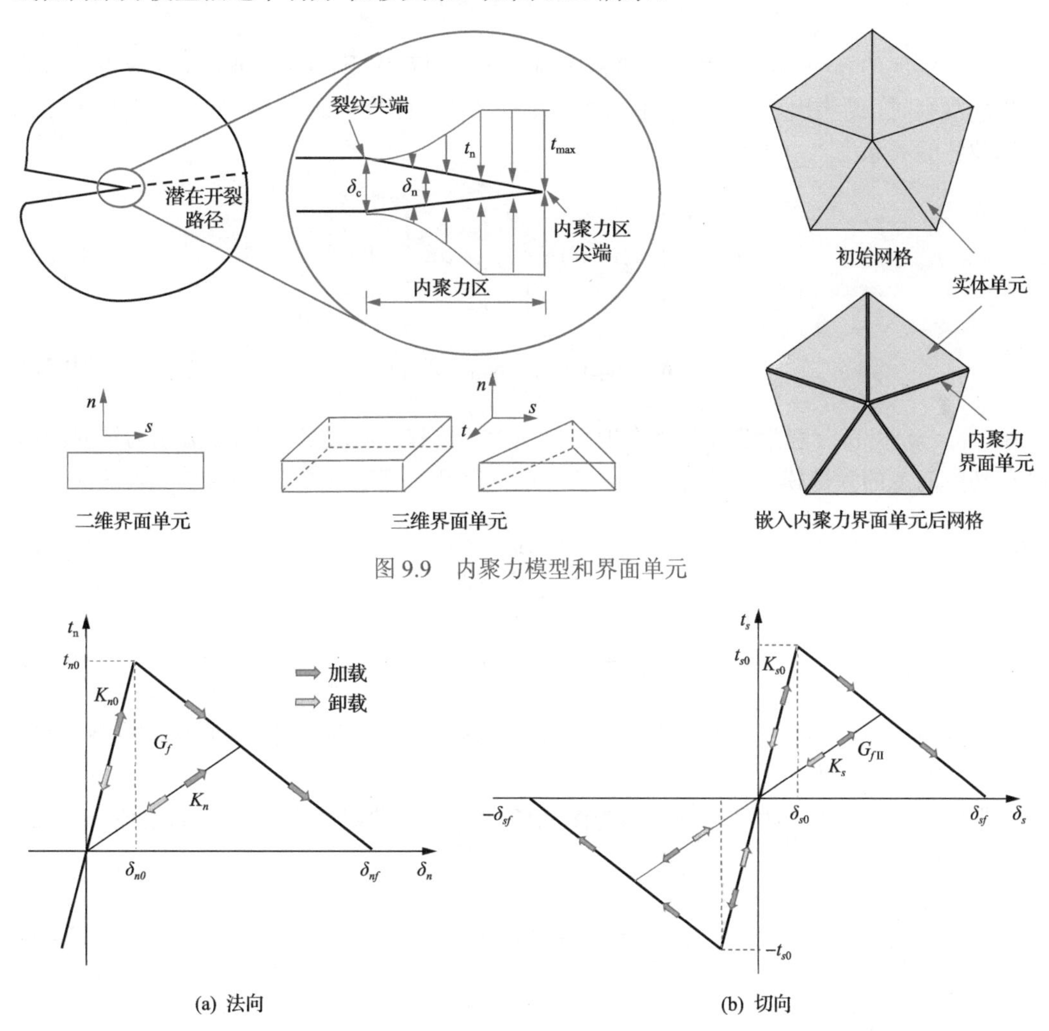

图 9.9 内聚力模型和界面单元

图 9.10 牵引力-位移关系

G_f、$G_{f\text{II}}$分别为 I 型、II 型断裂能

下面简要介绍该方法的理论思想，内聚力单元的初始损伤采用平方名义应力准则来判定，即

$$\left(\frac{\langle t_n \rangle}{t_{n0}}\right)^2 + \left(\frac{t_s}{t_{s0}}\right)^2 + \left(\frac{t_t}{t_{t0}}\right)^2 = 1 \tag{9.18}$$

式中，t_n、t_s和t_t分别为法向n和两个剪切方向上的名义应力；t_{n0}、t_{s0}和t_{t0}分别为法向和两个剪切方向上的最大允许名义应力，采用 McCauley 括号来区分混凝土受压与受拉，即

$$\langle t_n \rangle = \begin{cases} t_n, & t_n \geqslant 0 \\ 0, & t_n < 0 \end{cases} \tag{9.19}$$

本节实现的算法不考虑界面法向和切向之间的相互作用，即界面单元的应力状态达到破坏准则时，结构出现损伤。采用损伤因子描述界面刚度的退化，则界面应力与张开、滑动位移的关系为

$$\boldsymbol{t} = \begin{Bmatrix} t_n \\ t_s \\ t_t \end{Bmatrix} = (1-d)\boldsymbol{K} \begin{Bmatrix} \delta_n \\ \delta_s \\ \delta_t \end{Bmatrix} + d\boldsymbol{K} \begin{Bmatrix} \langle -\delta_n \rangle \\ 0 \\ 0 \end{Bmatrix} \tag{9.20}$$

$$\boldsymbol{K} = \mathrm{diag}\begin{pmatrix} K_{n0} & K_{t0} & K_{s0} \end{pmatrix} \tag{9.21}$$

式中，δ_n、δ_s和δ_t分别为法向和两个剪切方向上的位移；K_{n0}、K_{s0}和K_{t0}分别为法向和两个剪切方向上的弹性模量；d为损伤因子，这里定义为有效位移δ_{m}的函数，表达式为

$$d = \frac{\delta_f(\delta_{\max} - \delta_0)}{\delta_{\max}(\delta_f - \delta_0)} \tag{9.22}$$

$$\delta_{\mathrm{m}} = \sqrt{\langle \delta_n \rangle^2 + \delta_s^2 + \delta_t^2} \tag{9.23}$$

式中，δ_0为起裂位移；$\delta_{\max}$为加载历史中的最大有效位移；δ_f为完全破坏时的有效位移，可根据材料断裂能求出。

根据理论，内聚力模型的断裂能为图 9.10 中的加载曲线与坐标轴围成的面积，可通过式(9.24)求解：

$$G = \int_0^{\delta_f} t(\delta)\mathrm{d}\delta = \frac{1}{2} t_0 \delta_f \tag{9.24}$$

式中，t_0为黏结强度。

2. 混凝土面板堆石坝计算模型与参数

以图 9.2 中的模型为基础，通过在混凝土面板单元中嵌入内聚力界面单元，模拟面板开裂演化过程，图 9.11 给出了嵌入界面单元的示意说明。表 9.5 给出了内聚力模型参数，面板、堆石料、接触面及地震动等参数均与 9.2.1 节的算例一致。

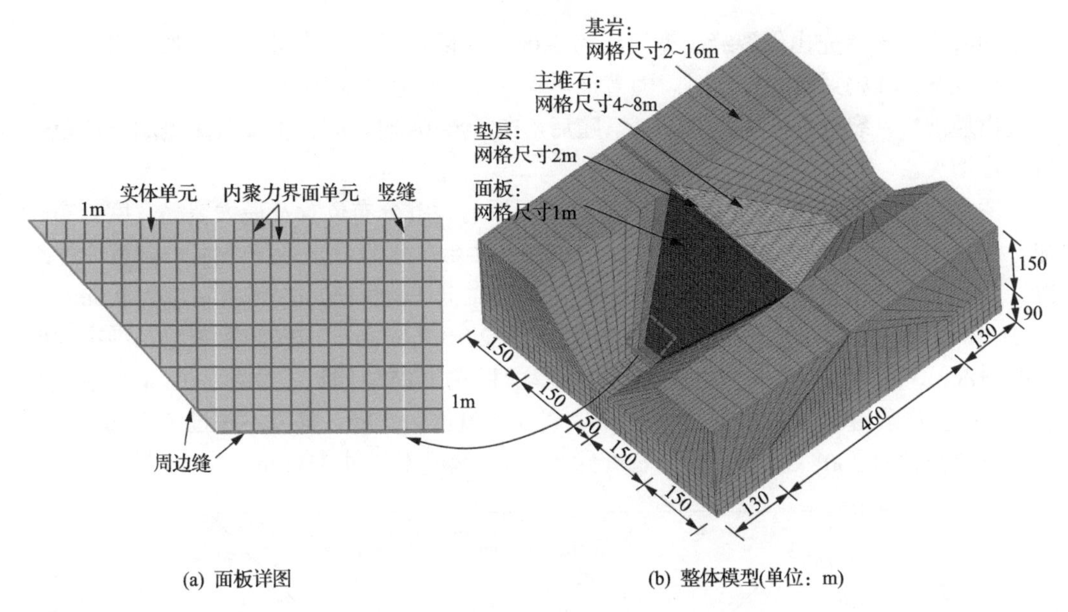

(a) 面板详图　　(b) 整体模型(单位：m)

图 9.11　面板坝的 SBFEM-FEM 耦合分析模型

表 9.5　内聚力模型参数

K_n/GPa	K_s/GPa	c/MPa	G/(N/m)
31	110.25	10.48	325

3. 地震下面板开裂规律和机理分析

1) 面板开裂规律

图 9.12 给出了地震过程中几个典型时刻的面板开裂形态。可以看出，在 t=4.94s 时，

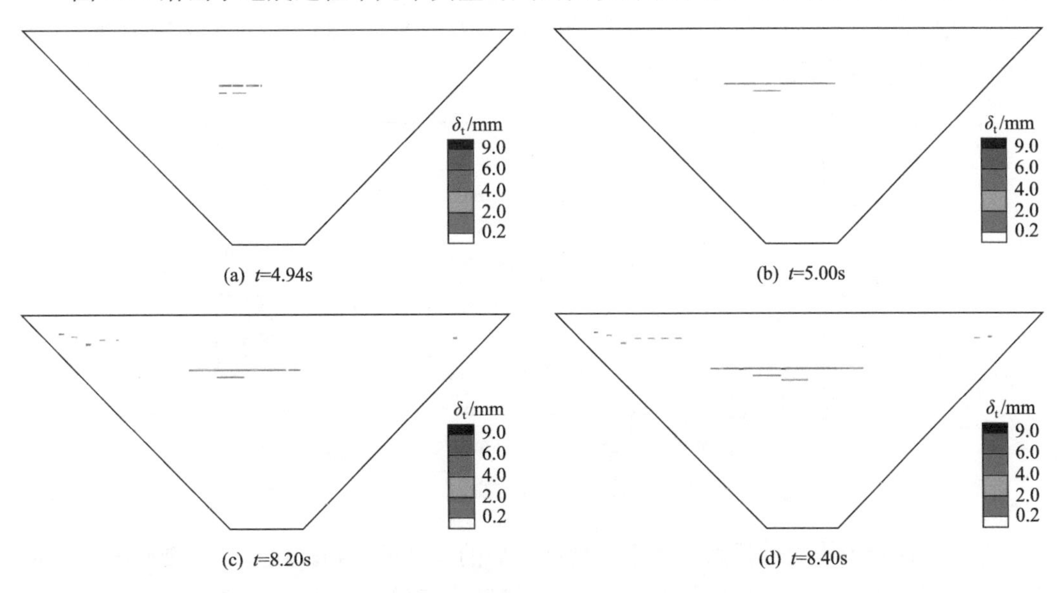

(a) t=4.94s　　(b) t=5.00s

(c) t=8.20s　　(d) t=8.40s

图 9.12　地震过程中典型时刻的面板裂缝分布

河床面板中上部首先出现裂缝，宽度约为 2.0mm，随后开裂范围进一步增加，最大宽度增大至 6.0mm 以上[图 9.12(b)]。随着地震动的发展，在 t=8.20s 时，面板两侧约 0.85H 附近出现破坏，裂缝宽度约为 2.0mm。随后，在 t=8.40s 时，河谷中部及两侧的破坏范围进一步增大。

图 9.13 给出了地震过程中各时刻混凝土面板的裂缝分布位置及最大裂缝宽度分布规律。可以看出，河谷中部面板在 0.7H、0.72H 和 0.75H 附近出现三条水平向贯通性裂缝，其中 0.75H 附近破坏最为严重，裂缝范围在轴向 110～220m，最大宽度为 9.6mm；0.72H 附近裂缝范围在轴向 140～160m，宽度为 2.0～7.0mm；0.7H 附近裂缝范围在轴向 160～180m，宽度为 2.0～5.0mm。河谷两岸面板在 0.85H 附近发生水平向非贯通性裂缝，其中左岸裂缝范围在轴向 30～110m，累计长度约为 39m，宽度不超过 5.0mm；右岸裂缝范围在轴向 300～312m，累计长度约为 6m，宽度不超过 3.0mm。

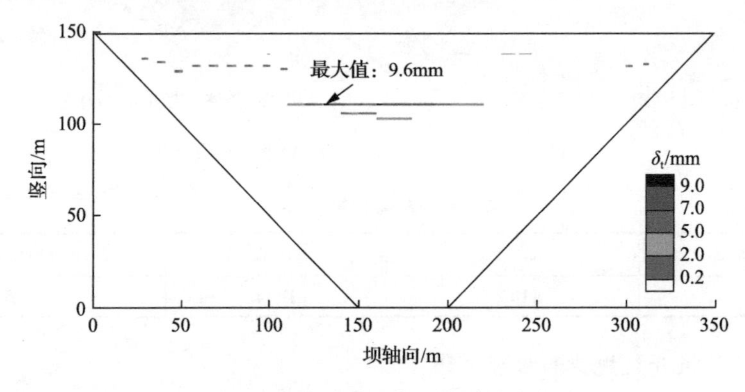

图 9.13　地震过程中面板裂缝分布

图 9.14 为地震结束后的面板裂缝分布。由于堆石料存在地震残余变形，面板存在残余的永久性裂缝，其分布位置与图 9.13 相似，最大宽度为 2.8mm，位于河谷中部 0.75H 附近，两岸面板裂缝宽度为 1.0～2.0mm。

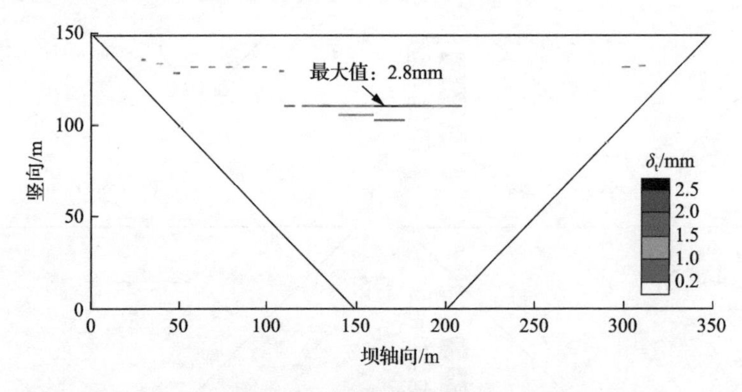

图 9.14　震后面板裂缝分布

综上，内聚力模型可反映混凝土材料破损后的刚度退化和软化特性，准确描述开裂后拉应力释放和重分布的力学机制。同时，该模型可直接计算出裂缝宽度，便于直观、定量地表征结构破坏程度。

2) 面板开裂机理分析

下面简要讨论河谷中部及两岸面板发生不同破坏模式的相关机理。以左岸面板为例，讨论两岸面板非贯通性破坏机理。开裂前的面板变形及顺坡向应力如图 9.15(a) 所示，震后变形(放大 150 倍)及裂缝分布如图 9.15(b) 所示，堆石体的变形特性及左岸位移发展过程如图 9.16 所示。在地震过程中，两岸堆石体发生明显的指向河谷的轴向变形，因此面板在轴向受弯。此外，面板被竖缝分割为条状，故每条面板将在靠近河谷侧受拉、远离河谷侧受压，因此表现为非贯通性裂缝。

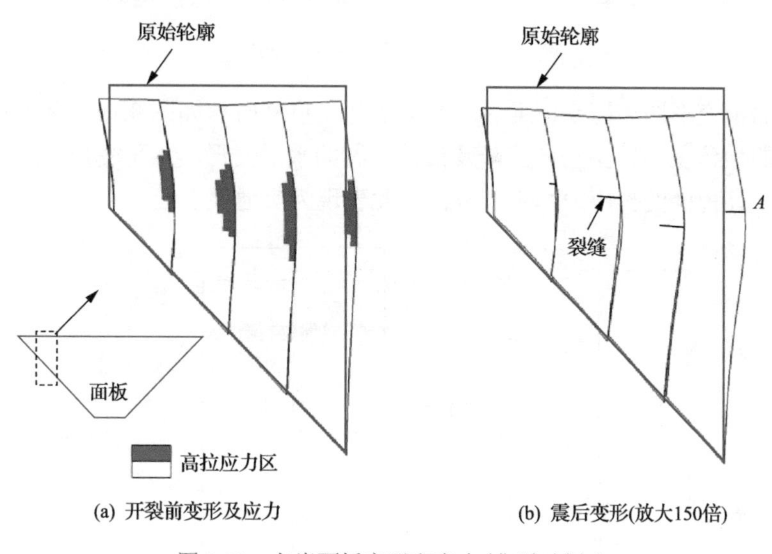

(a) 开裂前变形及应力　　(b) 震后变形(放大150倍)

图 9.15　左岸面板变形和应力(典型时刻 t)

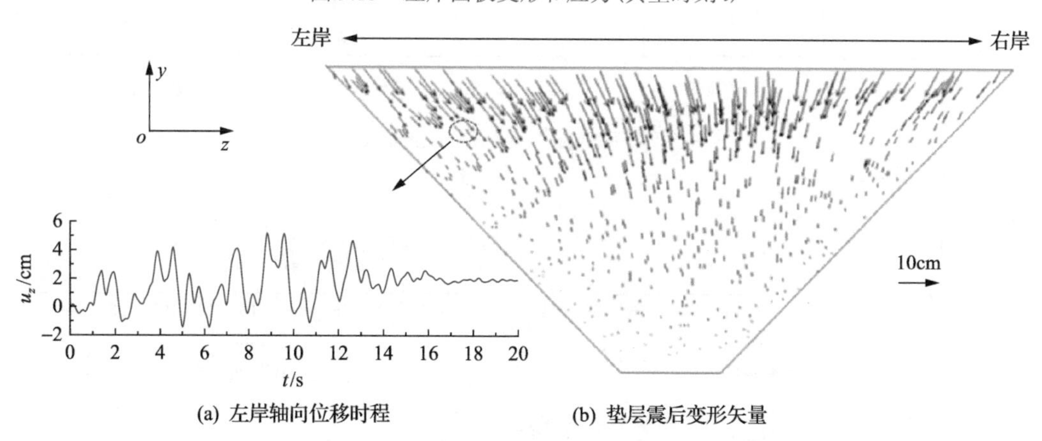

(a) 左岸轴向位移时程　　(b) 垫层震后变形矢量

图 9.16　堆石体的地震位移

左岸区域典型破坏单元的法向应力及裂缝宽度如图 9.17 所示。地震作用下，面板的应力状态主要由三部分叠加而成：①震前的静力状态σ_0；②地震动荷载导致的可恢复的循环往复应力σ_e；③堆石体的塑性变形导致的面板不可恢复变形而产生的应力σ_p。结合

图 9.16 和图 9.17 发现，在地震过程中，堆石体的轴向塑性变形逐渐累积，面板轴向弯曲程度增加，σ_p 占比持续增大。最终在三种应力的叠加下，面板发生开裂，拉应力释放。

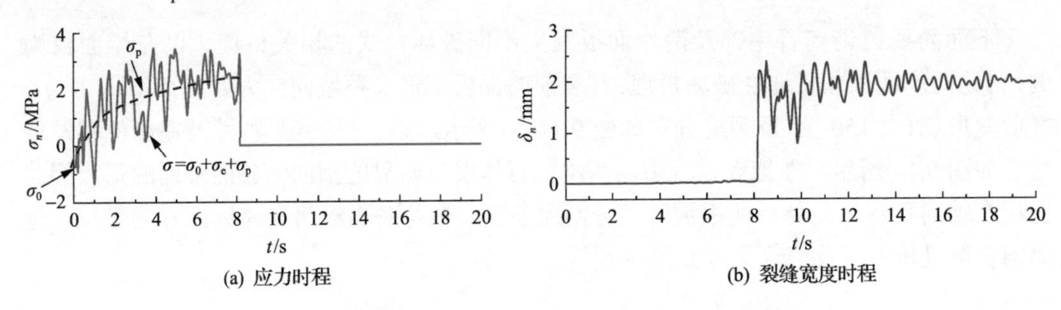

(a) 应力时程　　(b) 裂缝宽度时程

图 9.17　左岸面板 A 点破坏过程

河床处面板变形图如图 9.18 所示，其后的垫层位移时程如图 9.19 所示。在地震过程中，河床处的坝体主要发生竖向沉降及指向下游的水平变形，水平变形导致面板在顺坡向受拉，同一高程处的拉应力基本一致，因此表现为贯通性裂缝。

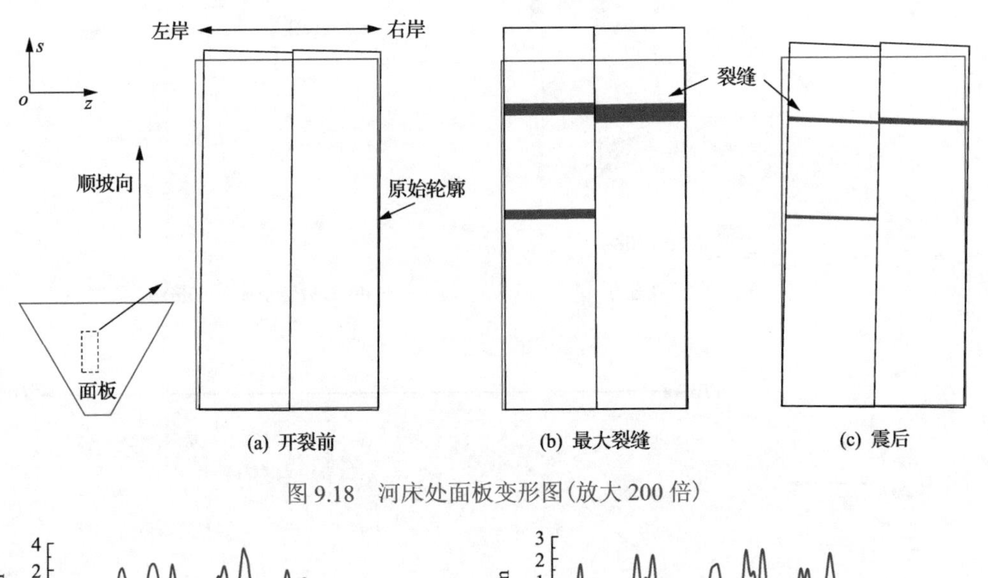

(a) 开裂前　　(b) 最大裂缝　　(c) 震后

图 9.18　河床处面板变形图(放大 200 倍)

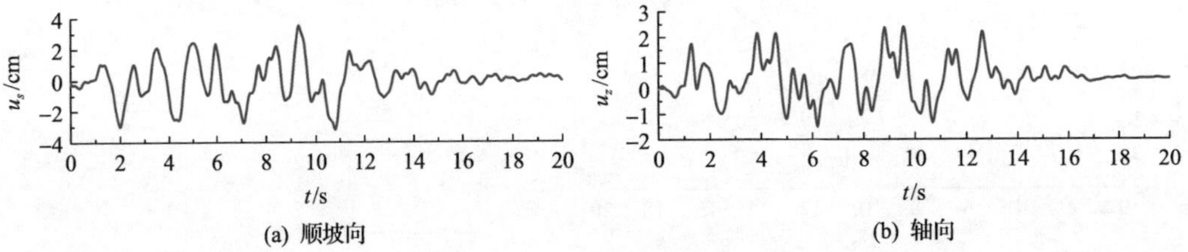

(a) 顺坡向　　(b) 轴向

图 9.19　河谷处垫层位移时程

河床区域典型单元的应力及裂缝宽度如图 9.20 所示。该区域的坝体塑性变形导致σ_p累积，但增加幅度较小，主要表现为地震荷载导致的循环往复应力σ_e。因此，在面板发生破坏后，裂缝的张开-闭合状态转换较为频繁，而两岸的裂缝主要是残余变形导致的，因此裂缝宽度变化不大。

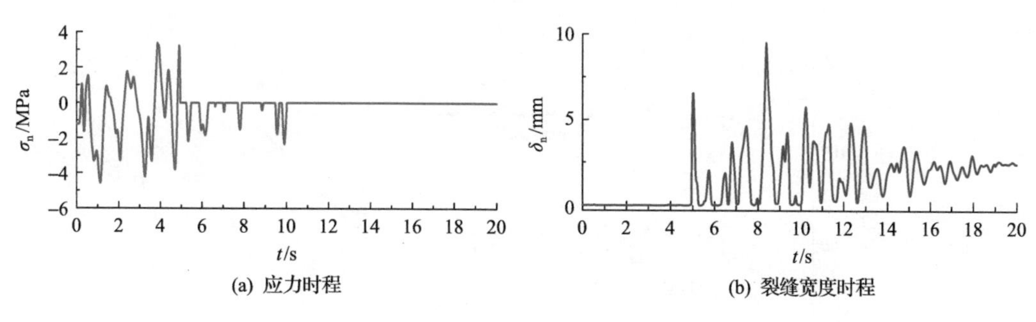

图 9.20 河谷面板典型单元的破坏过程

9.2.3 混凝土面板抗震措施及效果

根据上述分析，可知地震下面板破损的主要原因是：①混凝土材料抗拉强度低、韧性差；②河谷中部 60%～85%坝高附近面板的顺坡向拉应力较大，两岸 85%坝高附近面板弯曲应力突出。

针对这些因素，本节采用 9.2.2 节中图 9.11 的计算模型及其参数，讨论几种抗震措施的改善效果。

1. 提高混凝土面板配筋率

考虑混凝土面板双向配筋率分别为 1.2%和 1.6%。图 9.21 给出了震后面板残余裂缝的分布规律。可以看出，面板中部 0.7H 附近有两条贯通性水平裂缝，全长约 70m，最大宽度为 1.6mm。面板左侧 0.85H 附近出现少量非贯通性水平裂缝，全长约 8m。

与加固前相比，提高配筋率对面板空间破损模式影响不大，但裂缝长度和最大裂缝宽度分别减少了 53.8%和 42.8%。

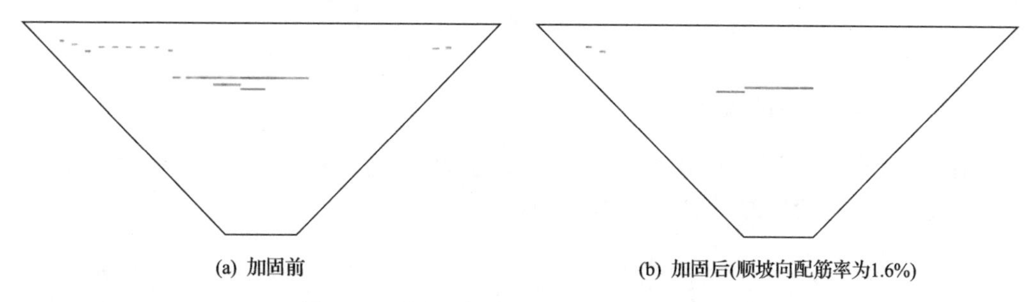

图 9.21 不同配筋率的面板开裂规律(震后)

2. 河谷中部增设永久水平缝

作者团队(Zhang et al., 2017)建议在河谷中部 0.7H～0.9H 高程设置沿坝轴向一定长度的永久水平缝，以释放该处面板的顺坡向拉应力，增强面板抗震性能。本节在河谷中部面板 0.8H 高程，沿坝轴向增设范围为 0.35L～0.65L 的水平缝，图 9.22 给出了示意说明，其缝间材料参数与面板竖缝相同。

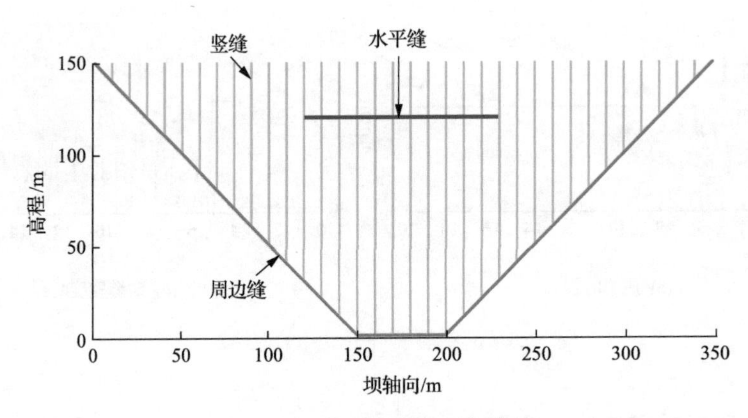

图 9.22　水平缝位置示意说明

图 9.23 给出了地震后面板残余裂缝的分布规律。可以看出，河谷中部的贯通性水平裂缝仅出现在永久水平缝的两端，其中左侧裂缝长 10m，最大宽度为 1.1mm；右侧裂缝长 12m，最大宽度为 2.4mm。

增设永久水平缝后，河谷中部面板震后残余裂缝长度和最大宽度分别减少了 83.7%和 14.3%，表明面板的震害程度得到了有效缓解。

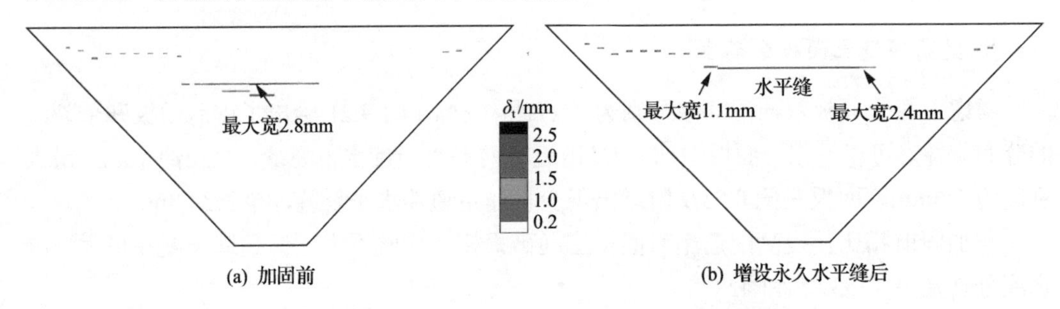

图 9.23　增设永久水平缝前后面板开裂规律(震后)

3. 减小河谷岸坡面板宽度

如图 9.24 所示，上述算例中的面板宽度均为 10m，考虑将河谷岸坡面板宽度减小为 5m，以改善面板受弯性态，增强其抗震性能。

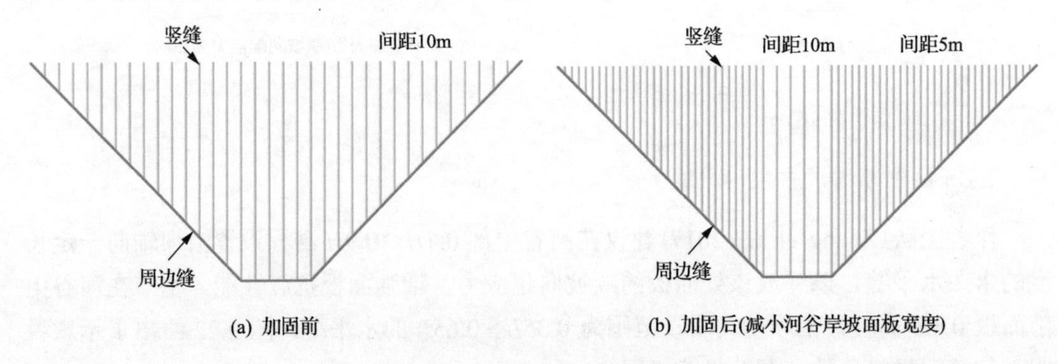

图 9.24　面板宽度变化情况

图 9.25 给出了震后裂缝分布规律。可以看出，河谷岸坡面板宽度减小后面板破损程度明显减小，仅左岸出现部分开裂，其中裂缝长 12m，最大宽度为 1.4mm。与加固前相比(图 9.26)，减小河谷岸坡面板宽度后，面板的弯曲应力降低了 64.7%，裂缝宽度减小了 48.1%(从 2.7mm 减小为 1.4mm)，该方案一定程度提高了面板的抗震安全性。

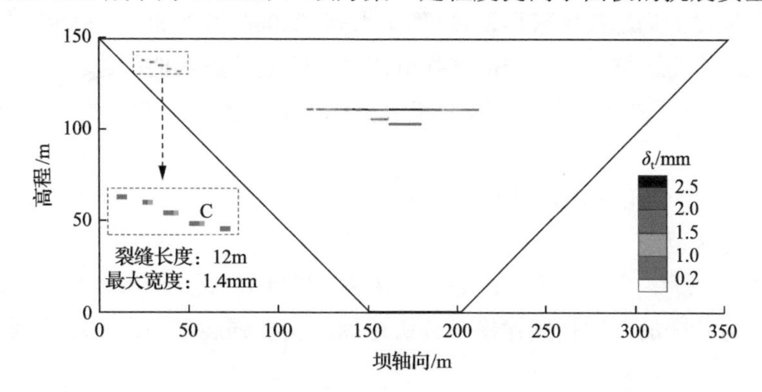

图 9.25 减小河谷岸坡面板宽度后裂缝分布规律(震后)

δ_t 为面板顺坡向裂缝宽度

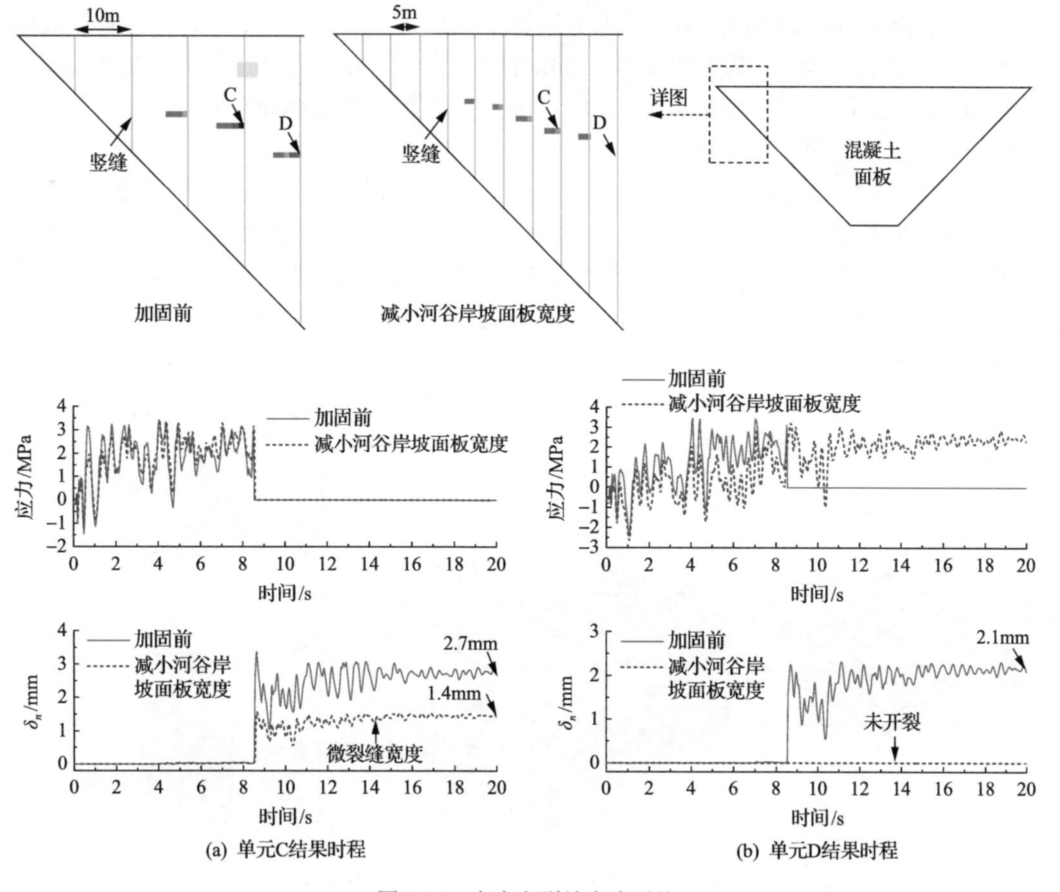

图 9.26 应力和裂缝宽度对比

9.3 SBFEM-FEM-MFMI 耦合的面板挤压高应力分析

面板挤压破损是高面板坝的典型失效模式，国内外多座已建的高面板坝在遭遇强震时发生了不同程度的局部挤压破坏现象(陈生水等, 2008；孔宪京等, 2009)。因此，准确定位面板挤压高应力区域、探明局部破损机理是一个亟待解决的问题。

针对这个问题，本节采用 SBFEM-FEM-MFMI 耦合的解决方案，具体实现思路如下：

(1)采用 SBFEM-FEM 实现地基-堆石体跨尺度精细分析，高效、合理地定位混凝土面板局部高应力区范围。

(2)通过第 8 章集成的无网格界面分析算法(MFMI)并联合 SBFEM，解决面板竖缝周围局部高应力范围的二次精细建模和分析难题，实现强震下高面板坝面板挤压高应力精细模拟。

9.3.1 计算模型

典型面板坝最大坝高为 240m，上下游坡度分别为 1∶1.4 和 1∶1.6，河谷两岸坡度均为 1∶1，坝底宽 80m，基岩深度为 150m，两侧基岩宽 200m。混凝土面板厚度按 0.3+0.0035h 变化(h 为面板距离坝顶的高度)。面板和垫层间设置接触面单元，面板与基岩间设置周边缝，面板间设置竖缝。

通过 SBFEM 多面体单元和 FEM 单元(六面体及其退化单元)，建立地基-坝体-面板体系的跨尺度精细模型(记为模型 A)。具体网格尺寸设定为：面板顺坡向网格尺寸为 2m，坝轴向网格尺寸为 1m，沿厚度方向分为 4 层，模型如图 9.27 所示；垫层竖向网格尺寸为 2.5m，堆石体竖向网格尺寸为 5m，基岩竖向网格尺寸为 5～20m，共计生成 686632 个单元、758206 个节点。

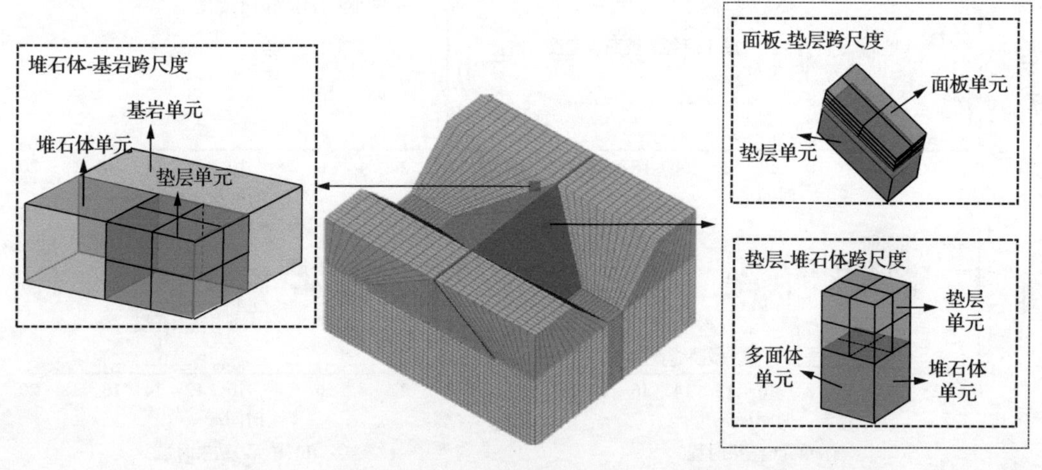

图 9.27　三维面板坝的 SBFEM-FEM-MFMI 耦合跨尺度模型

9.3.2 模型参数

堆石体和垫层料采用土体广义塑性模型，接触面采用状态相关的广义塑性接触面模型，面板和基岩均采用线弹性模型(其中面板采用C30混凝土，单轴抗压强度为27.6MPa)，详细参数见表9.1～表9.5，面板间竖缝采用沥青木板填充，其压缩模量取为11GPa(胡耘等, 2009)。

采用40个计算步模拟大坝填筑过程，随后分30个计算步蓄水至高程210m。

9.3.3 地震动输入

采用三向地震动输入，加速度时程如图9.28所示，其顺河向和坝轴向的峰值加速度假定为0.5g，竖向峰值加速度为0.333g。采用波动输入方法模拟大坝-无限地基的相互作用效应。

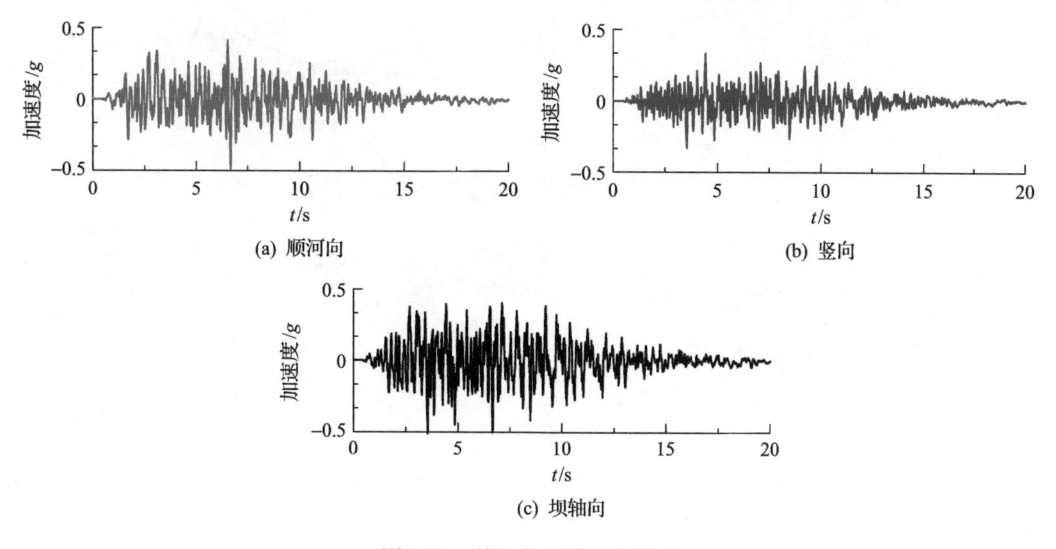

图9.28 输入加速度时程曲线

9.3.4 计算结果分析

1. 模型A静力分析结果

如图9.29所示，由于满蓄期水压力的推动作用，坝体产生了向下游的水平变形，面板亦出现了向下游的弯曲变形，两者的极值均发生在0.28H附近。由于面板设置有竖缝，面板受弯时，接缝两侧面板将产生顺坡向转动(图9.30)，使得最外侧面板易出现应力集中现象。

图9.31对比了满蓄期面板最内侧及最外侧的坝轴向应力。可以看出，面板内外两侧均处于受压状态，其应力最大值分别为11.8MPa和17.3MPa，且分布位置相同，约为0.31H附近。但该挤压应力极值远小于混凝土的单轴抗压强度(27.6MPa)，故可认为本次计算中，施工和蓄水期面板是安全的。

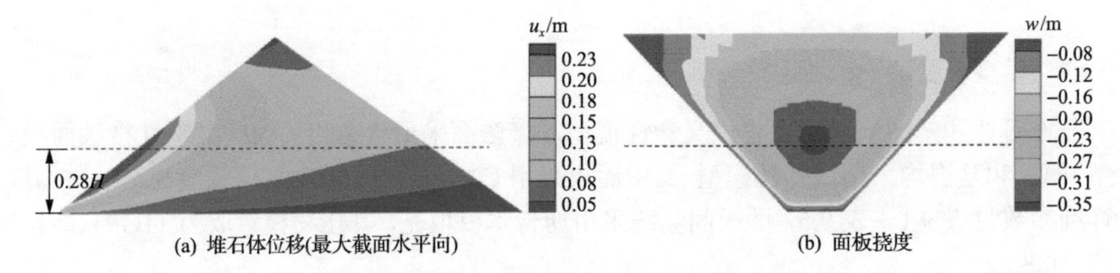

图 9.29　满蓄期堆石体位移及面板挠度

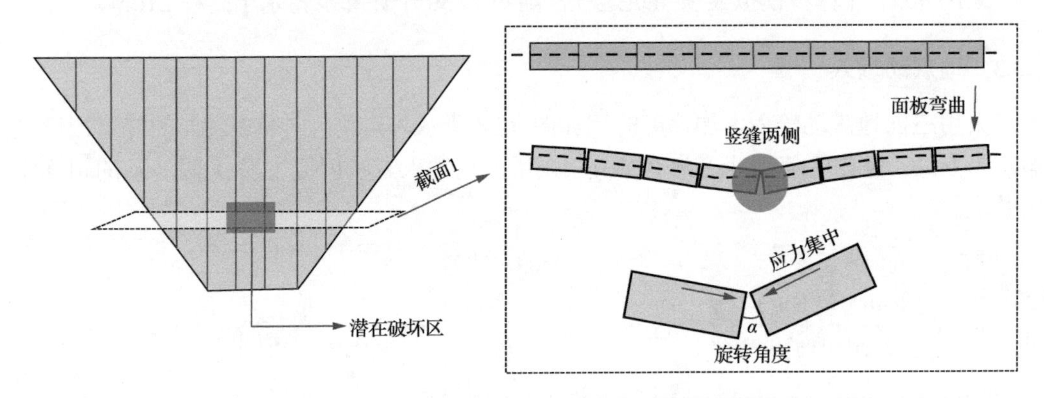

图 9.30　满蓄期面板变形特点及转动挤压现象

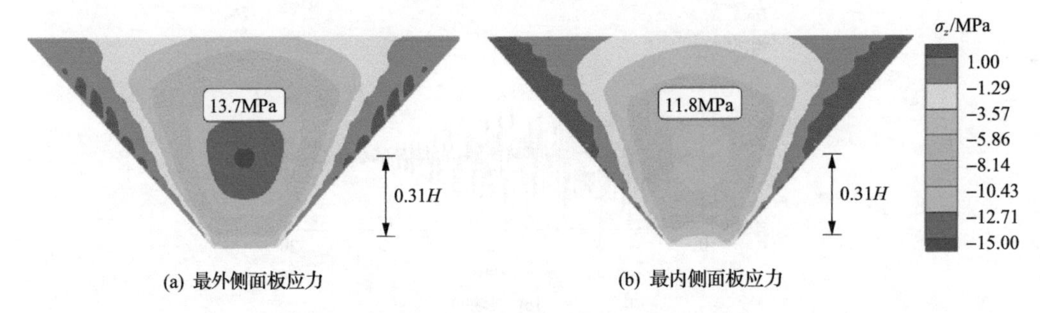

图 9.31　满蓄期面板沿坝轴向应力分布(压为负)

2. 模型 A 动力分析结果

图 9.32 给出了地震后面板坝轴向压应力分布规律。可以看出，高应力区位于 0.86H 附近，其中最大压应力为 23.5MPa，也未超过混凝土的单轴抗压强度(27.6MPa)。

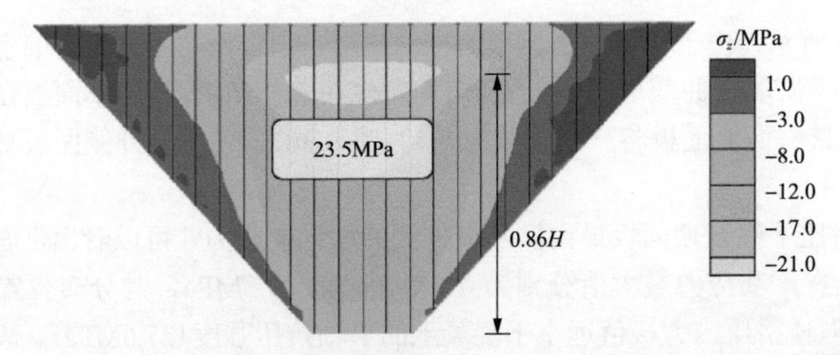

图 9.32　震后面板最外层坝轴向应力

由于地震作用下结构响应比施工蓄水期危险，本次选取面板动压应力的高应力区局部范围，对其网格进行二次精细离散(细化至分米级)，然后采用无网格界面实现面板侧与垫层侧的跨尺度连接，并通过 SBFEM 多面体单元实现面板细化前后的跨尺度连接，以此建立局部二次细化的精细分析模型，如图 9.33 所示(记为模型 B)，采用该模型重新进行静动力分析。

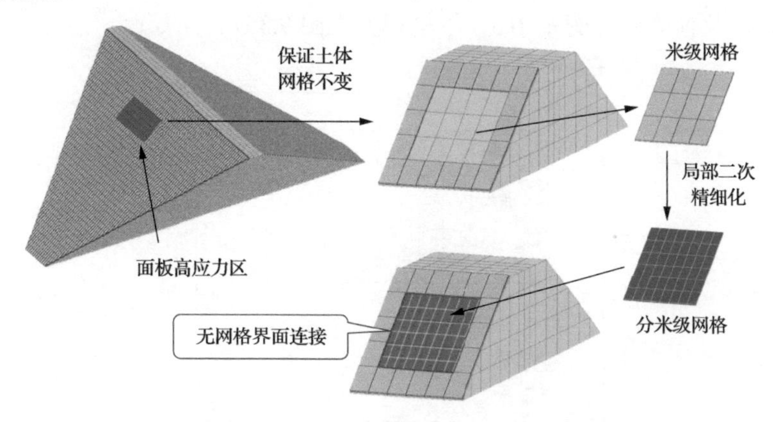

图 9.33 面板局部网格二次细化过程示例

3. 模型 B 动力分析结果

图 9.34 给出了震后面板最外侧坝轴向应力分布规律。可以看出，二次细化的局部面板区应力相对模型 A 有明显增加，其中最大压应力达到 31.9MPa，超过了混凝土的单轴抗压强度，主要分布于竖缝周边局部区域。

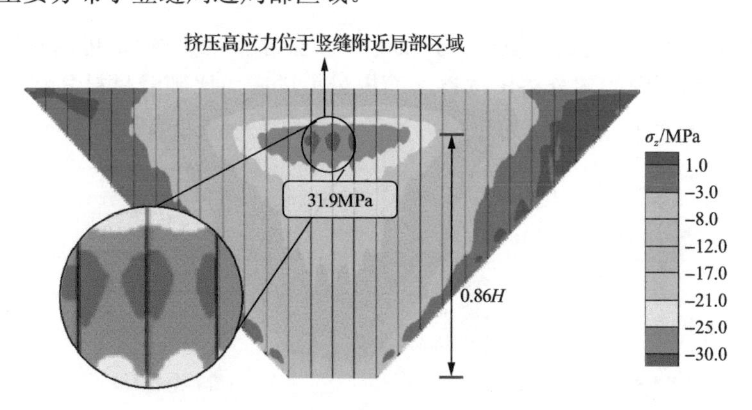

图 9.34 二次精细分析的面板最外侧坝轴向应力(震后)

该算例表明，SBFEM-FEM-MFMI 耦合的精细化方法能更准确地捕捉面板高应力区的梯度变化，精准定位面板薄弱区位置。

9.3.5 面板挤压高应力的改善措施及效果量化

竖缝填充材料的力学特性对面板应力性态影响较大，本节通过改变竖缝材料属性，量化其对面板挤压高应力区的改善效果。

1. 计算模型和参数

计算模型与图 9.27 中介绍的一致。面板、坝体、接触面等参数均与 9.3.2 节介绍的一致，其中竖缝填充材料分别取为沥青木板硬缝材料（法向挤压模量 E_{nc}=10GPa）、桦木软缝（E_{nc}= 0.23GPa）、橡胶软缝（初始法向挤压模量 E_{nc0} =5MPa，硬化后法向挤压模量 E_{nc1}=30GPa，硬化前峰值应变 ε_1=0.5，本构模型见图 9.35）。

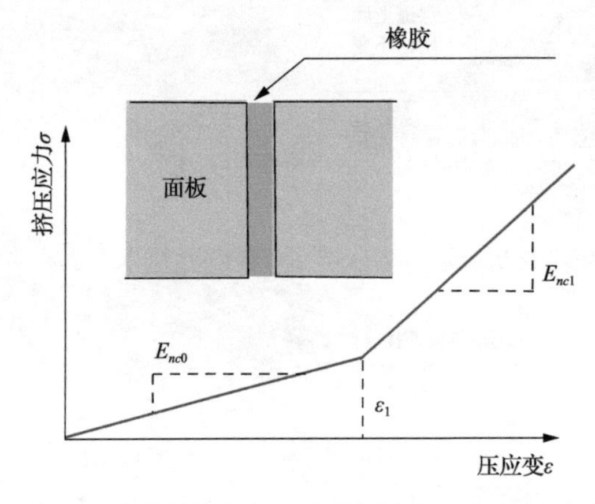

图 9.35　橡胶材料应力-应变关系（Zhou et al.，2016）

地震动输入和边界条件与 9.3.3 节一致，为了便于效果比较，本节将峰值加速度取为 0.6g。

2. 计算结果分析

图 9.36 给出了震后面板挤压应力分布规律（仅显示高应力区）。可以看出，由于软缝材料能吸收面板坝轴向的部分挤压位移，面板最大压应力比硬缝材料分别降低了 18.3%（桦木）和 26.4%（橡胶）。同时，超压应力区的面积也大幅减小（桦木）甚至消失（橡胶）。

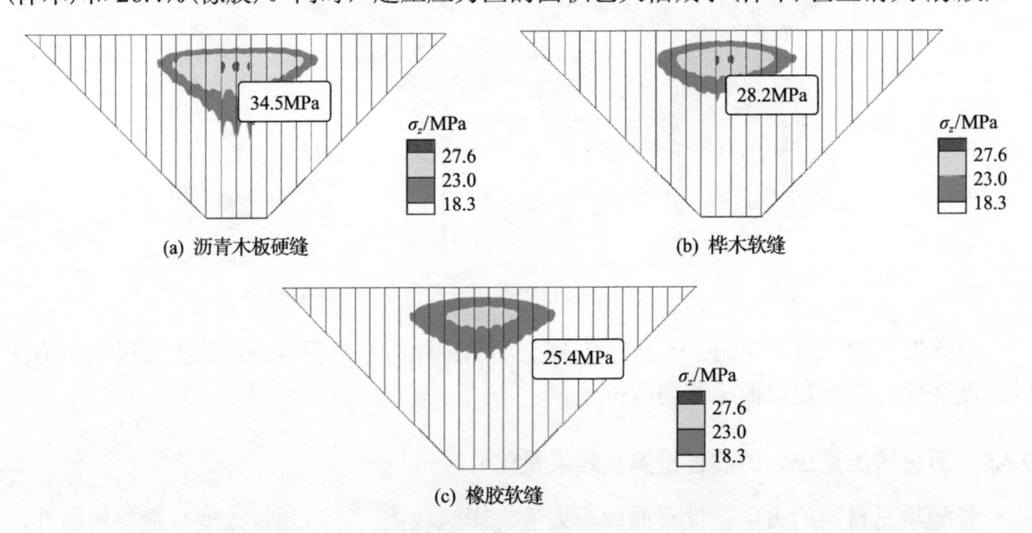

图 9.36　不同竖缝材料下面板挤压高应力区分布（震后）

因此，使用软缝材料可较好地改善面板高挤压应力性态，是避免局部挤压破坏的有效措施，采用SBFEM-FEM-MFMI耦合的精细化方法可以很好地量化改良措施的效果。

9.4 小结

本章基于集成的多数值耦合高性能软件系统GEODYNA，采用SBFEM处理实体单元跨尺度(垫层、过渡、堆石、基岩)，MFMI处理材料交界面跨尺度(面板、垫层)，并联合土体广义塑性模型、混凝土塑性损伤模型、内聚力模型、地震波动输入方法等，开展了高面板坝的精细化静动力响应分析，主要结论有：

(1)线弹性模型无法反映混凝土材料的破坏特性，难以合理评价面板的抗震性能。混凝土塑性损伤模型和内聚力模型均能再现面板地震破损演化过程，为大坝的极限抗震能力评估和面板抗震设计提供依据。

(2)在强震作用下，面板在河谷中部的60%～85%坝高附近范围为地震易损区，宜考虑重点加固，如通过适当增加配筋率和减小岸坡面板宽度可改善面板受力性态，提高结构抗震性能。

(3)强震作用下，挤压高应力区位于河谷中部竖缝两侧附近的表层局部区域，面板竖缝填充材料的力学特性对面板应力性态影响很大，软缝材料计算的面板最大压应力比硬缝材料(沥青木板)分别降低了18.3%(桦木)和26.4%(橡胶)。

(4)基于SBFEM的多数值耦合精细化分析方法可以模拟结构局部损伤演化，揭示破坏规律和机理，定位薄弱区位置，量化抗震措施效果，对高土石坝等大型土工构筑物的安全评价和设计优化具有重要的理论价值和工程意义。

参考文献

陈生水, 霍家平, 章为民. 2008. “5.12”汶川地震对紫坪铺混凝土面板坝的影响及原因分析[J]. 岩土工程学报, 30(6): 795-801.

胡耘, 张嘎, 程嵩, 等. 面板堆石坝面板竖缝特性对面板应力变形影响分析[J]. 岩土力学, 2009, 30(4): 1089-1094.

孔宪京, 周晨光, 邹德高, 等. 2019. 高土石坝-地基动力相互作用的影响研究[J]. 水利学报, 50(12): 1417-1432.

孔宪京, 邹德高. 2015. 混凝土面板堆石坝抗震性能[M]. 北京: 科学出版社.

孔宪京, 邹德高, 周扬, 等. 2009. 汶川地震中紫坪铺混凝土面板堆石坝震害分析[J]. 大连理工大学学报, 49(5): 667-674.

万里, 罗永祥, 黄刚, 等. 2007. 马来西亚巴贡混凝土面板堆石坝面板抗挤压破坏措施探讨[J]. 西北水电, (4): 37-39, 48.

徐海滨, 杜修力, 杨贞军. 2014. 基于预插黏性界面单元的Koyna重力坝强震破坏过程分析[J]. 振动与冲击, 33(17): 74-79, 84.

周晨光. 2009. 高土石坝地震波动输入机制研究[D]. 大连: 大连理工大学.

Alfano G. 2006. On the influence of the shape of the interface law on the application of cohesive-zone models[J]. Composites Science and Technology, 66(6): 723-730.

Barenblatt G I. 1962. The mathematical theory of equilibrium cracks in brittle fracture[J]. Advances in Applied Mechanics, 7: 55-129.

Dai Q L, Ng K. 2014. 2D cohesive zone modeling of crack development in cementitious digital samples with microstructure characterization[J]. Construction and Building Materials, 54: 584-595.

Dakoulas P. 2012. Nonlinear seismic response of tall concrete-faced rockfill dams in narrow canyons[J]. Soil Dynamics and Earthquake Engineering, 34(1): 11-24.

Dugdale D S. 1960. Yielding of steel sheets containing slits[J]. Journal of the Mechanics and Physics of Solids, 8(2): 100-104.

Hillerborg A, Modéer M, Petersson P E. 1976. Analysis of crack formation and crack growth in concrete by means of fracture mechanics and finite elements[J]. Cement and Concrete Research, 6(6): 773-781.

Kim Y R, de Freitas F A C, Jung J S, et al. 2015. Characterization of bitumen fracture using tensile tests incorporated with viscoelastic cohesive zone model[J]. Construction and Building Materials, 88: 1-9.

Lee J, Fenves G L. 1998a. Plastic-damage model for cyclic loading of concrete structures[J]. Journal of Engineering Mechanics, 124(8): 892-900.

Lee J, Fenves G L. 1998b. A plastic-damage concrete model for earthquake analysis of dams[J]. Earthquake Engineering & Structural Dynamics, 27(9): 937-956.

Lubliner J, Oliver J, Oller S, et al. 1989. A plastic-damage model for concrete[J]. International Journal of Solids and Structures, 25(3): 299-326.

Pan J W, Zhang C H, Wang J T, et al. 2009. Seismic damage-cracking analysis of arch dams using different earthquake input mechanisms[J]. Science in China Series E: Technological Sciences, 52(2): 518-529.

Pan J W, Zhang C H, Xu Y J, et al. 2011. A comparative study of the different procedures for seismic cracking analysis of concrete dams[J]. Soil Dynamics and Earthquake Engineering, 31(11): 1594-1606.

Petersson P. 1982. Comments on the method of determining the fracture energy of concrete by means of three-point bend tests on notched beams[R]. Report TVBM, 3011.

Qu Y Q, Zou D G, Kong X J, et al. 2017. A novel interface element with asymmetric nodes and its application on concrete-faced rockfill dam[J]. Computers and Geotechnics, 85: 103-116.

Trawiński W, Tejchman J, Bobiński J. 2018. A three-dimensional meso-scale modelling of concrete fracture, based on cohesive elements and X-ray μCT images[J]. Engineering Fracture Mechanics, 189: 27-50.

Xu B, Zou D G, Kong X J, et al. 2015. Dynamic damage evaluation on the slabs of the concrete faced rockfill dam with the plastic-damage model[J]. Computers and Geotechnics, 65: 258-265.

Zhang Y, Kong X J, Zou D G, et al. 2017. Tensile stress responses of CFRD face slabs during earthquake excitation and mitigation measures[J]. International Journal of Geomechanics, 17(12): 04017120.

Zhou M Z, Zhang B Y, Jie Y X. 2016. Numerical simulation of soft longitudinal joints in concrete-faced rockfill dam[J]. Soils and Foundations, 56(3): 379-390.